U0199652

山东省"十四五"职业教育规划教材

全国餐饮职业教育教学指导委员会重点课题"基于烹饪专业人才培养目标的中高职课程体系与教材开发研究"成果系列教材

餐饮职业教育创新技能型人才培养新形态一体化系列教材

总主编 ◎杨铭铎

中式烹调工艺

主　编　杨爱民　范　涛　李东文
副主编　黄金波　吴　迪　马景球　朱云虎
编　者　（按姓氏笔画排序）
　　　　丁德龙　马景球　王志兴　王茂山
　　　　王鹏宇　申亚军　朱云虎　刘雪源
　　　　李东文　杨爱民　吴　迪　范　涛
　　　　岳颖颖　黄金波　葛　瑞

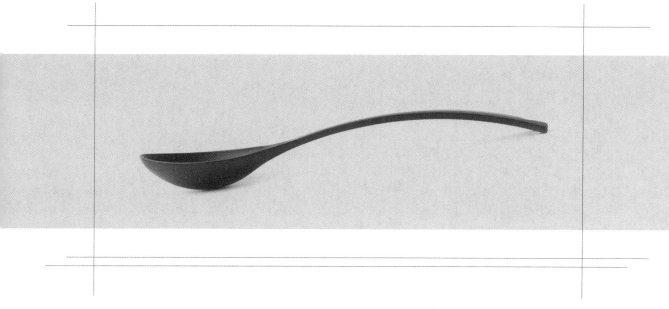

华中科技大学出版社
http://press.hust.edu.cn
中国·武汉

内 容 简 介

本教材是山东省"十四五"职业教育规划教材、全国餐饮职业教育教学指导委员会"基于烹饪专业人才培养目标的中高职课程体系与教材开发研究"成果系列教材、餐饮职业教育创新技能型人才培养新形态一体化系列教材。

本教材共包括七个部分,即概述及四大地方风味、原料选择标准与加工工艺、组配工艺、初步熟处理工艺、调配工艺、制熟工艺、盘饰工艺。本教材突出实用性,将理论知识和餐饮行业实践应用相结合。

本教材是烹调工艺与营养、西餐工艺、中西面点工艺等相关专业的教学用书,还可作为餐饮行业从业人员培训及中餐烹饪与制作爱好者的学习参考书。

图书在版编目(CIP)数据

中式烹调工艺/杨爱民,范涛,李东文主编.—武汉:华中科技大学出版社,2020.3(2025.2重印)
ISBN 978-7-5680-6023-3

Ⅰ.①中… Ⅱ.①杨… ②范… ③李… Ⅲ.①中式菜肴-烹饪-教材 Ⅳ.①TS972.117

中国版本图书馆 CIP 数据核字(2020)第 035710 号

中式烹调工艺
Zhongshi Pengtiao Gongyi

杨爱民 范 涛 李东文 主编

策划编辑:汪飒婷
责任编辑:汪飒婷 郭逸贤
封面设计:廖亚萍
责任校对:曾 婷
责任监印:周治超
出版发行:华中科技大学出版社(中国·武汉)　　电话:(027)81321913
　　　　　武汉市东湖新技术开发区华工科技园　　邮编:430223
录　排:华中科技大学惠友文印中心
印　刷:武汉科源印刷设计有限公司
开　本:889mm×1194mm　1/16
印　张:14.75　插页:4
字　数:433千字
版　次:2025 年 2 月第 1 版第 7 次印刷
定　价:52.80 元

网络增值服务

使用说明

欢迎使用华中科技大学出版社医学资源网

 1 教师使用流程

（1）登录网址：**http://yixue.hustp.com** （注册时请选择教师用户）

注册 ＞ 登录 ＞ 完善个人信息 ＞ 等待审核

（2）审核通过后，您可以在网站使用以下功能：

下载教学资源　　建立课程　　管理学生　　布置作业　查询学生学习记录等

教师

2 学员使用流程

（建议学员在PC端完成注册、登录、完善个人信息的操作。）

（1）PC 端学员操作步骤

① 登录网址：**http://yixue.hustp.com** （注册时请选择普通用户）

注册 ＞ 登录 ＞ 完善个人信息

② 查看课程资源：（如有学习码，请在"个人中心—学习码验证"中先通过验证，再进行操作。）

选择课程

首页课程　＞　课程详情页　＞　查看课程资源

（2）手机端扫码操作步骤

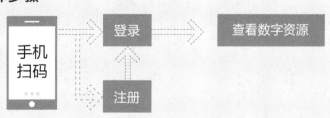

手机扫码　→　登录　→　查看数字资源

注册

全国餐饮职业教育教学指导委员会重点课题
"基于烹饪专业人才培养目标的中高职课程体系与教材开发研究"成果系列教材
餐饮职业教育创新技能型人才培养新形态一体化系列教材

丛 书 编 审 委 员 会

主　任

姜俊贤　全国餐饮职业教育教学指导委员会主任委员、中国烹饪协会会长

执行主任

杨铭铎　教育部职业教育专家组成员、全国餐饮职业教育教学指导委员会副主任委员、中国烹饪协会特邀副会长

副　主　任

乔　杰　全国餐饮职业教育教学指导委员会副主任委员、中国烹饪协会副会长

黄维兵　全国餐饮职业教育教学指导委员会主任委员、中国烹饪协会副会长、四川旅游学院原党委书记

贺士榕　全国餐饮职业教育教学指导委员会副主任委员、中国烹饪协会餐饮教育委员会执行副主席、北京市劲松职业高中原校长

王新驰　全国餐饮职业教育教学指导委员会副主任委员、扬州大学旅游烹饪学院原院长

卢　一　中国烹饪协会餐饮教育委员会主席、四川旅游学院校长

张大海　全国餐饮职业教育教学指导委员会秘书长、中国烹饪协会副秘书长

郝维钢　中国烹饪协会餐饮教育委员会副主席、原天津青年职业学院党委书记

石长波　中国烹饪协会餐饮教育委员会副主席、哈尔滨商业大学旅游烹饪学院院长

于干千　中国烹饪协会餐饮教育委员会副主席、普洱学院副院长

陈　健　中国烹饪协会餐饮教育委员会副主席、顺德职业技术学院酒店与旅游管理学院院长

赵学礼　中国烹饪协会餐饮教育委员会副主席、西安商贸旅游技师学院院长

吕雪梅　中国烹饪协会餐饮教育委员会副主席、青岛烹饪职业学校校长

符向军　中国烹饪协会餐饮教育委员会副主席、海南省商业学校校长

薛计勇　中国烹饪协会餐饮教育委员会副主席、中华职业学校副校长

开展餐饮教学研究　加快餐饮人才培养

　　餐饮业是第三产业重要组成部分,改革开放40多年来,随着人们生活水平的提高,作为传统服务性行业,餐饮业对刺激消费需求、推动经济增长发挥了重要作用,在扩大内需、繁荣市场、吸纳就业和提高人民生活质量等方面都做出了积极贡献。就经济贡献而言,2018年,全国餐饮收入42716亿元,首次超过4万亿元,同比增长9.5%,餐饮市场增幅高于社会消费品零售总额增幅0.5个百分点;全国餐饮收入占社会消费品零售总额的比重持续上升,由上年的10.8%增至11.2%;对社会消费品零售总额增长贡献率为20.9%,比上年大幅上涨9.6个百分点;强劲拉动社会消费品零售总额增长了1.9个百分点。中国共产党第十九次全国代表大会(简称党的十九大)吹响了全面建成小康社会的号角,作为人民基本需求的饮食生活,餐饮业的发展好坏,不仅关系到能否在扩内需、促消费、稳增长、惠民生方面发挥市场主体的重要作用,而且关系到能否满足人民对美好生活的向往、实现全面建成小康社会的目标。

　　一个产业的发展,离不开人才支撑。科教兴国、人才强国是我国发展的关键战略。餐饮业的发展同样需要科教兴业、人才强业。经过60多年特别是改革开放40多年来的大发展,目前烹饪教育在办学层次上形成了中职、高职、本科、硕士、博士五个办学层次;在办学类型上形成了烹饪职业技术教育、烹饪职业技术师范教育、烹饪学科教育三个办学类型;在学校设置上形成了中等职业学校、高等职业学校、高等师范院校、普通高等学校的办学格局。

　　我从全聚德董事长的岗位到担任中国烹饪协会会长、全国餐饮职业教育教学指导委员会主任委员后,更加关注烹饪教育。在到烹饪院校考察时发现,中职、高职、本科师范专业都开设了烹饪技术课,然而在烹饪教育内容上没有明显区别,层次界限模糊,中职、高职、本科烹饪课程设置重复,拉不开档次。各层次烹饪院校人才培养目标到底有哪些区别?在一次全国餐饮职业教育教学指导委员会和中国烹饪协会餐饮教育委员会的会议上,我向在我国从事餐饮烹饪教育时间很久的资深烹饪教育专家杨铭铎教授提出了这一问题。为此,杨铭铎教授研究之后写出了《不同层次烹饪专业培养目标分析》《我国现代烹饪教育体系的构建》,这两篇论文回答了我的问题。这两篇论文分别刊登在《美食研究》和《中国职业技术教育》上,并收录在中国烹饪协会主编的《中国餐饮产业发展报告》之中。我欣喜地看到,杨铭铎教授从烹饪专业属性、学科建设、课程结构、中高职衔接、课程体系、课程开发、校企合作、教师队伍建设等方面进行研究并提出了建设性意见,对烹饪教育发展具有重要指导意义。

　　杨铭铎教授不仅在理论上探讨烹饪教育问题,而且在实践上积极探索。2018年在全国餐饮职业教育教学指导委员会立项重点课题"基于烹饪专业人才培养目标的中高职课程体系与教材开发研究"（CYHZWZD201810）。该课题以培养目标为切入点，明晰烹饪专业人才培养规格；以职业技能为结合点，确保烹饪人才与社会职业有效对接；以课程体系为关键点，通过课程结构与课程标准精准实现培养目标；以教材开发为落脚点，开发教学过程与生产过程对接的、中高职衔接的两套烹饪专业课程系列教材。这一课题的创新点在于：研究与编写相结合，中职与高职相同步，学生用教材与教师用参考书相联系，资深餐饮专家领衔任总主编与全国排名前列的大学出版社相协作，编写出的中职、高职系列烹饪专业教材，解决了烹饪专业文化基础课程与职业技能课程脱节，专业理论课程设置重复，烹饪技能课交叉，职业技能倒挂，教材内容拉不开层次等问题，是国务院《国家职业教育改革实施方案》提出的完善教育教学相关标准中的持续更新并推进专业教学标准、课程标准建设和在职业院校落地实施这一要求在烹饪职业教育专业的具体举措。基于此，我代表中国烹饪协会、全国餐饮职业教育教学指导委员会向全国烹饪院校和餐饮行业推荐这两套烹饪专业教材。

习近平总书记在党的十九大报告中指出："到建党一百年时建成经济更加发展、民主更加健全、科教更加进步、文化更加繁荣、社会更加和谐、人民生活更加殷实的小康社会，然后再奋斗三十年，到新中国成立一百年时，基本实现现代化，把我国建成社会主义现代化国家"。经济社会的发展，必然带来餐饮业的繁荣，迫切需要培养更多更优的餐饮烹饪人才，要求餐饮烹饪教育工作者提出更接地气的教研和科研成果。杨铭铎教授的研究成果，为中国烹饪技术教育研究开了个好头。让我们餐饮烹饪教育工作者与餐饮企业家携起手来，为培养千千万万优秀的烹饪人才、推动餐饮业又好又快地发展，为把我国建成富强、民主、文明、和谐、美丽的社会主义现代化强国增添力量。

全国餐饮职业教育教学指导委员会主任委员

中国烹饪协会会长

《国家中长期教育改革和发展规划纲要(2010—2020年)》及《国务院办公厅关于深化产教融合的若干意见(国办发〔2017〕95号)》等文件指出:职业教育到2020年要形成适应经济发展方式的转变和产业结构调整的要求,体现终身教育理念,中等和高等职业教育协调发展的现代教育体系,满足经济社会对高素质劳动者和技能型人才的需要。2019年1月,国务院印发的《国家职业教育改革实施方案》中更是明确提出了提高中等职业教育发展水平、推进高等职业教育高质量发展的要求及完善高层次应用型人才培养体系的要求;为了适应"互联网＋职业教育"发展需求,运用现代信息技术改进教学方式方法,对教学教材的信息化建设,应配套开发信息化资源。

随着社会经济的迅速发展和国际化交流的逐渐深入,烹饪行业面临新的挑战和机遇,这就对新时代烹饪职业教育提出了新的要求。为了促进教育链、人才链与产业链、创新链有机衔接,加强技术技能积累,以增强学生核心素养、技术技能水平和可持续发展能力为重点,对接最新行业、职业标准和岗位规范,优化专业课程结构,适应信息技术发展和产业升级情况,更新教学内容,在基于全国餐饮职业教育教学指导委员会2018年度重点课题"基于烹饪专业人才培养目标的中高职课程体系与教材开发研究"(CYHZWZD201810)的基础上,华中科技大学出版社在全国餐饮职业教育教学指导委员会副主任委员杨铭铎教授的指导下,在认真、广泛调研和专家推荐的基础上,组织了全国90余所烹饪专业院校及单位,遴选了近300位经验丰富的教师和优秀行业、企业人才,共同编写了本套餐饮职业教育创新技能型人才培养新形态一体化系列教材、全国餐饮职业教育教学指导委员会重点课题"基于烹饪专业人才培养目标的中高职课程体系与教材开发研究"成果系列教材。

本套教材力争契合烹饪专业人才培养的灵活性、适应性和针对性,符合岗位对烹饪专业人才知识、技能、能力和素质的需求。本套教材有以下编写特点:

1.权威指导,基于科研　本套教材以全国餐饮职业教育教学指导委员会的重点课题为基础,由国内餐饮职业教育教学和实践经验丰富的专家指导,将研究成果适度、合理落脚于教材中。

2.理实一体,强化技能　遵循以工作过程为导向的原则,明确工作任务,并在此基础上将与技能和工作任务集成的理论知识加以融合,使得学生在实际工作环境中,将知识和技能协调配合。

3.贴近岗位,注重实践　按照现代烹饪岗位的能力要求,对接现代烹饪行业和企业的职业技能标准,将学历证书和若干职业技能等级证书("1+X"证书)内容相结合,融入新技术、新工艺、新规范、新要求,培养职业素养、专业知识和职业技能,提高学生应对实际工作的能力。

4.编排新颖,版式灵活 注重教材表现形式的新颖性,文字叙述符合行业习惯,表达力求通俗、易懂,版面编排力求图文并茂、版式灵活,以激发学生的学习兴趣。

5.纸质数字,融合发展 在新形势媒体融合发展的背景下,将传统纸质教材和我社数字资源平台融合,开发信息化资源,打造成一套纸数融合的新形态一体化教材。

本系列教材得到了全国餐饮职业教育教学指导委员会和各院校、企业的大力支持和高度关注,它将为新时期餐饮职业教育做出应有的贡献,具有推动烹饪职业教育教学改革的实践价值。我们衷心希望本套教材能在相关课程的教学中发挥积极作用,并得到广大读者的青睐。我们也相信本套教材在使用过程中,通过教学实践的检验和实际问题的解决,能不断得到改进、完善和提高。

"中式烹调工艺"是以中国传统烹调工艺技法为研究对象的一门课程。本课程与"烹饪原料学""饮食营养学"等课程共同构成烹饪学科体系,并成为烹饪学科重要的组成部分,是烹饪专业的主干课程。

党的二十大报告指出:教育、科技、人才是全面建设社会主义现代化国家的基础性、战略性支撑。必须坚持科技是第一生产力、人才是第一资源、创新是第一动力,深入实施科教兴国战略、人才强国战略、创新驱动发展战略,开辟发展新领域新赛道,不断塑造发展新动能新优势。本书在编写过程中,紧紧围绕这一精神,以人才培养目标为切入点,进行基于课程开发的工作任务分析和职业能力分析;以职业技能标准为结合点,分析符合中式烹调师职业技能标准需掌握的理论点和技能点;以烹饪专业课程开发为关键点,进一步将课程内容与职业能力对知识、技能学习水平的要求相融合,力求做到三个突出:

第一,突出实用性,将理论知识和餐饮行业实践应用相结合,在讲解一些具体原料加工、预制及菜肴在"烹"和"调"的工艺制作过程中的关键点上不保守、不保留、不保密。菜肴的举例注重地域的代表性、广泛性。

第二,突出充实性,秉承向经典致敬、与时代同行的理念,在总结和继承传统烹调工艺精华的同时,注重创新和发扬,及时把最新的科研成果纳入编写内容。强调教材的时代性、先进性。

第三,突出实践性,以本专业学生的就业为导向,按照岗位工作任务的操作要求,结合职业资格证书的考核标准,创设工作情景并组织学生实际操作,倡导学生在"做"中"学",在"学"中"做"。激发学生学习兴趣,注重能力的引导性和现实性。

全书共分 7 个课程目标,提炼出 26 个典型工作任务;分析出 25 个职业能力,其中 21 个职业能力与《国家职业技能标准——中式烹调师》相吻合,其他 4 个职业能力是按照岗位标准增添的。本书既可作为烹饪专业职业教育的教学用书,也可作为专业厨师的指导用书,还可作为广大烹饪工作从业者的培训进修教材。

本书由青岛酒店管理职业技术学院杨爱民、济南大学范涛、顺德职业技术学院李东文任主编。第一主编杨爱民负责编写大纲和总纂定稿。具体编写分工如下:杨爱民编写绪论任务一,哈尔滨商业大学王鹏宇编写绪论任务二;李东文、范涛、济南大学王茂山编写项目一;青岛酒店管理职业技术学院丁德龙、云南能源职业技术学院朱云虎编写项目二;岭南师范学院马景球编写项目三;范涛编写项目四任务一、任务二,德州职业技术学院岳颖颖编写任务三,大连市烹饪中等职业技术专业学校葛瑞编写任务四;杨爱民和青岛酒店管理职业技术学院吴迪编写项目五;山东省城市服务技师学院黄金波编写项目六。菜品图片由青岛酒店管理职业技术学院杨爱民、丁德龙、吴迪、申亚军、刘雪源、王志兴制作。吴迪负责全书的统稿工作。

　　本书在编写的过程中,参考了部分文献资料,得到了青岛酒店管理职业技术学院、华中科技大学出版社汪飒婷编辑的大力支持,在此一并表示感谢!

　　鉴于编者水平和时间所限,书中难免有疏漏之处,企盼在今后的教学中,有所改进和提高。恳请广大读者批评指正。

编者

概述及四大地方风味

项目描述

本项目系统地讲授中式烹调工艺的特点和工艺属性,详细讲解中式菜肴的结构和四大地方风味的构成。

项目目标

通过本项目的学习,了解中式烹调工艺的特点、属性、构成以及工艺流程。了解四大地方风味的形成因素、味型特点、烹调技法以及风味构成。

任务一　概述

任务目标

本任务将理论结合实际,讲授中式烹调工艺具有的整体特点,再详细讲解中式烹调工艺的具体属性,通过讲解中式菜肴的构成引出菜肴制作工艺的基本流程。

任务实施

中国被誉为"烹饪王国",具有五千年的文明历史,因物产丰富、历史形成等因素,造就了中式菜肴多达百余种的烹调技法和精湛的烹饪技术。

"菜把青青间药苗,豉香盐白自烹调。"出自南宋诗人陆游诗句中的"烹调"一词,本义是烹炒调制。随着人类文明的进步,烹调技法的提高,现在烹调专指菜肴的烹制调味,行业中习惯称之为"红案"。

中式烹调工艺是将经过恰当选料,初步加工整理,切配成形的烹调原料,通过成熟方式和调味等综合技法,制成符合预期规格风味要求的菜肴的一门专业基础课。它是以中式传统烹调工艺技法为研究对象,运用烹调基本原理,探索烹调工艺标准化的实施途径,总结和揭示烹调工艺规律的具有一定艺术性和科学性的技术学科。

中式烹调工艺是一门综合性学科。它涉及自然科学、社会科学的诸多领域,通过各学科的交叉渗透,研究烹调工艺自身的变化、发展规律和与其他学科的联系。

中式烹调工艺是一门实践性很强的学科,自古以来都以手工操作为主,其产品具有千差万别的特殊性、强烈的艺术表现性、浓郁的地方民俗性,渗透着制作者对水、火、料的精心运用,体现出人对物料的理解以及两者之间的互动。这些不同的多样性特色,虽给烹调工艺研究带来了一定的困难,但也正是中国烹饪的魅力所在。随着科学技术的发展,烹调工艺标准化、规范化、科学化、智能化进程的加快,基于传统"工匠精神"的中式烹调工艺将会被赋予更丰富的内涵。

一、中式烹调工艺的特点

中国被誉为"烹饪王国",是因烹调工艺在世界独树一帜。归纳起来,中式烹调工艺的总体特点有以下几个方面。

(一)历史悠久,理论系统

烹饪是人类文明的产物,对促进社会文明进步起着不可忽视的作用。中国烹饪的历史几乎同中国五千年的文明史一样悠久,经历了自商周至秦以前的萌芽期;至汉魏南北朝的形成期;至隋唐宋金元的发展期;至明清的成熟期和近代,尤其是 20 世纪 80 年代至今的繁荣期。

纵观每个历史时期,我国的烹饪,各地不同风格、不同流派的技艺丰富多彩。不仅在制作工艺上居于世界的前列,珍馐佳肴数不胜数,而且源于实践的理论体系也开世界各国之先河,并不断完善,科学系统。

《周易》中记载:以木巽火,亨饪也。"烹饪"一词最早就是由这部书记载下来的。孔颖达《周易正义》说:鼎者,器之名也。自火化后,铸金而为此器,以供亨饪之用,谓之为鼎。这表明古代的"烹饪"指的是用炊具(鼎),燃料(木)在火上烧煮食物,使食物至熟。随着人类文明的进步,烹饪的内涵不断扩大,多指人类为了满足生理需要和心理需要,把可食性原料用适当方法加工调制成食品的活动。烹饪和烹调的区别在于烹调是单指制作菜肴,属于烹饪的范畴。烹饪则包含菜肴和面食的整个制作过程。

《吕氏春秋·本味》有伊尹以至味说汤的故事:夫三群之虫,水居者腥,肉玃者臊,草食者膻。臭恶犹美,皆有所以。凡味之本,水最为始。五味三材,九沸九变,火为之纪。时疾时徐,灭腥去臊除膻,必以其胜,无失其理。调合之事,必以甘、酸、苦、辛、咸。先后多少,其齐甚微,皆有自起。鼎中之变,精妙微纤,口弗能言,志不能喻。若射御之微,阴阳之化,四时之数。故久而不弊,熟而不烂,甘而不哝,酸而不酷,咸而不减,辛而不烈,淡而不薄,肥而不腻。这对后世烹饪有着深刻的影响。

《周礼》《仪礼》《礼记》是儒家经典。《周礼》对宫廷饮食机构的设置和从事饮膳官员的分工有详细的记载。从制度上对食医与烹饪肴馔的关系做出严格的规定,为实现养生健身起到重要作用。

《仪礼》对有关礼仪活动的制度,烹饪的法度都做了详细的规定。这些规定,对后世的筵席规格、馔肴配制、服务礼仪等方面都产生了一定的影响。

《礼记》对饮食制度、烹调原理,都做了精彩的论述。特别是《内则》所阐述的选料卫生要求(狼去肠,狗去肾,狸去脊,兔去尻,狐去首,豚去脑,鱼去乙,鳖去丑),调和原则(春多酸,夏多苦,秋多辛,冬多咸),调配时序(脍,春用葱,秋用芥;豚,春用韭,秋用蓼),以及刀工的"必绝其理"(断其肌肉纤维),对熬、炝、煎、炙等烹饪方法不同火候要求,至今仍有参考价值。

《黄帝内经》是论述医食同源的重要典籍。其提出的"五谷为养,五果为助,五畜为益,五菜为充",是中国式的营养卫生的总体要求,是汉族长期遵循的传统饮食格局,也是汉族至今仍未改变的饮食结构,这个传统饮食结构,又是指导中国烹饪发展的总体战略方案。

《齐民要术》既可说是一部古农书,也可认为它是一部烹饪古籍。贾思勰比较系统地总结和记载了北魏以前以黄河流域为主地区的烹饪技术,对于后人研究中国烹饪历史、烹饪理论、烹饪技术的发展和演变,都有重要意义。

《饮膳正要》是元代宫廷饮膳太医、营养学家忽思慧编著的一部烹饪调和与营养卫生相结合的学术专著。此书从蒙古族的角度研究饮食烹饪,并大量吸收汉族历代宫廷医食同源的经验,结合少数民族的饮食习惯,编纂而成的极具特色的宫廷食谱。

《随园食单》是清代著名文人袁枚所著的一部烹饪专著。该书有序和须知单、戒单等章。须知单所列的烹饪二十须知,戒单所列的十四戒,既有理论又有实践,从正反两个方面阐述一些重要烹饪问题,都有相当大的影响,成为烹饪工作者和烹饪爱好者的必备之书。

《调鼎集》是根据手抄秘本整理的清代菜谱。全书分为上、下两篇。上篇为筵席菜肴篇;下篇为酒茶点心篇,以淮扬菜系为主,从日常小菜腌制到宫廷满汉全席,应有尽有,收荤素菜肴两千种,茶点果品一千例,烹调、制作、摆设方法,分条一一讲析明白。《调鼎集》实为我国古代烹饪技艺集大成的巨著。

1949年以来,中国的烹饪得到迅猛发展,理论体系更加科学完善。《中国烹调大全》《中国烹饪辞典》《中国烹饪百科全书》《中国食经》《中国饮食文库》等大型工具书先后出版。

烹饪院校受到政府和社会的广泛重视和大力扶持。从中职到高职、本科,各层次的理论教材更加系统完备。二十大报告指出:统筹职业教育、高等教育、继续教育协同创新,推进职普融通、产教融合、科教融汇,优化职业教育类型定位;加强基础学科、新兴学科、交叉学科建设,加快建设中国特色、世界一流的大学和优势学科;引导规范民办教育发展;加大国家通用语言文字推广力度;深化教育领域综合改革,加强教材建设和管理,完善学校管理和教育评价体系,健全学校家庭社会育人机制;加强师德师风建设,培养高素质教师队伍,弘扬尊师重教社会风尚;推进教育数字化,建设全民终身学习的学习型社会、学习型大国。以上内容都显示出中国烹饪理论体系的建立和研究已转向更高层次的科学探索。

（二）用料广博,品种繁多

中国菜肴数量之多,无与伦比,究其原因,应当认为正是所用烹饪原料广而博的结果。世人常形容中国人"天上飞的、地上走的、土里长的、水里游的"无一不可入菜。如中国古代原料的八珍,某些花卉(牡丹花、桂花、菊花等),水果(菠萝、苹果、桃等),昆虫(蝉、蜂蛹、蝗虫等),中药(冬虫夏草、枸杞、天麻等),无奇不有。虽然根据野生动物保护法的规定一些原料动物已禁止猎捕制菜,但仍有两千多种可用作中餐制菜的原料。

以农耕为主的中国人,在长期的生活实践中,非常重视种植和养殖,并善于在烹饪中一物多用,综合利用,废物利用,并运用各种技法使其成为美馔佳肴。自汉代淮南王刘安发明豆腐和豆芽后,黄豆这种作为中国人植物蛋白质主要来源的"济世"之物,千百年来衍生出近千种可以认为是其"家族"的馔肴。还有许多被西方人视为弃物的东西,如禽畜类的内脏、头、尾、血、蹄爪等,在中国都能化腐朽为神奇,制作成佳肴美味。如:爆炒腰花、脆皮大肠、夫妻肺片、毛血旺等。以猪蹄为料,清代的《调鼎集》中记载,可煨可烧可酱可糟,可熏可腊可冻可醉,还可煮可蒸,就已列出二十余种菜品。

（三）搭配巧妙,风味独特

中国菜肴历来讲究根据原料的色泽、质地、形状等,注重荤素、时序、性味之间的恰当配伍。从古今的典籍食谱中也可以看到,除单独成菜的原料以外,相当数量的菜肴是荤素原料相配的。《周礼·天官》在"食医"一节所说的"牛宜稌,羊宜黍,豕宜稷,犬宜粱,雁宜麦,鱼宜苽",指的就是菜肴荤素搭配之法。早韭晚菘,冬笋春芽,秋鸭冬鱼,春虾秋蟹等选择原料的最佳使用期,以求最佳的风味口感和营养效果,乃是时令相配的本质所在。除此,《调鼎集》中讲到:配菜之道,须所配各物融洽调和。如夫妻、如兄弟,斯可配合。为了性味配合得当,配菜是不分原料高低贵贱的,如燕窝配银耳、牛肉配萝卜等既有菜肴风味需要的因素,也有性味相配的因素。正如袁枚在《随园食单》"搭配须知"中所总结的:要使清者配清,浓者配浓,柔者配柔,刚者配刚,方有和合之妙。

中国菜肴自古以味为核心内容,把调味看成是中国菜肴的灵魂。与西方"菜生而鲜、食分而餐"的饮食传统相比,中国菜肴更讲究调味之美,这是中国烹调艺术的精妙之处。美味的产生在于调和,运用咸、甜、酸、辣、苦的各种单一调味品进行五味调和,这和色彩上的红、黄、蓝三原色经调色而成绚丽多彩的颜色,以及中外都用的七声音阶经旋律、节奏、速度、强弱的变化而成永远谱不完的曲一样,烹饪调味的技术规律和艺术规律经过原料的巧妙搭配和烹饪的技术手段,使原料的本味和配料与调

3

味品的滋味、香气交织融合在一起得到充分的表现，调制出变化精微的具有地方性、季节性、广泛性的多种味道，达到中和之美的独特的风味。如同样以猪里脊做主料，用炸熘的烹调技法，因糖、醋、盐的先后投放次序和数量的比例不同，可制作出入口咸鲜、收口酸甜的"焦溜里脊"和酸甜微咸的"荔枝肉"以及甜酸味浓的"糖醋里脊"。正所谓"五味调和百味香，煎炒烹炸味悠长"。

（四）刀工精湛，技法丰富

中国烹饪的刀技高超，可谓举世无双，《庄子》所记载庖丁解牛，就是描述庖丁在分档取料时达到了游刃有余的地步。"饔人缕切，鸾刀若飞；应刃落俎，霍霍霏霏"是晋潘岳《西征赋》的名句。清董思白的诗把前人描绘过的刀技写得更通俗："主人之刀利如锋，主母之手轻且松。薄薄批来如纸同，轻轻装来无二重。忽然窗下起微风，飘飘吹入九霄中。急忙使人追其踪，已过巫山十二峰。"中国烹饪发展至今，刀法的名称有100多种。概括地说，各种刀法的出现，目的在于使形状规则、造型美化，利于烹制入味。鸡鸭鱼等整料，只能用炖、煮、蒸、卤、烤等加热时间较长的方法烹饪。而将原料加工成丁、丝、片等小型形状，则可用爆、炒、汆等旺火速成的方法成菜。原料加工成规格一致的形状，调味品的味道也容易渗透到原料内部。如扬州的"大煮干丝"，须将特制的豆腐干片成薄片，再切成整齐均匀的细丝，才能成为"加料千丝堆细缕"的东亚名肴；四川的"回锅肉"要将七成熟的带皮后肘子肉切成一分厚的片，加热时方能形成灯盏窝状。剞刀技法是中国烹饪刀法的重要体现，堪称一绝。菊花形、荔枝形、麦穗形、蓑衣形、梳子形、凤尾形、金鱼形等大量的造型菜肴就是使用了各种"花刀"法，使原料受热后变形，达到美化菜肴形态的效果。整料出骨是难度较大的中餐刀工技法，不仅要有娴熟的刀工，而且还要了解原料的肌肉和骨骼结构，使加工后的原料既没有骨骼又保持原形。

中国烹饪的技法自《周礼·天官》记载的八珍淳熬、淳母、炮豚、炮牂、捣珍、渍珍、熬珍和肝膋这八种烹制食物的方法至今，共有130多种烹调方法。随着烹饪设备的多样化和加热水平的提高，现在常用的烹调方法有近50种，除腌、泡、醉等少数系发酵的化学方法外，大多数技法中原料需经加热食用。而在需用火加热的过程中，用什么样的火，即"火候"，能使鼎中之变奇巧万千，就大有讲究。如山东菜"油爆双脆"，从原料入锅到装盘仅需十秒左右，而"神仙鸭"则需插香计时两个时辰蒸至味透肌理。袁枚在《随园食单》"火候须知"中指出：熟物之法，最重火候。有须武火者，煎炒是也；火弱则物疲矣。有须文火者，煨煮是也；火猛则物枯矣。有先用武火后用文火者，收汤之物也；性急则皮焦而里不熟矣。

二、中式烹调工艺的属性

中式烹调工艺的属性指能够反映中国烹饪风貌和在整个饮食过程中，能满足人们生理需求和心理需求，具有一定特色、内在联系及程序的基本性质和原则。其包括"质、味、香、色、形、器、养、量、序、意"十个互为密切关联的具体问题。这十个属性既是衡量菜肴质量的标准，一种饮食的生活实践，也是一种烹饪文化理论的概括。

（一）质

质是指原料的质构和菜肴的品质。《吕氏春秋》记载：求之其本，经旬必得；求之其末，劳而无功。对于任何事物，首先必须以其根为本，才不致徒劳无益。而菜肴原料的质构，即其根本，失之则无质量可言。因此，对于菜肴的原料要求，务须取其之长，而避其之短。四川名菜"灯影牛肉"，必选"牛腱子肉"，因为此肉内藏筋，纹理规则，有硬度适中、透明的特点。唯有用"腱子肉"制热后，配以精湛的刀工，才能突出其"灯影"特色。袁枚在《随园食单》"选用须知"中说：选用之法，小炒肉用后臀，做肉圆用前夹心，煨肉用硬短肋，蒸鸡用雏鸡，取鸡汁用老鸡；在"时节须知"中说：萝卜过时则心空，山笋过时则味苦，刀鲚过时则骨硬。还有，制作烤鸭需选北京填鸭、板鸭需选秋季的麻鸭等，都充分说明了原料质构对菜肴的决定性作用。不同的菜肴具有不同的质感，要求火候掌握得当，每一道菜肴都要符合各自应具有的质地特点。如"东坡肉"需"慢著火，少著水，火候足时它自美"，才能合乎肥而不腻、瘦而不柴的要求；"油爆双脆"须旺火速成，方能达到"刀下生花，锅里开花"的脆嫩标准。只有火候掌握得恰到好处，人们在咀嚼品尝时，菜肴才能有美妙适口的感觉。

（二）味

广义的味包括生理味和心理味。生理味又分为物理味和化学味。物理味是口腔受到机械刺激而引起的感觉，可分为：①由温度引起的凉、冷、温、热、烫的温觉感；②由舌对大小、厚薄、长短、粗细产生感觉，并产生清爽、厚实、柔韧、细腻、松脆等的触压感；③由牙齿主动咀嚼产生的如嫩、脆、松、黏、硬以及脆嫩、软嫩、滑嫩、酥脆、爽脆、酥烂、软烂等单一感和复合感。化学味在中国烹饪中可分为单一味（咸、酸、苦、甜、鲜）和复合味（咸鲜、酸甜、鱼香、麻辣、怪味等），即日常所说的"滋味"，是某些呈味物质在口腔中与味觉神经相互作用而产生的刺激，是评判菜肴最重要的标准。如"干炸里脊"的特点：口味咸鲜（化学味）、外焦里嫩（物理味）、色泽金黄（心理味）。菜肴在食用时的温度不同，香气、口感、滋味等质量指标都有明显差异。所谓"一热胜三鲜"，说的就是这个道理。如"清蒸鱼"热吃时，鱼肉软嫩，鲜香味美，饱满色亮，冷后食之则肉硬味腥，干瘪色暗；"拔丝苹果"冷时则外硬内塌、无丝可拔。由此可见，温度是菜品质量的基本因素，是评价菜肴质量不可或缺的重要指标。

（三）香

菜肴的"香"是人的鼻腔上部嗅觉细胞经刺激引起的感觉，包括原料的本味香、加热香和调配香，是组成中式菜肴完美属性的重要条件。《随园食单》说：佳肴到目到鼻，色臭便有不同，或净若秋云，或艳如琥珀，其芬芳之气，扑鼻而来。不必齿决之，舌尝之，而后知其妙。香气的美妙之处在于能引起人的情感冲动和思维性联想，并进而诱发人的食欲，在食用前往往有"先声夺人"的威力。如四川名菜"回锅肉"称"过门香"，山东名菜"锅烧鸭"称"满桌香"，淮阳名菜"清炖狮子头"称"满屋香"；至于形容福建名肴"佛跳墙"的诗句"坛起荤香飘四邻，佛闻弃禅跳墙来"，是对菜肴香气扑鼻，馋涎欲滴，精妙绝伦的概述。由此可见，菜肴的"香"，作用之大，非同一般。

（四）色

色彩是作用于人的视觉的自然现象，同时，又是文化现象。自然界的万事万物都各具特色，别有美感。烹饪原料都具有一种使人心悦的色泽，因此，色美是中式菜肴属性的重要组成部分。首先，其包括原料的本色。如红色的有番茄、胡萝卜、红辣椒；绿色的有菠菜、韭菜、油菜；黄色的有冬笋、黄花菜、老姜；黑色的有黑木耳、香菇、黑芝麻等。对于这类本色特殊的原料，必须注意保持其原色，充分体现其自然美和本色美。其次，要达到菜肴的艺术性，还要根据色彩学的原理，在烹调时或用辅料配色以调之，或用调料的颜色以增之，或利用小料的缀色以点之，或用芡汁料油润色以和之。再次，菜肴的调色还需适应人们的心理需要，因为菜肴的色彩往往会影响就餐者的情绪，例如红色代表热烈、兴奋，能引起食欲；绿色代表安静，使人感到春意盎然；白色带有纯洁、清爽的意味；黄色给人明朗、温暖之感。就烹饪而言，一个菜的颜色，一般以主料的色为基调，以辅料的色为附色，通过调料、汤汁等相互之间的配色显示出来，要求色彩明快、自然、美观、赏心悦目。清代方熏说：设色不以深浅为难，难于彩色相和，和则神气生动，否则形迹宛然，画无生气。

（五）形

烹饪作为一种工艺，对于造型也有一个与美术类似的处理和表现的过程。《说文解字》说：美，甘也。从羊从大，羊在六畜主给膳也。可见中国古代对美的解释，就是基于烹饪学的。菜肴（特别是冷盘），在满足物质需要实际功能的基础上，设计美观、大方、真实、舒适，使人们欣赏之余更喜食、更宜食，且整鸡、整鸭及烤乳猪等更具有"形态美"的自然美特色，但是烹饪的造型主要靠刀工，烹饪原料经刀工处理后的形状，有如丝、条、段、片（柳叶片、月牙片、象眼片）、块（菱形块、梳子块、骨牌块）等十多个花式，还可以采用混合刀法剞出菊花、麦穗、绣球等更优美的形态。特别是许多工艺菜采用拼摆法、填酿法、卷制法、贴制法、纤花法、塑造法等，或是平面图案，或是立体雕塑，或是完形整料，或是散碎零件;有的是整齐划一,有的是参差无度,有方有圆,有长有短,有直线,有曲线,制作出的"花开富贵""八宝全鸭""如意卷尖""锅贴鳕鱼""荷塘月色""百鸟朝凤""熊猫戏竹"等更是色彩缤纷、形态生动、栩栩如生,将菜肴与造型艺术融为一体,使"菜上有山水,盘中溢诗歌",达到"观之者动容,味之者无极"的艺术感染力,成为精致的艺术品。

(六)器

美食和美器的和谐统一,是中国烹调工艺的一个重要方面,历来深受重视,并有大量的描述和记载。其中论述精辟者,首推清代文人袁枚,他在《随园食单》"器具须知"中说:美食不如美器。斯语是也。……惟是宜碗者碗,宜盘者盘,宜大者大,宜小者小,参错其间,方觉生色。器皿除了承托、保温、清洁卫生等实用功能外,还具有烘托、补充、装饰、造型、表现、情趣等审美功能。美食促进了美器的生产,美器又促进了美食的发展,美器与美食的关系,达到了不可分割的地步。这种和谐,既是一肴一馔与一碗一盘之间的和谐,又是一桌菜点与餐具器皿的和谐。一桌美味佳肴,菜的形态有丰整腴美的,也有小型不规则的,菜的色泽有红、黄、绿、黑、白的五色七彩,一旦配以恰当的餐具,大小相间,高低错落,形质协调,相得益彰。四川的"九色攒盒",北京的"一品攒盒""什锦攒盘"将精致的菜肴与餐具巧妙配合,达到了相当高的水平。中国的火锅、砂锅、暖锅、汽锅、蒸笼具有实用、古朴、雅致的民族艺术特点,更是炊具餐具兼用的杰作。

(七)养

每一种原料所含营养素的种类和含量都不同。菜肴营养价值的高低,除原料本身所含的营养成分外,与烹调过程中的加工方法有重要关系。例如,维生素在原料切洗、加热过程中和在碱性环境里会不同程度地受到损失和破坏。对于如何有效地保存营养素,我们可以运用营养知识和烹调方法,尽量设法保护原料中的营养成分,避免损失和破坏。例如,蔬菜应先洗后切,以防止水溶性维生素和矿物质的流失;炒菜应急火快炒;有的菜肴在烹调时,可加适量的醋,以保护维生素C;有的菜肴可采用上浆、挂糊、勾芡等方法,避免原料与热油直接接触以保护营养素。俗话说"病从口入",菜肴的卫生是饮食的先决条件。顾仲在《养小录》中说:饮食之道,关乎性命,治之要,惟洁惟宜。他认为饮食是人们生命活动不可缺少的物质基础,洁净是烹调的"头纲",只有从原料的生产、加工到消费的全部过程中都能确保菜肴处于卫生安全的良好状态,具有其本身所应有的营养价值,才能满足人体对营养的需要,达到饮食的根本目的。

(八)量

烹制菜肴所用的主料、配料的种类和数量同样是烹调工艺属性中不可忽视的方面。主料与配料之间数量的配比和总量的多少不仅影响到菜肴的质量,同时,还能因装盘后菜肴的色彩、形态等构成一种独特的形式美。根据古希腊的毕达哥拉斯学派所发现的黄金分割率(即1:0.618),在盛装菜肴时,应根据具体情况灵活掌握,并正确使用这一美的比例。例如,长条盘盛装的菜肴,若需装饰,则应在黄金分割率的分割点上进行装饰,这样会给人带来稳定、舒适的心理感受。多样与统一是形式美的最高要求。筵席菜肴所展示的烹调工艺是整体的、全面的。筵席菜肴的数量虽多,但也并非越多越好。筵席数量的组合,目的是表现馔肴丰盛,是把一桌席作为一个整体来考虑的。通常包括菜肴(其中又分为冷菜、热炒、大件菜、饭菜)、点心、饭粥(饭品和粥品)、果品(干果、鲜果、蜜饯、炒货)、饮料(茶、酒、果汁、花露)五大类。在各种形式因素的复杂组合中,通常以和谐与统一为最美。如果只有多样,则会变得杂乱无章;如果只有统一,则过于整齐划一,不能表现复杂的多变事物,不能唤起人观赏的兴趣,也无所谓美。

(九)序

人们的饮食活动不仅仅是果腹充饥,还应有"饱口福"的享受。菜肴的质、味、香、色、形、器的合理组合排列,加之正确的上菜程序,使整个宴饮和进食过程和谐而有节奏。袁枚在《随园食单》中说过:上菜之法,盐者宜先,淡者宜后……度客食饱,则脾困矣,须用辛辣以振动之;虑客酒多,则胃疲矣,须用酸甘以提醒之。这是对味序的具有一定科学性的理解的总结。调和滋味,要合乎时序,注意时令。《周礼》记载:凡和,春多酸,夏多苦,秋多辛,冬多咸,调以滑甘。从四时五味须合五脏之气的角度来说。有古代医学文献指出:春省酸增甘以养脾气,夏省苦增辛以养肺气,长夏省甘增咸以养肾气,秋省辛增酸以养肝气,冬省咸增苦以养心气。这便是从四时过食五味而使五脏之气受到损害的角度来谈的。一正一反,相辅相成。除了"味序""时序"之外,还需"质序""色序""香序""形序""器序""量序"等的科学组合,使一物各献一性,一碗各成一味,充分体现进食过程的节奏感和韵律感,达到"序美"的境界。

（十）意

中国菜肴的属性除有可以观察感受到的质、味、色、香、形等生理需求外,也有可以意会领略的心理需求。中国很早就有"礼乐文化始于食"的观念。从古到今,中国人喜欢把饮食与节庆、礼仪活动结合在一起,每逢年节或婚丧寿辰,都会举办各种宴请活动,在节日里,人们通过相应的饮食活动既可以加强亲友联系,又可活跃节日气氛,突出主题。这种意趣,集中表现在美名与美境方面。我国菜肴命名非常注重寓意和意境,通过菜肴的名称,表达人们幸福、如意的美好祝愿。例如婚庆菜多用"龙凤呈祥""麒麟送子""鸳鸯戏水";贺寿席则围绕一个寿字,多用"神仙鸭""麻姑献寿""松鹤延年";假日节庆宴多用"五福虾仁""八宝豆腐""全家福"等。用餐环境对人们的饮食心理影响很大,不同的宴会主题应有特定的环境与之相适应,环境的布局也应随用餐类型而变化。一般将时、空、人、事多种因素加以综合考虑,打造良辰美景。

三、中国菜肴的构成

中国历史悠长,地域辽阔,众多的菜肴构成了不同的分类体系内容。按菜肴自身的体系分有冷菜、热菜、汤羹菜、甜菜,以及传统菜、创新菜、工艺菜、大众菜等;按地域分有四大菜系、地方风味等;按原料分有禽类、畜类、水产类、果蔬菌菇类等;按社会形式分有宫廷菜、官府菜、市肆菜、民间菜、寺院菜等。

（一）宫廷菜

宫廷菜是封建社会专供宫廷皇室的菜肴。其特点是尊古尚礼、选料广博、制作精良、注重营养。自《周礼》将饮食纳入"礼"的范畴开始,宫廷的饮食礼节周全,程序严谨,讲究食必稽于本草,饮必唯于法度,什么时间、什么场合用什么菜肴,都有一定的章法。同时依靠得天独厚的优越条件,广收博取天下稀世珍品,随意选取民间上等食材,各地进贡名优土特产品。而且从全国挑选出来的专长于特色菜肴烹制的最好的厨师,在制作菜肴的程序方面都有极为细致的分工、严格的管理,每一道菜都必须达到烹制精致、注重营养的最佳效果。因此,宫廷菜集地方贡珍奇品、御府精烹,是中国菜肴的重要组成部分。

（二）官府菜

官府菜是封建社会官宦人家所制的菜肴。具有制作奇巧、用料广泛、讲究排场、富于变化的特点。"芳饪标奇""庖膳穷水陆之珍",是房玄龄在《晋书》中对晋代大官僚、富豪奢侈斗势饮食生活的总评语。历代封建王朝的高官巨贾除了"家蓄美厨、争奇斗奢"的日食斗餐之外,官府菜讲究用料,讲究排场,通过制作奇巧和变化多样的菜肴,彰显"味"高权重的官府贵族气派。曲阜的孔府菜,南京的随园菜,北京的谭家菜是中国官府菜的代表。

（三）市肆菜

市肆菜是指餐馆菜,是饮食市肆制作并出售的菜肴的总称。其随着经济贸易的兴起而发展起来,能满足各个消费阶层的不同需要。其特点是技法多样,品种繁多,应变力强,适用面广。市肆菜主要来自民间,除以本地区的特色为主外,还兼有宫廷菜、官府菜以及其他地方的特色菜品,在风味上有较强的包容性。当今各地的市肆菜馆,根据当地的物产和习俗,在经营品种上已经呈现了专业化,有海鲜店、烤鸭店、素菜馆、羊肉馆等。在服务形式上市肆菜提供上门服务,表现出其灵活多样性,是丰富中国菜肴构成的重要因素。

(四)民间菜

民间菜指的是乡村、城镇居民家庭日常的菜肴。特点是取材方便、操作简便易行、调味适口、朴实无华。其是形成中国菜肴的主体,是中国烹饪的根。民间菜遍及城乡居民千家万户,满足人们日常的饮食生活,保持人体健康的生理需要。其选料一般就地取材,内陆地区以禽畜为主,沿海地区以海鲜为主,江河沿岸多以淡水生物为主。正所谓"靠山吃山,靠水吃水"。其食材地域特色非常明显。就料施重,简单易行。捕捞鱼鳖虾蟹,煎炒蒸煮均可,摘取蔬菜菌菇,炝拌烧炖也行。调味方面依据当地气候、环境、习俗各有所好,形成了中国菜肴的独特风味。

(五)寺院菜

寺院菜又称斋菜,是泛指道家、儒家宫观寺院除动物(蛋、奶除外)原料烹制的素食菜肴,特点是就地取材,擅烹菇蔬,以素托荤。其包括寺院素菜、宫廷素菜、民间素菜三大流派。寺院大多建在都城郊外幽静的山中,交通不便,原料多以附近的蔬菇野菜或自制的食材为主,各地寺院的素菜都结合了当地的烹调技法与饮食习俗,能制作成品质较高的仿荤菜,如素鸡、素鸭、素火腿、素鱼等,可谓鸡鸭鱼肉,燕翅参鲍,样样都可用"素"料制成。这些巧妙构思确实不同凡响,不愧为中国菜肴的一大特色。

四、中国菜肴制作的工艺流程

菜肴制作的工艺流程是烹调原料的选择(选料)、加工、组配、调味、制熟、装盘这一系列的制作工艺。菜肴制作的一般工艺流程如图 1-1 所示。

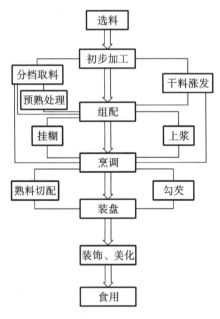

图 1-1 菜肴制作的一般工艺流程

任务评价

对学生掌握中式烹调特点、属性、构成以及工艺流程进行评价、小组评价、教师点评,总结成绩,查找不足,分析原因,制订改进措施。

→ 任务总结

（1）吸取在任务实施过程中的成功经验。

（2）总结在知识点掌握上存在的不足及改进方法。

（3）讨论、分析提出的建议和意见。

任务二　四大地方风味

→ 任务目标

通过讲授山东菜、四川菜、江苏菜、广东菜,使学生了解传统四大菜系的形成因素、味型特点,不同的烹调技法以及菜系的风味构成,使学生更加深入地了解中国菜肴。

→ 任务实施

山东菜又称鲁菜,山东是"烹饪之乡",有着"食在中国,火在山东"的美誉,其扒制技法独特,更有"北方代表菜"盛誉。

四川菜又称川菜,有着"食在中国,味在四川"的美誉,有着"百菜百味、一菜一格"的特点。其干煸、干烧技法独特。

江苏菜又称苏菜,有着"食在中国,刀在江苏"的美誉。菜肴"文思豆腐"堪称刀工一绝。

广东菜又称粤菜,有着"食在中国,料在广东"的美誉。广东菜除了正式菜点之外,其早茶、功夫茶也颇具特色。

一、山东菜

山东菜又称鲁菜或齐鲁风味,是中国烹饪地方风味的重要组成部分,其历史悠久,在我国北方大部分地区享有很高声誉,山东素有"烹饪之乡""世界三大菜园"等美誉。

（一）山东菜的形成因素

山东菜可以追溯到春秋战国时期。孟子提出"口之于味也,有同嗜焉"的烹饪基本原理。儒家创始人孔子提出了"食不厌精,脍不厌细"的指导思想。北魏贾思勰在《齐民要术》中记载了烹调菜肴和制作食品的方法等。隋、唐、元等时期,外来的饮食文化和烹饪方法对山东菜的提升和发展提供了帮助。两宋时期,京都的"北食"为山东菜的代称。到了元、明、清朝代时山东菜进入了昌盛期,期间山东菜进入宫廷,成为御膳佳肴。1949年后,改革开放和社会发展又将山东菜推向了精巧完美、清新淡雅的新高度。

山东菜的形成和发展得益于得天独厚的地理优势与富饶的物产。黄河自西向东贯穿全境,渤海、黄海围绕胶东半岛,物产极其丰富。山东粮食产量居全国前列,苹果产量居全国之首,蔬菜种类繁多,如章丘的大葱、胶州的白菜、潍坊的萝卜等享誉国内。山东水产品种类繁多,产量居全国前三位,河湖等淡水水域盛产黄河鲤鱼、赤鳞鱼、凤尾鱼等鱼类70余种。丰富的食材为厨师提供了施展技艺的平台,提供了取之不尽、用之不竭的资源。

（二）山东菜的味型特点

山东菜的味型特点是重咸和鲜,酸、辣、甜各味俱全。

山东冬季漫长,蔬菜不能过久存放,人们就将蔬菜用食盐腌制,由于长期食用盐分过高的食物,山东人就养成了重盐的口味特点,经过长期的发展逐渐形成了鲜咸、香咸、甜咸等口味。山东菜的咸味不仅单纯来源于食盐,还有酱油和各种酱。酱包括甜面酱、豆瓣酱、虾酱、鱼酱、辣酱等。酱之咸又分为小酱香之咸、大酱香之咸、酱汁之咸等。

鲜味主要来源于经过熬煮的清汤或奶汤。山东的清汤、奶汤全国知名。山东菜厨师善于制汤、用汤,用料巧妙,《齐民要术》中记载山东等地制作菜肴时用汤调味。清汤用肥鸡等为主料,经过慢煮、滤清、吊制等复杂的工序,使得汤汁清澈见底。奶汤用鸡、鸭、肘骨等大火熬煮至汤色奶白如玉。

山东菜在烹调中善于使用醋,醋不仅可以带来酸味,还可以带来香气。用醋调味主要有咸酸、甜酸、酸香、酸辣等几种。辣味除了使用辣椒外,还可取辛辣的蔬菜入菜或生食,如蒜、葱、胡椒、姜等。甜味有着重要的地位,使用绵白糖制作菜肴时演变出了琉璃、挂霜、拔丝、蜜汁等技法。

（三）山东菜的烹调技法

山东菜继承和发扬了传统技艺的特点,融合了现代烹饪技法的精髓,注重"炝锅、炒酱、爆汁、烹醋、淋油"等环节,其技艺精湛、个性鲜明、独树一帜、烹调技法全面,以爆、扒、塌闻名。勺工享誉全国,素有"火中取宝、勺看山东"之说。

山东菜的"爆",可以分为油爆、汤爆、葱爆、芫爆、酱爆、火爆、水爆等多种不同的技法。"爆"制的菜肴,需要用旺火速成的方法烹制。因为该法可以有效地保护原料中的营养素。比如"油爆"类菜肴,必须急火快炒,一气呵成,连续操作,瞬间完成。成菜挂汁均匀,芡包主料,油包芡,食后盘中无余汁,具有清爽不腻、咸鲜脆嫩的特点。

"扒"可谓山东菜的一绝,有整扒、散扒、红扒、白扒等多种不同的技法。扒菜不但讲究刀工、火候、调味、芡汁,还特别注重菜形的完整。装盘时,要用烹饪中的绝技——"大翻勺",将由多种原料烹制的菜肴,离勺空翻,如鹞子大翻身,完好无损地接入勺内,再拖入盘中。

"塌"是山东独有的一种烹调方法,可以分为锅塌、滑塌、松塌、香塌、拖塌等不同技法。塌菜的主料要选用质嫩、易熟、扁平的原料,经过腌制入味或酿入馅心,或不挂糊或单独挂粉糊或裹粉后沾匀鸡蛋液糊,放入锅中将两面煎成金黄色后,加入调味料和清汤,以慢火收尽汤汁,制熟入味。

山东的烹调技法除了爆、扒、塌之外还有其他技法。如聊城熏鸡的"熏"制技法、九转大肠的"烧"制技法、糖醋黄河鲤鱼的"炸熘"技法、清蒸加吉鱼的"蒸"制技法等,都有其独到之处。

（四）山东菜的风味构成

《中国鲁菜文化》将山东风味分为鲁西风味、鲁南风味、鲁北风味、鲁中风味和胶东风味五个风味。较为传统的区分方法是将山东菜分为济南风味、胶东风味、孔府风味这三种。

济南风味是由济南、德州、泰安等地的风味构成。济南菜有着取料广泛,讲究火候,精于制汤,擅长爆炒,制作精细,上至山珍海味下至禽畜内脏无所不用等特点。更有"一菜一味,百菜不重"的美誉。其擅用的烹调技法包括爆、烧、塌、扒、炸、炒、拔丝等。烧又有"白烧"和"红烧"之分。著名的济南风味菜肴有油爆双脆、汤爆肚仁、九转大肠、锅塌豆腐、扒三白、糖醋黄河鲤鱼、泰安豆腐、拔丝苹果、奶汤蒲菜、清汤燕菜等。

胶东风味是由青岛和烟台等地的风味组成。胶东菜起源于烟台福山,善于烹制海鲜,菜肴清鲜,注重原味,讲究鲜食。烹调方法擅长爆、炒、烧、扒、汆等。用海鲜制作的宴席有海参宴、全鱼宴、海蟹宴、渔家宴等,数不胜数。著名的胶东风味菜肴有油爆海螺、熘鱼片、葱烧海参、油爆乌鱼花、扒原壳鲍鱼、炸大虾、汆西施舌、清蒸加吉鱼等。

孔府风味自成一格。在整个山东风味体系中,孔府菜是一个非常特殊的分支,它代表了典型的官府菜的特征。孔府菜具有取料广泛,规格严谨,刀工精细,重视火候,原汁原味等特点。孔府菜的命名多取谐音,具有美好的寓意。著名的孔府菜肴有诗礼银杏、带子上朝、玉带虾仁、马上封侯、一品豆腐、寿字鸭羹、怀抱鲤、孔府一品锅、神仙鸭子、燕窝四大件(燕窝万字金银鸭块、燕窝寿字红白鸭丝、燕窝无字三鲜鸭丝、燕窝疆字口蘑肥鸡)等。

除了重点介绍的这三种风味之外还有一些其他的山东地方风味,如鲁西北的禽蛋菜肴,泰安的素食菜肴,鲁中地区的肉类、鱼类菜肴等。它们为山东风味的构成增添了浓墨重彩的一笔,不但丰富了山东风味,而且丰富和繁荣了菜系的文化,使"烹饪之乡"更加夺目艳丽,长盛不衰。

二、四川菜

四川菜又称川菜、天府风味、巴蜀风味,是我国烹饪的主要菜系之一。现如今四川菜已享誉全世界,在我国有着"味数四川""百菜百味、一菜一格""世界美食"的美誉。

(一)四川菜的形成因素

四川菜起源于商、周、秦时期的巴国和蜀郡,已有五千余年的历史。《吕氏春秋》记载了川菜"和之美者,阳朴之姜"的方法。《华阳国志》中记载了巴蜀人"尚滋味""好辛香"的饮食特点。秦李冰父子治理岷江水,建都江堰后蜀郡就被誉为"天府之国"。

在历史上大规模的移民入川就有五次,秦灭蜀后人口的迁入第一次带来了中原的饮食习俗;三国时期,成都作为首都,第二次接触了大量的外来文化;第三次移民后的五代时期,四川菜又得到了融合发展;第四次是明清两朝,晚清时有大量的外籍客迁入四川,以湖广为首;第五次是抗战时期,重庆成为政治、文化、经济的中心,吸引了更多的人入籍四川。大量外籍移民的迁入带来了不同的饮食文化和特色,湘、粤、闽、苏、浙、皖、鲁的饮食文化和特色均悉数入川,这些特点逐渐被四川菜所"同化","北菜川烹、南菜川味"加速了四川菜吸收各地之所长。

"海纳百川,有容乃大",这句话体现了四川菜的兼容并蓄,四川菜的形成和发展大量地吸收和借鉴了外来移民带来的饮食文化,在"拿来"主义的基础上,融合自身之所长,使四川菜具有了鲜明的特色。

(二)四川菜的味型特点

四川菜的味型特点是注重调味品的使用,味型多样,善于用辣。其在麻味上尤为突出,素以"味多、味广、味厚"著称。

调味品复杂多样,具有特色。如:自贡的井盐、郫县的豆瓣酱、永川的豆豉、涪陵的榨菜、茂汶的花椒、内江的白糖、新繁的泡辣椒、成都的二荆条辣椒等,调味品的多样性,使菜肴有了更多的味道,赋予了四川菜"百菜百味"之美誉。

调味品经过巧妙地调和与组配,形成了四川菜千变万化的味型。四川首创家常味型的口感是咸鲜微辣,具有咸甜酸辣香鲜特点的是鱼香味型,怪味味型则是甜咸酸辣香鲜,还有五香味型、豆瓣味型、椒麻味型、芥末味型、酸辣味型、荔枝味型、麻辣味型、麻酱味型、红油味型、陈皮味型、姜汁味型、蒜泥味型等常用味型20余种,其中含麻或辣的味型有10余种。

辣椒的广泛种植使四川菜又发生了质的飞跃,四川菜在辣味的运用上堪称独树一帜。在辣椒的选取上有青椒、红椒、干椒、鲜椒、泡辣椒、辣豆瓣、辣酱、辣椒面、辣椒油等分别外,还运用胡椒、芥末、葱、姜、蒜等辛辣食材体现不同层次、不同风格的辣味。

(三)四川菜的烹调技法

四川菜的烹调技法多样,共有40余种技法。常用技法有炒、爆、炸、煎、煸、烧等20余种,但具特色的技法是小煎、小炒、干煸、干烧。

四川菜的炒可以分为生炒、熟炒、小炒、滑炒等。小炒的方法是将新鲜的原料腌制或挂芡,无须过油,不换锅,将原料放入油锅中,旺火迅速炒散,再加入调味品或碗汁,快速成菜的烹调技法。

干煸是四川菜独有的烹调技法,将原料经刀处理后,放入少量油的锅中,用中火热油不断翻拌,使原料表面水分蒸发、成熟,当锅中见油不见水时加入调味品继续翻拌,待原料变干硬时即可出锅。成品特点外酥内软、浓香无比。

四川菜另一独特的烹饪技法就是干烧,是将原料经过初步熟处理,放入锅中加入汤汁,先用旺火煮沸,再用中小火慢慢烧制,使具有味道的汤汁逐渐渗透到原料内部或黏附于原料表面,达到自然收汁的状态。成品特点是酱色亮油,汁浓味透。

（四）四川菜的风味构成

四川菜由成都、自贡、重庆、宜宾、达州、乐山等地的地方风味构成。这些地方风味又被分为三个流派,即上河帮、小河帮、下河帮。在三个流派中,公认蓉派川菜是传统川菜,盐帮菜是精品川菜,渝派川菜是新式川菜。

上河帮由成都、乐山为主的蓉派川菜构成。其特点是选材丰富、口味清淡。其是川菜发源地之一,保留了较多的传统风味。旧时是总督和衙门的官府菜。著名的菜品有开水白菜、夫妻肺片、麻婆豆腐、宫保鸡丁、鱼香肉丝、东坡肘子、蒜泥白肉、芙蓉鸡片、干煸鳝片、清蒸江团等。

小河帮由自贡的盐帮菜、宜宾的三江菜、内江的糖帮菜等构成。其特点是大气、高端,以味厚、味重、味丰为特色,具有味厚香浓、辣鲜刺激等特点。著名的菜品有水煮牛肉、富顺豆花、火爆黄喉等。

下河帮由重庆、万州、达州为主的渝派川菜构成,俗称江湖菜。其特点是大方粗犷,用料大胆,不拘泥食材,菜肴变化多样等。渝派川菜因简单易学、开胃下饭,在国内较为流行,并引领了四川菜的发展。著名的代表菜有麻辣火锅、辣子鸡、豆瓣虾、泡椒牛蛙、石锅鱼、酸菜鱼、万州烤鱼、水煮鱼等。

三、江苏菜

江苏菜又称苏菜、京苏大菜、下江风味等,是我国主要菜系之一。由于江苏菜和浙江菜相似,所以合称为江浙菜系。近年来江苏菜有着"刀美扬州""鱼米之乡"等美誉。"扬州炒饭""清炖狮子头"享誉国内外。

（一）江苏菜的形成因素

江苏菜菜品精美,烹饪文化历史悠久,史书记载彭祖曾制作雉羹献于尧帝。夏商周三代为江苏菜的雏形阶段。到了春秋战国时期江苏菜有了全鱼炙、吴羹等菜肴,更有讲究刀工的鱼脍。两汉、三国和南北朝时期江苏的面食、素菜有了明显的发展。隋唐、两宋时期江苏菜进入了第一次发展的高潮,大量的海味、糟醉菜肴成为了贡品,此时的工艺达到了相对较高的水平,有着"东南佳味"的美誉。清代是江苏菜的第二次发展高潮,南北沿运河、东西沿长江,丰富的物资和文化的交流不断注入到了江苏菜中。乾隆皇帝六次下江南,直接促进了江苏菜的发展。现如今江苏地区的动植物、水产资源极其丰富,被称为"鱼米之乡"。"春有刀鲚夏有鲥,秋有肥鸭冬有蔬",一年四季食材丰富,大力促进了江苏菜的融合与发展。

（二）江苏菜的味型特点

江苏菜的味型特点是菜品求鲜,清淡平和,甜咸适宜。

鲜为菜肴的基础,无论是江鲜、河鲜、湖鲜、海鲜、蔬鲜、果鲜、花鲜都突出一个"鲜"字。运用葱、姜、笋、蕈、糟油、红曲、虾以及鸡汤肉汁等突出菜肴的鲜味。江苏菜重视汤的制作,汤在菜肴中有着增味补质、增鲜提香的作用。

荤素搭配,配料合理,口味纯正都突出了"清"字。大味至淡,淡用淮盐,间用五香突出了菜肴的"淡"字。五味调和及对香料的运用以清淡为主,不强烈突出香料的味道或复合的味道,以原料的主味为主。鲜活原料讲究原汁原味,烹调时不失本味。

各个地方风味突出咸甜之适宜,注重咸甜的变化,"鲜咸味醇,咸中带甜,甜咸适口,甜出咸收"等不同的变化,加之鲜、清、淡便给予了菜肴"一物呈一味,一菜呈一味"的特点。

（三）江苏菜的烹调技法

江苏菜十分讲究刀工,刀法多变且极为精细。先片后丝、脱骨整治、镂空雕刻无不显示了刀工的精湛。如南京的冷切拼盘,苏州的花刀造型,扬州的西瓜灯雕等。冷切拼盘体现了刀工的精湛,可以制成扇面、桥梁、空心卷等造型。一条鱼,经过刀法的运用,可以成为松鼠形、菊花形,还可以成为兰花形等多种形态。西瓜、冬瓜制成的瓜盅线条清晰,构图精美,花鸟鱼虫更是信手拈来。其菜肴"文思豆腐"堪称刀工一绝。

江苏菜重视火候,讲究火工。中国陶都江苏宜兴所产"砂锅钵",为炖、焖、煨、煲提供了优质的工具。其擅用炖、焖、蒸、烧等烹饪技法。传统的炖焖技法十分讲究,需要有专门的焖笼、焖橱等。蒸、烧而制成的菜肴在江苏菜里非常广泛,表明当地人擅长此烹饪技法。

(四)江苏菜的风味构成

江苏菜分为四大风味,分别是淮扬风味、苏锡风味、金陵风味、徐海风味。它们同中有异、各具特色。

淮扬风味是以淮安、淮阳、扬州、镇江为中心,以大运河流域为主的风味构成。淮扬风味的特点是味和南北,制作精巧,精于雕刻,清淡见长。"扬州三把刀"之一的厨刀体现了淮扬风味刀工精细的特点。名菜有大煮干丝、三套鸭、全鳝席、水晶肴肉、软兜长鱼、镇扬三头(扒猪头、清炖蟹粉狮子头、拆烩鲢鱼头)等。

苏锡风味是由苏州、无锡等地风味构成的,包含阳澄湖、太湖等地。其"船菜""船点"中外驰名,太湖船菜制作的水平极高。苏锡风味的特点是重原汁原味,甜出头、咸收口,浓淡相宜等,时令时鲜,清新淡雅。苏州的糕点久负盛名,苏锡风味的代表菜有松鼠鳜鱼、清蒸鲥鱼、梁溪脆鳝、镜箱豆腐、清蒸阳澄湖大闸蟹、苏州三鸡(常熟叫花鸡、西瓜童鸡、早红橘酪鸡)等。

金陵风味又称京苏大菜、南京风味,是指以南京为中心的地方风味,清代称为江宁菜。以滋味平和、纯正适口为特色,注重七滋七味的调和所见长。其擅长制作鸭类菜肴,有着"金陵鸭馔甲天下"的美誉,其烤鸭影响了京、川、粤等地。名菜有盐水鸭、黄焖鸭、南京板鸭、贵妃鸡翅、鸭血粉丝汤、金陵三叉(叉烧鸭、叉烧鱼、叉烧乳猪)等。

徐海风味是由徐州、连云港等地风味构成的。其菜肴口味咸鲜适度,五味兼容,接近于山东风味。徐州为彭祖的封地,烹饪历史悠久,其制作的雉羹被誉为"天下第一羹"。徐海风味擅长狗肉和海味。名菜有沛公狗肉、羊方藏鱼、霸王别姬、彭城鱼丸、凤尾对虾等。

四、广东菜

广东菜又称粤菜,属于岭南风味,是我国传统的四大菜系之一。在我国有着"食在广州"的美誉。广东菜与法国菜享有同样的声誉,世界各地的中餐馆大多数是以经营广东菜为主。清代时海外所谓的"中国菜"就是指广东菜。广东菜除了正式菜点之外,广东的早茶、功夫茶也颇具特色。

(一)广东菜的形成因素

广东地区最早居住的是南越族及其先民,秦始皇统一中原后将50余万人迁至岭南,广东菜第一次受到了中原饮食文化的影响。三国至南北朝时期,国内处于南北战乱,中原地区战事频发,而广东地区则少有战乱,大量的中原人士南迁至广东地区,为当地饮食文化注入了新的元素,使广东菜的发展得到了质的提升。五代十国时期又有大量的文人、商贾为躲避战乱而迁入广东腹地,同时也带来了新的饮食文化。明清时期,广州几乎是全国唯一的通商口岸,全国各地的货物与食材都聚集于此,《广东新语》提出:天下所有之食货,粤东几尽有之;粤东所有之食货,天下未必尽有也。鸦片战争后,广州成为了国际通商口岸,欧美各国的商人与传教士大量进入广州,西餐也随之传入。清代后期"食在广州"享誉海内外。

广东菜的形成不光有大量迁入的外族人带来的饮食文化,而且还和当地的地理环境、季节气候有关。广东地处亚热带,四季常青,物产极其丰富。"食以物为先",广东菜的物质基础是其他地域不可比拟的。广东菜所选用的原料广而杂,无所不用。擅长烹制蛇类、鼠类、野禽、野兽等,有着"宁食天上四两,不食地下半斤(十六两制)"的说法。

(二)广东菜的味型特点

广东菜的味型特点是尊重食材,表现本味。而且广东菜随四季的变化而选用不同的食材,夏秋重清淡,春冬重浓厚。清淡不是"清汤如水、淡而无味",而是"清中求鲜,淡中求美",清淡是有味道的清鲜,口味不油、不腻,追求食物的原汁原味。

在"民以食为天,食以味为先"的基础上,广东人又加了一句"味以鲜为先",在菜肴的制作上以鲜味突出为最高境界。利用不同的食材和工艺,使得鲜味被划分为清鲜、咸鲜、浓鲜、鲜香、鲜嫩、鲜甜等味型。广东菜把鲜味视为菜肴的灵魂,把尝鲜作为品尝食物的基本要求。

在调味上,有五滋(甘、酥、软、肥、浓)六味(酸、甜、苦、辣、咸、鲜)之别。通过对五滋六味的不同组合,广东厨师制作出了酱汁,并运用酱汁使菜肴有了丰富的味型。广东菜使用酱汁的做法,逐渐影响了全国调味品的使用。

(三)广东菜的烹调技法

广东菜通过博采众长,其烹饪技法也较为完善多样。各地方常用的烹调技法在广东菜也较为常用,特色的技法是软炒、软炸、焗、煲等。

各地的烹饪技法中均有炒法,但软炒是广东菜特别擅长的。软炒又称为湿炒,常用蛋液、蛋白、牛奶为主料,选配一些无骨、质嫩的原料如虾、鱼、肝等,通过油以中火或小火加热主料,另起锅制熟配料,放入主料而成菜的方法。也可以单独炒制牛奶或蛋白。

脆炸技法与众不同,如脆皮炸雪糕,是将蛋清和面包糠混合均匀,裹住雪糕,放入高油温的锅中,迅速使外皮定型、内部的雪糕还没有融化就端上客人的餐桌了。

焗是借鉴西餐的技法演变而来。广东的焗可分为原汁焗、汤焗、盐焗等。原汁焗是利用原料自身所含的水分制熟食物的方法,烹调后淋上原汁成菜。汤焗是将原料制成半熟,再加高汤使菜肴成熟的方法。盐焗是将粗盐制热后,用盐将质嫩、形小的原料包裹住,使之成熟的方法。

煲是广东菜特有的一种烹饪技法,利用文火慢慢将食物加热成熟,需要很长的烹调时间。其分为煲汤或煲饭。煲汤是将含有丰富蛋白质的原料如牛、羊、猪等洗净后,放入锅中一次加入足量的水,大火烧开,撇去浮沫,小火慢慢熬制的方法。一般煲汤需要三到四小时。煲饭是将淘好的米放入砂锅中,加入水,加盖,米饭七成熟后加入配料,再转用小火加热成熟的方法。成品香味扑鼻,底部焦香脆爽。

(四)广东菜的风味构成

广东菜是以广州菜为代表,潮州菜、东江菜为主体构成的。三个地方的风味有着互相联系又各具特色的特点,它们一同构成了"食在广州"的广东菜。

广州菜是广义的称呼,其范围包括珠江三角洲及韶关、湛江等讲广州话的地域。广州菜的特点是用料广博,精巧细致,注重口味的变化和时令原料的选取。夏秋口味清淡,春冬口味浓厚,讲究鲜味的运用。传统名菜有烤乳猪、白切鸡、蜜汁叉烧、太爷鸡、干炒牛河、广东脆皮烧鹅、传统菊花三蛇羹等。

潮州菜也是广义的称呼,其范围包括汕头、潮州、潮阳、普宁、惠来等讲潮州话的地域。潮州地域的语言和风俗接近闽南,与广州有别。其地方风味兼具了闽南和广州之所长,自成一体。潮州菜善用鱼露、沙茶酱等调味品,具有"三多"的特点,"一多"是烹制海鲜品种多;"二多"是素菜品种多;"三多"是甜品品种多。传统名菜有豆酱鸡、护国菜、潮州牛肉丸、沙茶牛肉、什锦乌石参、芙蓉虾、潮汕卤鹅等。

东江菜又称客家菜,客家是为了区别原有土著民而对外来移民的称呼,客家人的语言和饮食习惯保留着古代中原的特点,自成一派。其特点是口味重"肥、咸、熟",注重"镬气",善于烹制砂锅菜。传统名菜有盆菜、东江盐焗鸡、酿豆腐、东江酥丸、客家清炖猪肉汤、梅菜扣肉等。

任务评价

对四大地方风味味型特点、烹调技法、风味构成的掌握进行评价、小组评价、教师点评,总结成绩,查找不足,分析原因,制订改进措施。

在线答题

 任务总结

（1）吸取在任务实施过程中的成功经验。

（2）总结在知识点掌握上存在的不足以及改进方法。

（3）讨论、分析提出的建议和意见。

原料选择标准与加工工艺

项目描述

　　本项目主要讲述烹饪原料选择的原则、目的和作用。熟悉常用烹饪原料的品质鉴别。烹饪原料选择主要靠感官鉴定法,需要一定的实践经验。本项目通过大量的实践和比较,使学生能够掌握烹饪原料选择和加工的技能。

项目目标

　　通过本项目的学习让学生了解原料选择的基本原则,学生掌握一定的原料鉴别方法,能在今后的实践中掌握原料选择的技巧。

任务一　常见原料选择标准

任务目标

　　1. 素质目标:职业道德方面,培养学生敬业精神,诚实守信的品质。专业素养方面,培养学生的专业思维方式和树立学生的专业思想,有较强的逻辑思维、分析判断能力和语言表达能力。合作协助方面,激发学生在烹饪创作中的艺术灵感,并在主动参与中完成合作意识的内化与能力的提高。

　　2. 知识目标:了解选料的意义;常用原料的选择标准;选料的方法。

　　3. 能力目标:通过本任务学习,了解原料的选择标准;能够熟练地切配蔬菜,分割鱼、肉、禽类等原料;使学生掌握相应的技能技巧和操作规范,熟练运用各种手段优化烹调工艺,科学合理地完成菜肴制作。

任务实施

　　早在两千多年前,我们的祖先对烹饪选料就相当重视,并取得了一些宝贵经验。先秦文献中有相关记载,其大致意思是凡是备供品,在宗庙祭奠祖先时,用牛要用大蹄与壮牛,猪要鬃鬣刚硬的,小猪要肥而结实的,羊要毛细密而柔软的,鸡要叫声洪亮而音长的,狗要吃残羹剩饭长大的。这些经验非常可贵,至今尚不失其参考借鉴意义。

　　俗话说:"巧妇难为无米之炊","米"就是指烹饪原料。烹饪原料的选择是烹调工艺中的首道程序,也是确保菜肴质量的前提条件。清代学者袁枚在《随园食单》讲到:物性不良,虽易牙烹之,亦无味也,大抵一席佳肴,司厨之功居其六,买办(原料采购)之功居其四。原料品质的优劣、选择是否合理,不仅影响菜肴的色、香、味、形,还影响人的身体健康以及菜肴的成本控制。可见原料的选择在烹饪中占有重要地位。

一、选料的意义

选料的目的就是通过对原料的品质、品种、部位、卫生状况等多方面的综合挑选,使其更加符合食用和烹调要求。这里所说的食用要求包括以下四层含义。

(一)提供合理的营养物质

不同品种原料都有各自的营养特征,有的原料富含蛋白质,有的原料则含维生素较多,还有的是属于高脂类。通过品种和数量的选择可以使原料的营养得以互相补充,从而满足人体的正常需要,达到平衡膳食。

(二)保障食用的安全性

选择原料之前必须要了解原料的安全性,哪些原料是有害的,或哪些原料的哪些部位有害。例如河豚虽然有毒,但并非通体有毒,只要将有毒部位去除干净就成了上等美味。有一些辅助性的原料选择时要控制量的范围,数量过少对菜肴风味有一定的影响,数量过多则对人体有害,如硝酸盐、硼砂、火碱等。

(三)提供良好的感官风味基础

有些原料虽然对人体无害,但因组织粗糙无法咀嚼吞咽,或者因本身污秽不洁、恶臭难闻而不能作为烹饪原料。有的可食性原料因在存放、运输等过程中发生变质,经过烹调仍不能改变其异味,也不应作为烹饪原料,任何技艺精湛的厨师都不可能把臭鱼烂肉烹制成美味佳肴。

(四)食品保健功能

随着物质生活水平的提高、社会和科技的不断发展和进步,人们在满足于吃饱(满足生存和生命活动对营养的基本要求)、吃好(食品的感官特性,如色、香、味、形)的同时,人们开始追求食品对健康的促进作用和对机体的生理调节作用,进而达到维护健康和预防疾病的目的。具有减肥功能的食物有乌龙茶、灵芝、红花、山楂、银杏、荷叶等;具有提高免疫功能的食物有猴头菇、人参、银耳等;具有缓解疲劳功能的食物有牡蛎、枸杞等;具有改善记忆力功能的食物有海洋鱼类(三文鱼、金枪鱼)、大枣、大豆等。

以上四点是保证原料食用的基本要求,但烹饪原料的选择除保证可食性以外,还要满足人们的美食需求,也就是保证菜肴的色、香、味、形达到烹调要求。具体要求有以下几个方面。

(1)为了保证菜肴的造型和色彩,原料的形态必须完整,色彩鲜艳有光泽,残缺不全或变色的原料不能保证菜肴的色和形完美。原料的色彩和形态除了人为的损伤以外,还与原料的品种、新鲜度、成熟度、产地有一定的关系。同一种原料在不同产地其形态大小差异很大,或因品种不同出现色泽和形态变化,如番茄、葱、芹菜、萝卜等原料的形和色的差异都是产地和品种造成的。同一种原料新鲜度或成熟度的变化也影响到原料的色彩和形态,如绿叶蔬菜,随新鲜度的降低色泽由绿变黄;果实随成熟度的变化由小变大。

(2)为了使原料风味更加突出,要注意选择原料的品种和部位。原料品种、部位不同,其所含水分、蛋白质、脂肪以及组织结构都有所区别,质感、口味也就各不相同。根据菜肴的要求,准确选择原料的品种和部位,可以充分发挥原料的优势,既可以突出某个部位的风味特征,也可以使原料得以充分利用。

(3)为了更加有利于原料的加工处理,烹饪原料的选择原则上以鲜活为佳,但在制作具体菜肴时则要根据具体情况灵活掌握。例如加工畜肉有一个成熟过程,如果用于蓉泥类加工时就不能选择刚宰杀动物的肌肉,因为这时肌肉弹性大、吸水性差,既不容易斩制成茸,也不容易搅拌上劲,下锅后变得松散，而且风味也不好，所以在加工肉圆或馅心时应选择成熟以后的动物肌肉。再如虾仁的出肉加工，如果选择鲜活的虾进行加工，因活虾肉紧且黏性大，虾壳和虾肉不易分离，加工时会影响出肉速度和出肉率；选择死后不久的虾进行加工时则容易出肉，而且肉形完整，出肉率也高。此外如整料脱骨、发蛋糊制作等加工技法对原料选择上都有具体要求。如雪丽糊，要求鸡蛋越新鲜越好，以利于起泡和稳定。

（4）为了更加符合烹调的要求，所选原料要与相应的烹调方法相适应。烹调的过程是原料成熟和入味的过程，不同的烹调方法其成熟的时间也不同，选料时原料的部位、老嫩程度必须与烹调方法相适应，否则就很难达到菜肴的要求。例如爆炒鸡丁必须选择嫩鸡，炖鸡或焖鸡则应选择老鸡，炒肉丝应选择里脊肉，红烧肉应选择肋条肉，猪头或尾部适合酱、卤的烹调方法等。

二、常用原料选择标准

（一）依照我国相关法律、法规和食品卫生标准选择

根据我国野生动植物保护的相关法律、法规，针对一些濒临灭绝的动植物采取保护措施，其保护的动植物中有一部分曾经作为烹饪原料被使用过，有的还是筵席中的高档原料。但由于乱捕乱杀乱采使这些动植物越来越少，国家不得不采取法律手段加以保护，所以选料时必须了解哪些动植物受法律保护。

我们选择原料的安全卫生标准，应该依据《中华人民共和国食品卫生法》及其他有关食品鉴定法规，烹饪生产过程中应该严格照章办事，确保烹饪产品的安全、卫生。有些原料感官性状好但本身含有毒素（含有毒素的鱼类、菌类）或受化学毒素污染、微生物侵染而变质的原料都不能选用，以防发生食物中毒。烹饪原料中的鲜活原料、冷冻原料、加工性原料，都要通过严格鉴定后才能选用，如保质期、色泽、气味、硬度等感官鉴定，有的还要通过理化鉴定，以确保食用的安全。

（二）依照人体需要和健康状况选择

合理选择的烹饪原料可以提供人体所需要的营养素，但不同的人对营养的需求是有差异的。首先是年龄的差异，如儿童、成人和老人的营养需要不同。其次是工作性质的差异，如脑力劳动、体力劳动及特殊条件下的劳动（重体力劳动者、运动员）等。最后，性别差异也会影响到他们对营养的需求。此外，不同健康状况的特殊人群也有各自的膳食特征，选料时要因人而异，如高血压、心脏病患者，就不宜食用胆固醇含量过高的食物，糖尿病患者不宜食用含糖分过多的食物。

（三）依照烹调的要求选择

依照烹调的要求进行选择是烹饪原料选择的基本要求之一，要了解原料的各种性能，掌握具体菜肴的制作程序，针对各自的特点进行合理选择，既可使原料的特点得到充分体现，又可使烹调得以顺利进行。任何一种烹调方法都有相应的选择范围，任何一种原料也有相适应的烹调范围，例如爆炒的烹调方法，原料必须质地细嫩、易于成熟；质地细嫩的绿叶蔬菜，适合高温速成的烹调方法。如果超出了各自的范围，就很难达到菜肴的要求。

（四）根据不同的风情民俗选择

民族习俗、宗教信仰、个人嗜好等因素带来了饮食习俗的差异，不同民族对食物的喜好和追求也各不相同，有的为素食主义者、有的有忌食之物，中国人把荷花视为纯洁之物，而日本人则视为不祥之物，所以选择原料的时候，也要了解各地的民俗风情，投其所好，避其所嫌。

（五）根据原料特征选择

由于地理、气候、品种、上市季节等因素影响，原料的品质有所差异。

不同的地区所产的烹饪原料，其品质存在差异。即使是同一品种原料也会因地区不同而出现品质差异。例如蒲菜，虽然全国许多地区都有，但能作为食用的只有两淮和山东地区的，主要是因为土

质的原因,其他地区所产的蒲菜味涩、质老,无法作为烹饪原料使用。再如榨菜以四川涪陵产为佳;南方的葱便于烹调,辛香味浓,北方的葱茎长而粗,葱白肥大脆嫩,辣味淡,稍有清甜之味。

虽然目前人工培育的原料使用较多,且不分季节上市,但就风味而言,仍不能取代天然生长的原料,螃蟹以九、十月份品质为佳;甲鱼以菜花和桂花开花时为佳;刀鱼以清明前上市的质量为佳;韭菜是"六月韭,驴不瞅,九月韭,佛开口"。了解原料的季节特征对烹饪人员来说很重要。如《随园食单》所言:水产河海之鲜,春用未产卵的鱼、虾,夏用鲤、鳜、虾、鳖,以其食足体肥味美,秋鲈霜,冬鲫雪鲢,亦以其时养分足矣。"小满河蚌瘦鳖子,夏至鲫鱼空壳子,端午螃蟹空架子"及孔子在《论语》中有"不时不食"的饮食要求,讲的是违反时令的食物,其质地、风味皆不佳。

烹饪原料由于品种不同,其品质也有所差异。鳙鱼头肉多而肥,而青鱼头质量就不如鳙鱼头,但青鱼尾又比鳙鱼尾的质量要好。烹饪中涮羊肉的选择也可说明这一点,绵羊肉特点是脂肪含量较高,口感细腻,味道好;山羊肉脂肪中含有一种4-甲基辛酸的脂肪酸,挥发后会产生特殊的膻味,味道不理想,但胆固醇含量低,有防止血管硬化及心脏病的作用。从饮食营养上讲,绵羊肉属热性,具有补养作用,适合寒性体质的人以及产妇食用;山羊肉属凉性,适宜热性体质的人以及高血脂患者或老年人食用。

三、选料的方法

(一) 对原料品种的选择

不同品种的原料有不同的选择标准,不可能用一种标准去选择,对同一品种的原料而言,可以通过对比的方法选出优劣。绵羊肉纤维细、短、软,肌肉深红,不夹杂脂肪,膻味淡,雌性更淡,涮后肉片平整。山羊肉纤维粗、长、硬,肉色淡红,腹脂较多,膻味较浓,涮后肉片蜷缩弯曲。经过不断的烹饪实践,这样的选料规律会不断被总结出来,从而指导烹饪实践活动。

(二) 对原料部位的选择

主要有两方面的选择标准,一是将同一品种的不同部位进行比较,选出优劣,如笋根的质量比笋尖的质量差;用鸡脯和鸡腿制作同一道菜肴,两个菜肴的质量肯定有差异。二是对不同品种的同一部位进行比较选择,如鳙鱼头与青鱼头相比,鳙鱼头肉多而肥厚,而青鱼头质量就不如鳙鱼头,但青鱼尾又比鳙鱼尾的质量要好。

(三) 对天然和人工原料的选择

随着食品加工和生产业的发展,原料品种日益丰富,原料的地区性和季节性已不十分明显,这虽然给烹饪带来了方便,但原料的风味问题却没有完全解决。例如人工饲养的鳝鱼风味远不如天然鳝鱼,从研究两种鳝鱼的成分来看,天然鳝鱼的脂肪中碘价为100左右,人工饲养鳝鱼的碘价为130~150。人工饲养鳝鱼的脂肪酸中含有很多的高度不饱和脂肪酸,而天然鳝鱼中则基本没有,这种风味差异成了选择原料的标准之一。又如干货原料产地多而分散。因产地气候、土壤、水质等自然条件和生态环境的不同,及原料干制方法的不同,即使同一品种的原料,质量和性质也有很大差异。灰参和大乌参同是海参中的佳品,灰参一般采用水发的方法,大乌参则因其皮厚坚硬需先用火发后,再用水发。如不了解原料的性质,则会影响涨发效果。再如粉丝,安徽产的粉丝是用甘薯制成的,色泽较差而且久泡易糊,而河北、山东等地产的粉丝用绿豆制成,色泽洁白透明,久泡不糊。可见,只有熟悉原料的性质及其产地,才能取得既充分利用原料,又保证菜肴质量的良好效果。

(四) 对原料的质量和性能的选择

各种原料因产地、季节、加工方法不同,在质量上有优、劣等级之分,在质地上也有老、嫩、干、硬之别。准确地判断原料的等级、质地,是选择原料的关键之一。

我们在选择冻结原料时要注意这些变化因素,最好选择速冻处理的原料。此外还要注意冻结原

甲鱼的鉴别

鱼类、海蟹、对虾的品质鉴别

梨的品质鉴别

香蕉的品质鉴别

蔬菜的品质鉴别

禽蛋的品质鉴别

肉类原料的品质鉴别

稻谷类原料的品质鉴别

料在冻结后的干缩情况、变色程度、汁液流失多少等,进行综合选择。温度对动物脂肪变化的关系极大,同一猪肉的肥膘,在 $-8\ ℃$ 下储藏 6 个月以后,脂肪变黄而有油腻气味,经过 12 个月,这些变化扩散到 $25\sim40\ mm$ 的深处;而在 $-18\ ℃$ 下储存 6 个月后,肥膘中未发现任何不良现象。不同动物原料中脂肪的稳定性也不同,以畜肉脂肪最稳定,禽肉次之,鱼肉最差。脂肪被氧化后,产生刺激性臭气及令人不快的、有时发苦的滋味。为此,了解原料品种及在什么温度下储藏了多少时间,也是选择冻结肉的依据之一。

任务评价

对选料的意义、标准及方法的掌握进行评价、小组评价、教师点评,总结成绩,查找不足,分析原因,制订改进措施。

任务总结

(1)吸取在任务实施过程中的成功经验。
(2)总结在知识点掌握上存在的不足以及改进方法。对于在任务实施过程中出现的失误,学生先自己分析原因,再由同学分析,最后教师点评总结。
(3)讨论、分析提出的建议和意见。

任务二 鲜活原料的初步加工

任务导入

请问:1. 鲜活原料有哪些?
      2. 试着考虑平时是怎么初加工鲜活原料的?

任务目标

1. 素质目标:职业道德方面,培养学生敬业精神;专业素养方面,培养学生的专业思维方式和树立学生的专业思想;合作协助方面,激发学生在烹饪创作中的艺术灵感,并在主动参与中完成合作意识的内化与能力的提高。

2. 知识目标:原料的初步加工必须遵循的原则;植物性原料的初步加工;水产品原料的初步加工;家禽的初步加工;家畜的部位名称及内脏的初步加工。

3. 能力目标:通过本任务学习,了解各种原料的初步加工;加强学生对烹调知识从感性到理性的转变;使学生掌握在以后学习菜肴制作过程中应具备的技能技巧和操作规范,熟练运用各种手段优化烹调工艺,科学合理地完成菜肴制作工艺。

任务实施

鲜活原料的整理、宰杀、洗涤的过程,称为鲜活原料的初步加工,即原料由毛料成为净料的过程。鲜活原料是指新鲜的动物性、植物性原料(动物性原料有时是活的),如新鲜蔬菜、河鲜、海鲜、家禽、家畜等。

原料的初步加工在整个烹饪过程中占有相当重要的地位,它是进行正式切配、烹调前的准备工作,涉及面广,内容较多,原料初步加工质量的好坏将直接影响到菜肴的质量及成本。因为无论动物性或植物性原料,都不能直接用于烹制菜肴,必须按原料的不同种类、性质,将原料进行初步加工,如果原料或者经过初步加工的原料在卫生、取料和营养等方面都不符合要求,即便是有高超技艺的烹调师也难以做出"色、香、味、形"俱佳的菜肴,而且容易造成浪费,影响企业的经营效益。原料的初步加工必须遵循以下几条原则:

❶ **必须符合卫生条件**　鲜活原料从市场购进时,除部分包装食品外,一般都带有污秽杂物(泥土、虫卵、皮毛、内脏等),有的还带有不能食用的部分,因此必须经摘剔、刮削、洗涤、整理等加工处理,清除污秽杂物及不能食用部分,才能符合卫生要求。

❷ **保证原料的营养成分**　各种原料所含有的营养成分,在初步加工时要尽可能加以保存。如长江鲥鱼在加工时不可刮去鱼鳞,因为它们的鳞片中含有大量脂肪,加热成熟后,可以增加菜肴的香鲜味。蔬菜中含有大量水溶性维生素,在加工时,应先洗涤,然后再切割处理,否则,会造成水溶性维生素的流失,同时,容易造成原料与污物的交叉性污染。

❸ **必须保证菜肴的色、质、味不受影响**　进行初步加工时,必须密切注意原料制成菜肴后色、质、味各方面不受到影响。如剖鱼时不可碰破苦胆;杀鸡时血必须除尽,否则肉质发红;蔬菜用热水烫后,立即用凉水过凉,否则影响色泽和口味;鸡鸭蛋在煮时用冷水锅慢慢加热;大肠、羊肉等有膻味的原料,则须多煮些时间,使它内部血水流尽,膻味蒸发解除等。

❹ **合理使用原料,减少损耗**　在原料初步加工过程中,既要符合卫生要求,除尽污秽杂物和不能食用的部分,还要做到合理使用,尽可能物尽其用,提高原料的净料率,降低加工成本,提高企业经营效益。

❺ **必须注意原料形状的完整和美观**　在分档取料和整料出骨的工作中,要严格注意原料形状,对原料中的各个部分必须分清,下刀必须准确,操作熟练,保证形状的完整和美观。

一、植物性原料的初步加工

(一)蔬菜的营养价值及其在烹饪中的应用

蔬菜是人们日常膳食中不可缺少的,它向人们提供许多必需的营养物质,对人体的生理调节、酸碱平衡和新陈代谢等起着十分重要的作用。

❶ **维生素的主要来源**　特别是胡萝卜素和维生素 C。我国人民膳食中由于动物性食品较少,缺少直接的维生素 A 来源。人体所需维生素 A 主要靠蔬菜中的胡萝卜素转化而来。蔬菜中的胡萝卜素与蔬菜的颜色相关,胡萝卜素与叶绿素同时存在于绿叶菜中。所以,深绿色的蔬菜中,胡萝卜素含量高,在橙色、黄色及红色的蔬菜中含量亦较高。维生素 C 与叶绿素的分布呈平行关系,深绿色的新鲜蔬菜每 100 g 中维生素 C 含量一般在 30 mg 以上。因此,绿叶菜是维生素 C 的良好来源。

❷ **矿物质的主要来源**　除钙磷铁外,有些蔬菜还含有一些微量元素,也是人体必需的。如海带、紫菜中的碘,萝卜和豆类中的铜,菠菜、洋葱、蘑菇中的锌,番茄、洋葱中的硒。

❸ **大部分纤维素的来源**　多食蔬菜,有促进肠蠕动,以利排泄的功能。

❹ **部分能量物质的来源**　在营养学上,蛋白质、脂肪、糖类经人体代谢后都可产生能量,豆类中含有较多的蛋白质、脂肪,而薯芋类的物质中含有较多的碳水化合物。

❺ **含有对人体健康有利的化学物质**　蔬菜在人的健康中起着重要作用,同时也在人类预防和治疗疾病中发挥着重要作用。近年的研究认为,几乎所有的蔬菜都可以抗癌,因为维生素 A、维生素 C,纤维素、酶、干扰素、蘑菇多糖等均具有抗癌功效。这些物质主要来源于蔬菜。许多蔬菜具有缓解高血脂、高胆固醇和高血压的作用,因此对心血管系统疾病也有防治意义。用蔬菜治疗的疾病还有许多,中医历来将蔬菜用于食疗,许多蔬菜同时也可作为中药应用。

蔬菜是烹制菜肴的重要原料,既可广泛地用作各种菜肴的配料,也可单独制成某些菜肴品种。如"奶汤蒲菜""炝西芹""生煸草头""油焖笋"等。不仅如此,我们还可以用蔬菜制出相当高档的菜肴。

由于蔬菜的品种很多,同时其可供食用的部位也各不相同,有的用种子,有的用叶子,有的用茎,有的用根,有的用皮,也有的用花等,所以蔬菜的初步加工也必须有区别地进行。

（二）蔬菜初步加工的原则

❶ 按规格整理加工　按照原料的不同食用部位,采用不同的加工方法整理加工蔬菜,去掉不能食用的部位。如叶菜类必须去掉菜的老叶、黄叶、老根等,豆类要摘除豆荚上的筋络或剥去豆荚等。

❷ 洗涤得当,确保卫生　蔬菜上的虫卵杂物必须去除干净,在洗涤时采用的方法必须正确、得当,例如油菜要掰开洗,用流动水冲洗菜心,以免污物残留在菜心、菜叶中。

对蔬菜还应做到先洗后切。蔬菜中含有大量水溶性维生素;如先切后洗会使刀口处流失较多的营养成分,而且也增加了细菌的污染面积,因此在保证菜肴风味特色的前提下,应尽可能做到先洗后切。

由于蔬菜在种植过程中大多使用农药,应先将蔬菜用清水浸泡半小时后,再反复冲洗干净才能烹调食用,以确保食用者健康。

蔬菜洗涤后应放在沥水的盛器内(竹筐、塑料筐),并排放整齐,以利于切配加工。

❸ 尽量利用可食部分,做到物尽其用　蔬菜在初步加工时,应尽量利用可食部分。如芹菜,人们通常食用茎部,实际上芹菜叶子同样可以食用,叶子营养胜于茎部。又如菜花,花朵可做菜肴,菜花根则可用来腌拌成开胃小菜等,应做到物尽其用。

（三）蔬菜初步加工的方法及实例

新鲜蔬菜的种类繁多,加上产地、上市季节和食用部位不同,初步加工方法也不一样。现根据蔬菜的食用部位,分别说明初步加工的方法。

❶ 叶菜类　以鲜嫩的菜叶与叶柄作为食用部位的蔬菜称为叶菜类蔬菜。常见的叶菜类蔬菜有大白菜、小白菜、菠菜、油菜、香椿芽、韭菜、芹菜、生菜、卷心菜等。其初步加工步骤如下。

(1)摘剔:新鲜蔬菜在初步加工时,应摘除老根、黄叶、老叶等不能食用的部分,并剔去和清除沾在菜上的泥沙和杂物。

(2)洗涤:新鲜蔬菜一般用冷水冲洗,也可根据情况用盐水或高锰酸钾溶液洗涤。

①用冷水洗:将摘剔整理后的蔬菜放在清水中浸泡约 20 min,洗去菜上的泥沙等污物,再反复冲洗干净。

②用盐水洗:将摘剔整理后的蔬菜放在浓度为 2％的盐水中浸泡 5 min,然后再用冷水反复洗净。夏秋两季的蔬菜上虫卵较多,用冷水洗一般不易清洗掉,适当浓度的盐水可使菜虫因足上的吸盘收缩而脱落,便于清洗干净。

③用高锰酸钾溶液浸洗:将加工整理后的蔬菜用浓度为 0.3％的高锰酸钾溶液浸泡 5 min,然后再用冷开水冲去溶液。主要用于冷拌食用的蔬菜,因其不再经过加热处理,处理的目的是杀菌消毒,同时不致改变风味。

实例:油菜的初步加工

制作工艺:摘剔→刀工整理→洗涤。

①先剥去油菜的老叶、黄叶等不能食用的部分,留下菜心。

②用刀顺菜心根部边旋转边削一周,修成橄榄状。

③放在水中浸泡,用流动水冲洗干净,放入菜筐沥水待用。

油菜初步加工的净料率为 75％。

❷ **瓜类** 以植物的瓜果为食用部位的蔬菜称为瓜类蔬菜,常见的品种有南瓜、丝瓜、冬瓜、黄瓜、苦瓜、西葫芦等。

(1)冬瓜、南瓜等可去除外皮、由中间切开,挖去种瓤,然后洗净。

(2)嫩黄瓜只需用清水洗净外皮;质地较老的黄瓜可将外皮和种瓤去除后,再用清水洗净。

实例:丝瓜的初步加工

制作工艺:去皮→洗涤。

①质地较老的丝瓜,先用刮皮刀刨去外皮(有苦涩味),然后放入清水冲洗干净。

②质地较嫩的丝瓜先用小刀刮去表面绿衣,再冲洗干净即可。

丝瓜初步加工的净料率为75%。

❸ **根茎类** 以肥大脆嫩的根茎为食用部位的蔬菜称为根茎类蔬菜,如茭白、竹笋、土豆、莴苣(莴笋)、山药、萝卜、洋葱、葱、蒜、姜等。

(1)竹笋、茭白等带有毛壳和皮的原料,先去掉毛壳、根和外皮,再洗涤干净。

(2)土豆、山药、莴苣等带皮原料,用刀削去外皮,洗净后,浸没在清水中备用。

根茎类蔬菜中,大多数原料含有鞣酸(单宁酸),去皮后容易氧化变色,因此在初步加工处理后要立即浸没在水中,以防发生褐变。

实例:冬笋的初步加工

制作工艺:去壳→修理→洗涤。

①先将冬笋的外壳用刀去除。

②用刀切去笋的老根,并修除笋及老皮,用水洗净。其净料率为50%。

实例:山药的初步加工

制作工艺:去皮→洗涤→清水浸泡。

①用刀刮去山药的外皮,放在冷水中边冲边洗,洗去白沫、污物。

②将洗净的山药捞出,浸没在清水中备用。

山药初步加工的净料率为80%以上。

❹ **豆类** 以植物的荚果和种子为食用部位的蔬菜称为豆类蔬菜,如豌豆、刀豆、毛豆、荷兰豆、扁豆、豆角等。

(1)食用荚果的豆类,应先摘去蒂和顶尖,撕去两边的筋,然后洗净,如刀豆、荷兰豆、扁豆等。

(2)食用种子的豆类,应剥去外壳取出豆粒,冲洗后入冷水锅中煮透,并用冷水冲凉,以防豆粒变色、变质,如豌豆、毛豆等。

实例:荷兰豆的初步加工

制作工艺:去两边的筋→洗涤→淋水放筐内待用。

①用手先摘去蒂和顶尖,撕去两边的筋。

②然后洗净,淋干水放筐内待用。

荷兰豆初步加工的净料率为90%。

❺ **茄果类** 以植物的浆果为食用部位的蔬菜称为茄果类蔬菜,常见的品种有番茄、茄子、辣椒等。

(1)番茄先洗净表皮,再用开水略烫30 s后,剥去外皮(应注意有的菜肴要求不去皮,如"荷花鲜奶"中制作荷花的番茄就不可去皮,否则番茄肉太软,荷花立不起来)。

(2)茄子去蒂并削去硬皮,洗净即可。

(3)辣椒去蒂、籽瓤后,洗净。

实例：茄子的初步加工

制作工艺：去蒂→削去外皮→洗净→淋干水放筐内→待用。

①用刀将茄子去蒂，削皮刀削去外皮。

②洗净后淋干水放筐内，待用。

茄子初步加工的净料率90％。

❻ 花菜类　以植物的花作为食用部位的蔬菜称为花菜类蔬菜，如黄花菜、西蓝花、韭菜花、菜花、白菊花等。这些原料最大的特点是质嫩，易于人体消化吸收，是理想的烹饪原料。

（1）黄花菜：去蒂和花芯后洗净，必须用沸水焯透后（含有秋水仙碱，易中毒），再用冷水浸洗。

（2）韭菜花：洗净后，将水沥干，用盐腌制。

实例：菜花的初步加工

制作工艺：去茎叶→洗涤→初步熟处理。

①用刀修去菜花的茎叶，洗净后放入开水锅中焯水30 s。

②随即捞出浸入凉水中冲凉，淋干水放筐内，待用。

菜花初步加工的净料率为90％。

❼ 食用菌类　以无毒菌类的子实体为食用部位的蔬菜称为食用菌类蔬菜，如蘑菇、平菇、草菇、金针菇、猴头菇等。

实例：金针菇的初步加工

制作工艺：去掉根和杂物→洗涤干净。

①先切除金针菇质地较老的根部，拣去杂物。

②放在清水中浸泡片刻。

③冲洗干净，淋干水放筐内，待用。

金针菇初步加工的净料率为95％。

二、水产品类原料的初步加工

（一）水产品的营养价值及其在烹调中的应用

鱼类是高蛋白质、低脂肪的动物性原料，鱼贝类主要成分中，水分占70％～80％，蛋白质15％～20％，脂肪1％～10％，碳水化合物0.5％～1.0％，矿物质1.0％～1.5％。鱼的肌肉纤维细嫩，结缔组织纤软，加之蛋白质的亲水力强，烹调加热后，失水少，肉质柔软滑嫩，人体对之消化吸收率相当高，从而提高了鱼类的营养价值。此外，一些鱼类还有一定食疗价值，如鲫鱼、鳝鱼、鲤鱼。

水产品类原料品种很多，其年龄、性别、季节、营养状态等不同，都会影响其自身成分的变化。一般来说，在一年中鱼类有一个味道最鲜美的时期，这就表明鱼类的鱼体成分随着季节有很大的变化。

对于同一种类来说，因年龄及肥瘦不同，其肌肉成分也不同，同一个体中因部位不同，其肌肉成分也有差异。这一点对于鱼类来说更为明显。鱼体大小不同其肌肉脂肪含量也显著不同，一般是同一鱼群鱼体大的肌肉脂肪含量亦多。鱼体部位不同，脂肪含量有特别明显的差别。脂肪一般是腹肉、颈肉多，背肉、尾肉少。脂肪多的部位水分少，水分多的部位脂肪少。鱼体中除普通肉外，还有暗红色的肉称为血合肉。这种血合肉在不同鱼类中所占比例不同。同一鱼体越是近尾部血合肉的比例越大。

水产品的品种较多，初步加工的工艺较为复杂，必须掌握水产品初步加工的原则与方法，才能使水产品成为适合于烹调的原料。

（二）鱼的部位及烹调应用

鱼的体形较大，根据鱼的肌肉、骨骼的不同部位进行分档，并按照烹制菜肴的要求选料是一项非常重要的加工程序。这不仅能提高菜肴的质量,而且还能降低菜肴的成本。

现以青鱼为例介绍鱼的分档以及各部位的性能、用途。

❶ **鱼头**　鱼头以胸鳍为界线直刀割下,其骨多肉少,肉质滑嫩,皮层含丰富的胶原蛋白,适于煮汤、红烧等。

鱼的分档取料示意图

❷ **鱼尾**　俗称"划水",可以臀鳍为界线直线割下。鱼尾皮厚筋多、肉质肥美(也是活肉),尾鳍含丰富的胶原蛋白,适于红烧,如"红烧划水";也可与鱼头一起做菜。

❸ **中段**　去掉头、尾即为中段。中段可分为脊背与肚裆两个部分。

(1)脊背:脊背的特点是骨粗(有一根脊椎骨又称龙骨)肉多,肉的质地适中,可加工成丝、丁、条、片、块、茸等形状,适用于炸、熘、爆、炒等烹调方法,是一条鱼中用途最广的部分。

(2)肚裆:是鱼中段靠近腹部的部分。肚裆皮厚肉少,含脂肪丰富,肉质肥美,适用于烧、蒸等烹调方法,如"红烧肚裆""干烧鱼块"等。

(三)水产品初步加工的原则和质量要求

❶ **除尽污秽杂质**　水产品在初步加工时,必须除尽各种污秽杂质,如鱼鳞、鱼鳃、内脏、血水、黏液等。尽量除去腥味和异味,以保证菜肴的质量,并达到卫生要求。

❷ **根据用途和品种加工**　水产品的品种或用途不同,初步加工的方法也不相同。如一般鱼在初加工时都要刮去鱼鳞,但新鲜的鲥鱼和白鳞鱼就不能刮鳞。因为这些鱼的鳞片中含有一定量的脂肪,加热后熔化,可增加鱼的鲜味,鳞片柔软且可食用。然而同一品种如用途不同,其加工方法也不同。如一般鱼取内脏要剖腹,但若是整条鱼上席则应将内脏从鱼口中卷拉出来,否则影响外形完整。再如黄鳝,划鳝丝应采用泡烫法,加工鳝背、鳝段则采用生杀法。

常见水产品类原料的各部位比例表

❸ **不能弄破苦胆**　一般淡水鱼都有苦胆,如将苦胆弄破,胆汁会使鱼肉味道发苦。所以在取内脏时必须小心谨慎,切忌将苦胆弄破,以免影响菜肴的口味与质量。

❹ **合理使用原料**　在初步加工时,要合理使用各部位原料,下脚料也要充分利用,尽可能防止浪费。如青鱼的头可做鱼头汤,尾可做"红烧划水",中段可出肉加工成丝、丁、条、片、茸等,内脏、肝和肠还可制成上海名菜"红烧秃肺"等。鱼在去骨时,应尽量使骨上不带肉。总之,切不可将可食用部分随意丢掉。

(四)水产品初步加工的方法与实例

❶ **鱼类初步加工的方法及实例**　鱼类初步加工的方法主要有刮鳞、去腮、取内脏、泡烫、剥皮、褪沙、摘洗、宰杀等。

(1)刮鳞:将鱼表面的鳞片刮净。主要用于加工骨片鳞类的鱼,如鲤鱼、鳊鱼、草鱼、鳜鱼、鲫鱼、鲢鱼等。刮鳞时不能顺刮,需逆刮。具体操作方法:将鱼头向左,鱼尾向右平放在案板上,用左手按住鱼头,右手持刀从尾部向头部刮上去,将鱼鳞刮净。

(2)去鳃:鱼鳃是不能食用的,可用手指或剪刀将鱼鳃除去。

(3)取内脏:取内脏的方法一般有剖腹取脏法、剖背取脏法和口腔取脏法三种。剖腹取脏法是将鱼的腹部沿肛门至胸鳍直线剖开,取出内脏,并去除腹内黑衣。这是最常用的取内脏的方法(除有特殊要求的菜肴外)。剖背取脏法是将鱼的脊背剖开,取出内脏并去除黑衣,这种刀法可用于大鱼的腌制,如大草鱼的腌制及某些整鱼去骨。口腔取脏法则是在鱼肛门处开一小横刀口,将肠子割断,然后用方筷从鱼鳃口腔处插入,夹住鱼鳃用力搅动,使鱼鳃和内脏一起卷出,然后再用清水冲洗净腹内的血污,这种方法适用于整鱼上席的鱼,如"干烧鳜鱼"等。在取内脏时要小心,不能碰破苦胆,以免影响菜肴质量。

实例:鲫鱼的初步加工

制作工艺:刮鳞→去鳃→剖腹取内脏→洗涤。

①左手按住鲫鱼的头,右手握刀从尾部向头部刮去鱼鳞(鱼喉部周围的鳞特别硬,要用力刮净)。

②再用手指挖出鱼鳃,然后用刀或剪刀从肛门至胸鳍将腹部剖开,挖出内脏,用水边冲边洗,并将腹内黑衣剥去,洗净即可。

实例:大黄鱼的初步加工

制作工艺:刮鳞→去头盖皮→去鳃取内脏→洗涤。

①左手按住鱼头部,右手持刀,从尾部往头部刮去鱼鳞。

②将头盖皮的一侧先用刀插入一点后,刀跟紧压着头盖皮转动鱼头,即可揭下头盖皮。

③沿着脐眼用刀割一小口后,将方竹筷从鱼鳃孔的两侧插入鱼腹内,用力卷出鱼鳃和内脏(不能乱捅乱搅,以防弄破鱼肉)。

④用水边冲边洗除去黏液、血水,直至洗涤干净即可。

实例:棱形鱼类的出肉加工

鱼体外形如织梭的鱼类称为棱形鱼类,如大黄鱼、鳜鱼、鲤鱼、青鱼等。以黄鱼为例,先将黄鱼平放在砧墩(菜墩)上,鱼头朝外,腹向左,用左手按着鱼,右手持刀,从背鳍处贴脊骨,从鳃盖到尾将鱼剖开,然后贴着脊骨下刀,将一面鱼肉取下。再贴着脊骨下刀,将另一面鱼肉也取下。最后将鱼肉边缘及腹部的刺去净,并将皮去掉。这类鱼肉厚刺少,适用于加工成丝、丁、条、片、茸、粒等各种形状,用于炸、熘、爆、炒等烹调方法烹制各种菜肴。

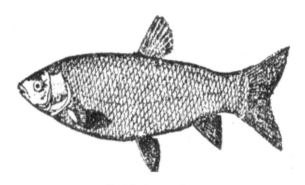

棱形鱼类——草鱼

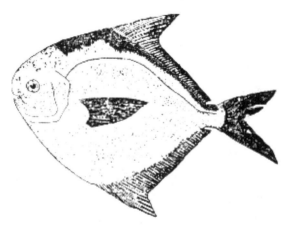

扁形鱼类——鲳鱼

实例:扁形鱼类的出肉加工

①以鲳鱼为例,先将鱼头朝外,腹向左平放在菜墩上,顺鱼的背侧线划一刀直到脊骨。

②贴着脊骨下刀,直到腹部边缘,然后将一面鱼肉带皮取下。

③将鱼翻过来,用同样方法,将另一面鱼肉取下。

④将余刺和皮去掉即可。这类鱼肉较薄,一般适用于整片煎、炸等。

(4)泡烫:有些水产品的身体表面带有黏液和较浓的腥味,需用热水泡烫后,才能去除洗净。例如黄鳝,在加工鳝丝时就采用泡烫法。

实例:黄鳝的初步加工

制作工艺:泡烫→洗涤。

①将黄鳝放入盛器中,加入适量的盐和醋(加盐的目的是使鱼肉内蛋白质凝固、肉质结实;加醋的目的则是便于去除腥味和黏液)。

②倒入沸水,立即加盖,用旺火煮至鳝鱼嘴张开后即可捞出。

③放入冷水中冲洗去黏液,以备划鳝丝用。

黄鳝

鳗鲡

实例:长形鱼类的出肉加工

长形鱼类一般呈长圆柱体,如海鳗、黄鳝、鳗鲡。这类鱼的脊骨多是三棱形的。海鳗和鳗鲡出肉加工一般采用生出肉加工的方法。黄鳝则有生出肉加工(生出)和熟出肉加工(熟出)两种。

黄鳝的生出肉加工:将鳝鱼宰杀放尽血后,左手捏住鱼头(最好用钉子将头部钉住),右手将小尖刀从颈口处插入,由喉部向尾部剖开,取出内脏,然后去掉全部脊骨即可。生出的黄鳝肉俗称为鳝背。

黄鳝的熟出肉加工:通常也称划鳝丝。因鳝鱼的骨骼是三棱形的,所以一般划法均是沿脊骨划三刀,使骨肉分离。具体操作方法:将黄鳝泡烫后,先划鱼腹,将鱼头向左、尾向右、腹向里、背向外,放在案板上,左手捏住鱼头,在颈骨处用大拇指紧掐主骨,撬开一个可以看到鱼骨的缺口;右手将划刀插入缺口,直到刀尖碰到案板,刀刃紧贴脊骨用刀向尾部划去,再将鳝鱼翻身,背部向下,划刀紧贴一侧肉与骨分离。然后再将鱼侧过去,使背部另一侧肉与骨分离。

(5)剥皮:海鱼中有些鱼(如比目鱼等)的表皮很粗糙,颜色也不美观,必须将鱼皮剥掉。剥皮的方法应根据鱼的表皮颜色、性质而定。如鱼两面的皮都很粗糙,就可在头部开一小口,将两面的皮都剥掉,然后摘去鳃和内脏,并洗涤干净。如鱼的表皮一面粗糙,一面较光滑白净,可剥去一面皮,另一面刮去鳞。

实例:牛舌鱼的初步加工

制作工艺:剥皮→去鳃和内脏→洗涤。

①先用手捏紧鱼尾部的外皮,用力撕下。

②将鱼鳃挖除,取出内脏后,冲洗干净。

(6)褪沙:有些鱼类(如鲨鱼)等鱼皮表面带有沙粒,初加工时必须要褪沙。

实例:墨鱼的初步加工

制作工艺:挤出黑液→去脊背骨、内脏→剥去外皮→洗涤。

①将墨鱼浸在水中,双手挤压墨鱼的眼球,使墨液流出。

②拉下鱼头,抽出脊背骨,同时将背部撕开,挖出内脏,剥去墨鱼表面的黑皮,洗净。雌墨鱼的产卵腺和雄墨鱼的生殖腺洗净干制后,均为名贵烹调原料,切不可丢弃。

实例:章鱼的初步加工

制作工艺:去墨腺→揉搓→洗涤。

①先将章鱼头部的墨腺去掉,拉下鱼头,挖出内脏,剥去表面的外皮。

②将章鱼足腕吸盘内的沙粒搓掉,用清水反复冲洗,直至黏液洗净即可。

实例:甲鱼的初步加工

制作工艺:宰杀→烫皮→开壳→取内脏→焯水→洗涤。

①将甲鱼腹面朝下放在菜墩上,用刀在甲鱼头与甲鱼壳之间,平刀片入甲鱼壳下 2/3 处,放尽血后,掀起背盖,挖去内脏,放入 70～80 ℃的热水中,烫泡 2～3 min 取出(烫泡时间可根据甲鱼的老嫩和季节的不同灵活掌握),洗净血污,搓去甲鱼周身的脂皮。

②将甲鱼的爪尖剁下,用清水洗干净。将甲鱼的血和胆分别用白酒浸泡保留,肝、肠洗净(能食用)。

实例:河鳗的初步加工

制作工艺:宰杀→取内脏→烫泡→洗涤。

①左手用力握牢河鳗,用刀身将河鳗拍昏,右手握刀在鱼的喉部先割一刀,再在肛门处割一刀,放尽血。

②将方形竹筷从喉部刀口处插入腹腔,用力卷出内脏。

③挖去鱼鳃后,放入 70～80 ℃沸水中浸泡约 1 min,待其身体表面黏液凝固变白后,取出,用刀刮去黏液,再用清水冲洗干净。

(7)摘洗:软体动物(如墨鱼、章鱼、鱿鱼等)的初步加工通常采用摘洗的方法。加工步骤一般是除去黑液、抽去脊背骨、摘去肠、剥去黑(或深色)皮或黑衣,洗涤干净。

(8)宰杀:如运输及时,很多鱼类不仅新鲜,而且是活的。在初步加工时,首先要宰杀,宰杀的方法是否恰当,将直接影响原料的质量。应根据原料的用途、烹调方法确定宰杀的方法。如上述黄鳝若用作鳝丝,则用泡烫法;用作鳝段和鳝片则需生杀。有些活鱼生命力很强,可摔昏后再宰杀。

❷ **虾类初步加工的方法与实例**　河虾又称为青虾,一般用于烹制油爆虾。其初步加工方法:剪去须、脚后,去沙袋、肠,用水洗净即可。

实例:虾的初步加工

制作工艺:去须脚→去沙袋、肠→洗涤。

①用剪刀剪去虾须、虾脚,再用剪刀在虾头壳处横剪一刀,挑出沙袋。

②在虾背中抽去背筋,剔去泥肠,放在水中漂洗净即可(切不可用水冲洗,以防虾脑流出或虾头脱落)。

实例:虾的出肉加工

虾的出肉加工也称为出虾仁。

①体型小的虾采用挤的方法:将虾拿起,一手捏住虾头,另一手捏住虾尾,稍用力将虾仁从脊背处挤出。

②体型较大的虾,可用剥的方法:先摘除虾头,然后剥去虾壳,虾尾留否要根据菜肴的具体要求,虾头可另作他用。虾仁可用来炒、氽,也可制成茸。

❸ **蟹类初步加工的方法与实例**　蟹类的初步加工方法是水养、洗涤。如作蒸蟹之用,还需用纱绳捆扎,这种加工方法可避免蟹在加热时爬动,使蟹脚脱落,蟹黄流出,以保持蟹肉丰满,形体美观。

实例:大闸蟹的初步加工

制作工艺:水养→洗涤→捆扎。

①先将蟹放在水盆里,让其来回爬动,使蟹螯、蟹脚上的泥土脱落沉淀。

②用软的细毛刷,边刷边洗,直到洗净泥沙。

③取 50 cm 左右的纱绳,先在左手小拇指绕两周,接着左手将蟹的螯和脚按紧,右手持纱绳先横

着蟹身绕两周,再顺着蟹身绕两周,然后将小拇指上绕的纱绳松开,在蟹的腹部打一活结,即可上笼蒸。

实例:蟹的出肉加工

蟹的出肉加工又称为拆蟹肉。方法一般是熟出,即先将蟹蒸熟或煮熟,然后掀开蟹盖,扳下蟹脚、蟹螯,再分部位出蟹肉和蟹黄。

(1)出腿肉:将蟹脚剪去一头(关节处),然后用圆柱物(如擀面杖)在蟹脚上向剪开方向滚压,把腿肉挤出。

(2)出螯肉:将螯的小钳扳下,用刀将螯壳拍碎后取出螯肉。

(3)出蟹黄:先剥出蟹脐,挖出蟹黄;再用竹签从蟹盖中挑出蟹黄。

(4)出身肉:将蟹身切开,用竹签将肉挑出。

❹ **贝类初步加工的方法与实例** 水产品中贝类的品种很多,主要有海螺、蛏子、鲍鱼、蛤蜊等,其一般初步加工步骤为刷洗去泥,水养吐泥沙,洗涤。

实例:蛤蜊的初步加工

制作工艺:刷洗→水养→洗涤。

①将蛤蜊放入清水盆内,用细毛刷刷洗净泥土。

②冲洗干净后静置于淡盐水(每 4 kg 清水放 5 g 盐)中,使其吐出泥沙,最后用水冲洗干净即可。水养时,水不宜过多(水与原料基本比例为 1:1),以防水下缺氧,造成蛤蜊死亡。

实例:蛤类的出肉加工

蛤类原料的出肉也有熟出与生出两种。熟出是将蛤类洗净后,放入开水锅内煮沸,待原料张口后即捞出,然后将肉剥出。生出是将大的蛤类用刀一剖两半,将肉取出;也可将原料洗净静养,待原料张口时即用刀将壳撬开,取出蛤肉。

实例:海螺、田螺的出肉加工

海螺和田螺的出肉加工有生出和熟出两种。

①生出的操作方法:将外壳砸碎取出螺肉,再揭去硬盖,摘去尾部,加盐、醋搓去黏液,洗净黑膜。生出螺肉适用于爆、炒、氽等烹调方法。

②熟出的操作方法:先将海螺和田螺放入冷水锅煮熟后,用牙签挑出螺肉,再除去尾部,洗净,熟出的螺肉适用于红烧、制馅等。

实例:鲜鲍鱼的出肉加工

鲜鲍鱼的出肉较为简单,先用薄刀刃紧贴壳里层,将肉与壳分离,然后将肠等污物洗净即可。

三、家禽的初步加工

家禽是烹饪的主要原料之一,常用的品种有鸡、鸭、鹅、鸽子等。

(一)家禽的营养价值及其在烹调中的应用

家禽类原料的组织与畜类一样,从烹饪加工及可利用的程度来看,包括肌肉组织、结缔组织、脂肪组织和骨骼组织。这四种组织相对比例的不同决定了禽肉品质和风味的差异,其组织比例依禽的种类、品种、性别、年龄、饲养状况、禽体部位不同而不同。如公禽比母禽肌纤维粗;水禽肌纤维比鸡的粗;禽体不同部位肌纤维粗细也不一样,活动量大的部位肌纤维粗。禽肉蛋白质含量为 20% 左右,大多为优质蛋白质。禽类的脂肪组织一般沉积在体腔内部或皮下(除水禽外),分布极其均匀,并且禽类脂肪中含亚油酸多,熔点低,这两点都与禽肉的嫩度有关。脂肪在皮下沉积使皮肤呈现一定颜色,沉积多的呈微红色或黄色;沉积少的(如飞禽)则呈淡红色。禽肉中结缔组织的含量比畜类少,而且禽肉结缔组织较柔软。结缔组织的含量与禽肉的嫩度有关,幼禽肌纤维丰满,肌膜较薄,结缔组织较少,所以肉质较细嫩。禽肉中含有较多的B族维生素。禽肉中磷、铁的含量较丰富,是补充这些物质的良好来源。此外禽肉中还含有很多微量元素。

禽肉浸出物随禽种类、年龄、生态环境的不同,其含量和成分略有差异。浸出物对禽肉滋味及风味的影响已为大多数实验所证实。浸出物中的许多成分本身就是呈味物质,如琥珀酸、氨基酸、肌苷酸是鲜味成分,肌醇有甜味,乳酸呈酸味等。同一禽类随年龄不同所含的浸出物也有差异,幼禽所含浸出物比老禽少,公禽所含浸出物比母禽少,所以老母鸡适宜炖汤,而仔鸡适合爆炒。野禽肉比家禽肉含有更多的浸出物,使肉汤带有强烈刺激味,不宜炖汤。

(二)家禽初步加工的原则、质量要求及方法

用以制作菜肴的家禽有鸡、鸭、鹅、鸽子等,其初步加工工艺较为复杂,处理的恰当与否直接关系到菜肴的质量。其初步加工主要有四个步骤,即宰杀、褪毛、开膛和洗涤四个步骤,家禽初步加工的原则及质量要求如下。

❶ **宰杀时,气管、血管必须割断,血要放尽** 如果家禽的气管没有割断,家禽就不会立即死亡;血管没有完全割断,血液放不尽,则会使禽肉色泽发红,影响成品质量。

❷ **褪净禽毛** 禽毛是否褪尽是检验家禽类原料初步加工质量好坏的重要标准之一。既要褪尽禽毛,又要保证禽皮完整,才能达到切配、烹调的要求。要做到这一点,必须根据家禽的质地、品种和季节变化来决定水温及烫泡时间。质地老的,烫的时间应长些,水温应高些;质地嫩的,烫的时间应短些,水温应低些。冬天水温应高一些,夏天水温低一些,春秋两季适中。另外还要根据品种的不同而异。就烫的时间而言,鸡可短一些,鸭、鹅要长一些。在烫泡和褪毛过程中,水温的高低、烫泡时间的长短、褪毛手法的选用都要以尽快褪尽禽毛而又不破损禽皮为原则。

❸ **洗涤干净** 家禽内脏和腹腔内的血污和污秽必须除尽,应反复冲洗干净后才能使用,否则不符合卫生要求,影响菜肴的色泽和口味。

❹ **剖口正确** 宰杀家禽时颈部的刀口要小一些,不能太低。常用的开膛方法有腹开、肋开、背开三种,应根据烹调的需要确定开膛的方法。无论采用哪一种开膛方法,都不能碰破肝和胆,如胆破碎,沾染胆汁的原料会有苦味,会严重影响原料甚至菜肴的质量。如肝破碎,则不能用于高档菜肴。

(1)腹开:先在家禽颈与脊椎之间开一刀,取出嗉囊和食管。再将家禽腹朝上,在肛门与腹部之间开一条6～7 cm长的刀口,将手伸进腹内,用手指撕开内脏与禽身粘连的膜,再轻轻拉出内脏,洗净腹内的血污,并将家禽内外部冲洗干净。这种方法应用广泛,适用于一般的烹调方法。

(2)肋开:先按腹开的方法取出嗉囊和食管,然后在翅膀下开4～5 cm的刀口,再将食指和中指伸进腹内,轻轻撕开内脏与禽身粘连的膜,取出内脏,再用清水洗净腹中血污。这种方法适用于烤制的家禽,如烤鸡、烤鸭,以避免烤制时漏油,使烤禽的口味更肥美。

(3)背开:在家禽的脊背处,从臀尖到颈部剖开,取出内脏,用清水洗净腹中血污。这种方法适用于整禽上席的菜肴,如清蒸全鸡、洋葱扒鸡、芋芳鸭等。整只家禽上席时胸脯部朝上,看不见脊背处的裂口,使菜肴的外观丰满、美观。

❺ **物尽其用** 家禽的各部分基本上都可利用,禽毛可制成羽绒制品;肫皮可供药用;头、爪可用于制汤、酱、卤;肝、肠、心、血等内脏也可烹制菜肴。总之,除胆、食管、气管、淋巴外,其他各部分均可利用,在初步加工时不能随意丢弃,应予合理使用。内脏洗涤、整理的方法如下。

(1)肝:在开膛时取出,随即摘去附着的胆囊,将肝冲洗干净。

(2)肫:先割去前段食管及肠,将肫剖开除去污物,再剥掉内壁的黄皮,加盐搓擦,冲洗干净即可。

(3)肠:将肠理直,洗净附在肠上的两条白色胰脏,然后剖开肠洗掉污物,用盐、醋搓擦,以去掉肠壁上的黏液和异味,洗涤干净后再用开水略烫即可。

(4)血:将已凝结的血放入开水中烫熟或用小火蒸熟。加热时间不宜过长,火力也不可过大,否

则血块起孔,质量差,食之如棉絮。

（5）油脂:鸡鸭腹内的油脂取出后不宜煎熬,煎熬后色泽混浊。应采用蒸的方法加工,先将油脂洗净,切碎后放入碗内,然后加葱姜上笼蒸至油脂溶化后取出,去掉葱姜即成"明油"。

此外,心、腰及成熟的卵蛋等不可弃掉,洗净后也可制作菜肴。

（三）家禽初步加工的方法及实例

实例:活鸡的初步加工

制作工艺:宰杀→泡烫、褪毛→开膛取内脏→洗涤整理。

①准备一个空碗,放入 50 g 清水和 3 g 食盐。宰杀时左手握住鸡翅,小拇指勾住鸡的右腿,用大拇指和食指紧紧捏住鸡的颈部并收紧颈部的皮,手指放在颈骨的后面,防止宰杀时割手指,右手在下刀处(一般在第一颈骨处)拨去颈毛露出颈皮。右手执刀割断气管与血管(刀口要小,约 1.5 cm)。

②宰杀后,用右手握鸡头向下倾,左手提高,使鸡脚向上,将血放进准备好的碗内。

③放尽血后,用筷子将血和盐水搅拌均匀,使其凝结。

待鸡停止挣扎,完全死后放入 80~90 ℃的热水中,先烫双脚,去掉鸡爪皮;再烫鸡头,剥去鸡嘴壳、褪去鸡头毛;然后烫翅膀和身体,依次褪毛(先褪粗毛:尾部和翅膀;再褪厚毛:胸部、背部和腿部;然后褪细毛:颈部及余毛)。褪毛手法是顺拔倒褪(即凡粗毛,要顺着毛根拔;厚毛、细毛要用手掌和手指配合逆着毛孔褪去毛)。毛褪去后,根据烹调要求开膛并取出内脏。再把鸡放入盆内放水冲洗,将鸡腹内、体外血污、黏液、颈部淋巴等污秽全部去净,并冲洗干净。再将内脏洗涤整理干净即可。

（四）家禽的部位名称及烹调应用

现以鸡为例进行介绍。鸡可分成脊背、鸡腿、胸脯和里脊、鸡翅、鸡爪、鸡头、鸡颈七个部分。

❶ **脊背**　鸡脊背两侧各有一块肉,俗称栗子肉,这两块肉老嫩适中,无筋,常用于爆、炒等。

❷ **鸡腿**　骨粗、肉厚、筋多、质老,适用于烧、扒、炸、煮等烹调方法。

❸ **胸脯和里脊**　鸡胸脯去骨后是鸡全身最厚、最大的一块整肉,肉质较嫩,筋膜少,可加工成丝、丁、条、片、茸等形状,适用于炸、熘、爆、炸等烹调方法,用途较广。鸡里脊又称鸡柳、鸡芽,与鸡胸脯相连,去掉暗筋后是鸡全身最细嫩的一块肉,用途与鸡胸脯肉基本相同。

❹ **鸡翅**　鸡翅又称凤翼,广式菜肴中常用,其肉少而皮多,质地鲜嫩(俗称活肉)。可带骨煮、炖、焖、烧、炸、酱等,如"冬菇鸡翅汤""清炸凤翼"等;也可抽去骨烹制"荔枝鸡球""银针穿凤衣"等菜肴。

❺ **鸡爪**　又称凤爪,皮厚筋多,含胶原蛋白丰富,皮质脆嫩,可带骨用于制汤或酱、卤、烧;也可煮后拆去骨头拌食,别具风味,如"椒麻凤爪"。

❻ **鸡头**　鸡的下脚料,骨多、肉少,含胶原蛋白丰富,一般用于制汤、煮、酱等。

❼ **鸡颈**　皮下脂肪丰富,有淋巴(应去净),皮韧而脆,肉少而细嫩,可用于制汤、煮、卤、酱、烧等。

（五）家禽的整料去骨

家禽的整料去骨就是将整只家禽剔去其主要骨骼,仍保持其完整外形的一种加工技法。

❶ **家禽整料去骨要求**

（1）必须精选原料。必须选用肥壮多肉、大小老嫩适宜的家禽。例如:鸡应当选择 1 年左右尚未产蛋的肥壮母鸡;鸭应当选择 8~9 个月的肥壮母鸭。家禽如太嫩、太瘦,脂肪不足,出骨时易破皮,烹制时皮也容易裂开;如果太老,肉质比较坚实,烹制时间短就不易酥烂,烹制时间长肉虽酥烂,但皮又容易裂开。所以都不宜选作整料去骨的原料。

（2）初步加工必须符合整料去骨的要求。鸡鸭褪毛时,泡烫的水温不宜过高,烫的时间不宜过长,否则出骨时皮容易破裂。鸡鸭在初加工时不可剖腹取内脏,内脏可待整料去骨时随躯干骨一起

鸡的部位示
意图

Note

取出。

（3）去骨时下刀准确，刀刃贴着骨骼运行，不能碰破外皮。去骨时不可破损外皮，否则将有损外形的完整与美观。操作中，刀刃应紧贴骨骼运行，使骨不带肉、肉不带骨，既可避免肉的损耗，又可使原料形状丰满、美观。下刀部位必须正确，否则将影响去骨及形态的美观。

❷ **整鸡（鸭）去骨的方法与步骤**

（1）划开颈皮，斩断颈骨。在鸡颈和两肩相交处，沿着颈骨直划一条长约6 cm的刀口，从刀口处翻开颈皮，拉出颈骨，用刀在靠近鸡（鸭）头处，将颈骨斩断，需注意不能碰破颈皮。

（2）去翅骨。从颈部刀口处将皮翻开，使鸡头下垂，然后连皮带肉慢慢往下翻剥，直至前肢骨的关节露出后，可用刀将连接关节的筋腱割断，使翅骨与鸡身脱离。先抽出桡骨、尺骨，然后再抽翅骨。

（3）去躯干骨。将鸡放在砧墩上，一手拉住鸡颈骨，另一手拉住背部的皮肉，轻轻翻剥，翻剥到脊部皮骨连接处，用刀紧贴着背脊骨将骨割离。再继续翻剥，剥到腿部，将两腿向背部轻轻扳开，用刀割断大腿筋，使腿骨脱离。再继续向下剥，剥到肛门处，把尾椎骨割断（不可割破尾部皮），这时鸡的骨骼与皮肉已分离，随即将躯干骨连同内脏一同取出，将肛门处的直肠割断。

（4）出后腿骨。将后腿骨的皮肉翻开，使大腿关节外露，用刀绕割一周。割断筋腱后，将大腿骨抽出，拉至膝关节处时，用刀沿关节割下。再在鸡爪处横割一道口，将皮肉向上翻，把小腿骨抽出斩断。

（5）翻转鸡肉。用水将鸡冲洗干净，要洗净肛门处的粪便，然后将手从颈部刀口处伸入鸡胸腔，直至尾部，抓住尾部的皮肉，将鸡翻转，仍使鸡皮朝外，鸡肉朝里，在形态上仍成为一个完整的鸡。如在鸡腹中加入馅心，经加热成熟后，将十分饱满、美观。

四、家畜的初步加工

猪的部位示意图

（一）猪不同部位的烹调应用

由于不同部位的猪肉，老嫩程度各不相同，制作菜肴时应根据具体的部位进行烹制。

❶ **头和尾** 头和尾一般用于酱、烧、煮等。

❷ **上脑** 肉皮薄，瘦中带肥，肉质较嫩。适宜卤、烧、蒸、酱腊等烹调方法。

❸ **夹心肉** 肉中有老筋，适宜制馅、做丸等方法。

❹ **前、后蹄膀** 皮厚、筋多、胶质重，适宜红烧、清炖等方法。

❺ **颈肉** 肉质绵老，肥瘦不分。宜制馅、红烧、粉蒸等。

❻ **前、后蹄** 前蹄质量好于后蹄，只有皮、筋、骨骼，胶质重。宜于烧、炖、卤、凉拌、煨、酱、制冻等烹调方法。

❼ **外脊肉、里脊肉** 猪脊背上的肉，是猪体上最好的肌肉，一般可加工成丁、丝、片、条等，用于炒、爆、熘等短时间加热的菜肴，可体现出肉质的细嫩。

❽ **肋条** 因呈一层肥一层瘦（共5层），故称五花肉；肉皮薄，肥瘦相间，肉质较细嫩，适宜烧、蒸、炒等烹调方法，宜做红烧肉、扒肉条、粉蒸肉等，具有独特风味。

❾ **腹肉** 肉质量差，肥肉多，适宜炼油，皮可制冻。

❿ **臀尖** 肉质较嫩，肥多瘦少。适宜卤、酱、熟炒、凉拌、烧等烹调方法。

⓫ **坐臀** 肉质紧实、细嫩，筋少、肥瘦相连，质量仅次于里脊肉，适于炒、炖、酱等烹调方法。

⓬ **弹子肉** 肉质较嫩，适宜炒、炸、熘等方法。

（二）家畜内脏及四肢初步加工的原则及质量要求

❶ **清洗干净** 家畜的内脏及四肢污秽杂物较多，如果不清洗干净，根本无法食用。特别是肠、肚等一定要翻过来将里面的污秽、油腻物及黏液清洗干净后才能烹调、食用。

❷ **除去异味** 在初加工时还必须将家畜内脏及四肢的腥臊异味洗去、除掉，否则会影响菜肴的

口味和质量。一般需加入盐、醋、明矾等物质搓擦,去掉原料中的黏液及异味后再用清水冲洗干净。

❸ **处理迅速,符合卫生要求** 内脏及四肢必须及时清洗处理,因为内脏内的污物容易污染,若不及时处理,异味很难去除,也易变质,既影响菜肴质量,也不符合卫生要求。

（三）家畜内脏及四肢初步加工的方法

家畜内脏及四肢主要包括心、肺、肝、肚、腰、肠、尾、爪、舌等。这些原料污秽多,异味重,洗涤加工的工艺较为复杂,由于它们组织结构不同,所以应采用不同的加工方法加以处理。其主要加工方法有漂洗法、翻洗法、搓洗法、烫洗法、冲洗法、刮洗法等。在初步加工时,有时一种原料需用几种方法洗涤。

❶ **漂洗法** 主要用于脑、脊髓等原料。这些原料质地极嫩、容易破损,只能放在清水中轻轻漂洗,并用牙签或小刀剔除血衣或血筋,然后洗净。

实例:猪脑的初步加工

制作工艺:剔去血筋→漂洗。

①先用牙签剔去猪脑的血筋、血衣。

②盆中放入清水,然后左手托住猪脑,右手泼水轻轻地漂洗,这样重复 3～4 次,直至洗净。由于猪脑质地极其细嫩,切不可用水直接冲洗,以免破损。

❷ **翻洗法** 肠、肚的里外有许多黏液、污秽和油腻物,必须用里外翻洗的方法,一面洗净后,将另一面翻过来再洗涤,直至里外清洗干净。一般与搓洗法、烫洗法结合使用。

❸ **搓洗法** 肠、肚等在翻洗之后,要加盐、醋、矾反复揉搓,去除黏液和臭味后,再用清水冲洗干净。

❹ **烫洗法** 烫洗法就是把洗涤后的原料再放入沸水锅中烫洗,以去除黏液、腥臊气味及白膜。这种方法主要用于腥臊气味较重的有白膜的原料,如肚、舌、肠等。烫洗的具体方法是,将原料下锅稍烫,如有白膜的等白膜转白时捞出,然后去除白膜,洗去黏液,用清水洗净。

实例:猪肚的初步加工

制作工艺:盐醋搓洗→里外翻洗→热水烫洗。

①先将猪肚上的污物、油脂去掉,冲净后放入食盐揉搓,再放醋反复揉搓,使猪肚上的黏液凝结脱离后用水冲洗干净。

②将手插入猪肚内,把猪肚的里面翻出来,洗去污物,再加盐醋揉搓后洗净。

③将猪肚投入热水中烫洗,刮去黄皮。待猪肚内壁光爽后,再将猪肚翻过来,投入冷水锅焯水后取出,冲洗干净,仍将其泡在冷水内(可防止猪肚色泽变黑)备用。

❺ **冲洗法** 主要用于猪肺、牛肺等。因为肺中气管、支气管的污秽多不易清除,所以应将肺管套在水龙头上将水灌入,使肺叶扩充,冲净血污。

实例:猪肺的初步加工

制作工艺:灌水冲洗→破膜冲洗。

①用手抓住肺管套在自来水龙头上,将水直接通过肺管灌入肺内,使肺叶充水膨胀而血污外溢,直至肺色发白。

②破肺的外膜,将肺冲洗干净即可。

❻ **刮洗法** 主要用于去除原料外皮的污垢、硬毛或硬壳。如猪爪的初步加工,一般都要刮去猪爪表面及爪间的污垢,拔除余毛,去其爪壳,入沸水中烫泡,再洗刮干净。这种方法还适用于猪舌、牛舌的初步加工。一般与烫洗法结合使用。

实例:猪舌的初步加工

制作工艺:冲洗→沸水刮洗→洗涤整理。

①先将猪舌冲洗干净。

②放入沸水锅泡烫（应掌握好加热时间,时间过长,舌苔发硬不易去除;时间太短,舌苔也无法剥离）,待舌苔发白立即取出,用刮刀刮剥去除白苔。

③用清水冲洗干净,并将淋巴去除。

任务评价

对蔬菜、水产、家畜、家禽的加工方法特点的掌握进行评价、小组评价、教师点评,总结成绩,查找不足,分析原因,制订改进措施。

任务总结

（1）吸取在任务实施过程中的成功经验。

（2）总结在知识点掌握上存在的不足以及改进方法。对于在任务实施过程中出现的失误,学生先自己分析原因,再由同学分析,最后教师点评总结。

（3）讨论、分析提出的建议和意见。

任务三 干制原料的初步加工

任务目标

1. 素质目标:职业道德方面,培养学生敬业精神。专业素养方面,培养学生的专业思维方式和树立学生的专业思想。合作协助方面,激发学生在烹饪创作中的艺术灵感,并在主动参与中完成合作意识的内化与能力的提高。

2. 知识目标:掌握干制原料涨发的目的;干制原料涨发的方法与工艺原理;干制原料涨发实例。

3. 能力目标:通过本任务的学习,了解加工性原料的初步加工。加强学生对烹调的知识从感性到理性的转变。掌握在以后学习菜肴制作过程中应具备的技能技巧和操作规范,熟练运用各种手段优化烹调工艺,科学合理地完成菜肴制作工艺。

任务实施

烹饪原料不仅包括大量鲜活的动物性、植物性原料,而且还包括一部分经过脱水干制而成的加工性原料比如干制原料。如海带、黑木耳、海参、鱿鱼、蹄筋、燕窝、发菜等。干制原料的涨发就是利用烹饪原料的物理性质,进行复水和膨化加工,使其重新吸水后,基本上恢复原状,除去异味和杂质,合乎食用的要求,利于人体的消化吸收,此过程简称发料。

干制原料一般采用阳光晒干、自然风干、以火烘干、石灰焓干或盐腌等方法脱水干制而成。干制原料具有便于储存、运输方便、别有风味的特点。

一、干制原料涨发的目的

干制原料一般都需重新吸回水分后才食用。干制原料复水后恢复原来新鲜状态的程度是衡量干制品品质的重要指标。干制品的复原性就是干制品重新吸水后重量、大小和形状、质地、颜色、风味、成分,以及其他各个方面恢复原来新鲜状态的程度。干制原料的涨发主要表现为干制原料的复水过程,基本类型有吸水、膨润、膨化后吸水三种。

干制原料涨发可以使脱水后干硬的原料重新吸收水分,最大限度地恢复原有的松软状态;还可以去掉原料中的杂质和腥臊气味。这样既便于切配烹调,又合乎人们的食用要求,利于人体的消化吸收,这是干制原料涨发的目的。

二、干制原料涨发的方法与工艺原理

干制原料涨发一般采用水发、碱发、油发、盐发和火发等方法,其中以水发、油发和碱发较为常用。

(一)水发

水发是将干制原料放入水中,利用水对干制原料毛细管的浸润作用,使其充分吸水,成为松软嫩滑原料的一种发料方法。由于干制原料内部水分少,可溶性固形物的浓度很大,所以渗透压很高,而外界水的渗透压又很低,导致干制原料发生吸水的现象。因此,干制原料的水发,实质上是水分子向干制原料内部进行物质传递的过程。水发要受到干制原料的性质、结构成分、体积及水发温度、水发时间等条件的影响。水发是一种最基本、最广泛使用的发料方法,即使采用油发、碱发、火发、盐发等涨发的原料,也都必须经过水发的过程。

❶ **水发的方法**　水发按水温的不同可分为冷水发和热水发两大类。

(1)冷水发:将干制原料放在冷水中,使其自然吸收水分,尽可能恢复新鲜时的软、嫩状态,这种发料方法即是冷水发。适用于一些植物性干制原料,如银耳、黑木耳、口蘑、黄花菜、粉条等。冷水发也是热水发、碱水发的预发,可以提高干制原料的复水率,以避免或缓解某些干制原料的表面破裂和受到碱液的直接腐蚀。主要适用此法的干制原料有莲子等。冷水发基本能保持原料的鲜味和香味,并且操作简单方便。

冷水发一般有浸发和漂发两种操作方法。

①浸发:浸发就是把干制原料浸入冷水中,使其慢慢吸水涨发。涨发的时间应根据原料的大小、老嫩和松软、坚硬的程度而定。形小、质嫩的原料浸发的时间要短一些;形大、质硬的原料浸发的时间要长一些。有的因浸发时间长而水质混浊,在浸发过程中还需多次换水,浸发一般适用于形小、质嫩的原料,如黑木耳、金针菜(黄花菜)、海带、海蜇等原料。浸发还常用于配合或辅助其他发料方法涨发原料。如质地干老、肉厚皮硬的海参在用热水发料前,要先在冷水中浸泡回软后再加热;腥臊气味重或经碱发、盐发和油发后的原料,经洗涤后还有腥味或碱、盐等成分,也要再用冷水浸泡,以除去异味和其他成分,使其吸水回软。

②漂发:漂发是把干制原料放在冷水中,用手不断挤捏或用工具使其漂动,将附在原料上的泥沙、杂质、异味等漂洗干净。

(2)热水发:主要有泡发、煮发、焖发、蒸发四种操作方法。

将干制原料放在热水(60 ℃以上的水)中,用各种加热方法,促使其体内分子加速运动,加快水分吸收,成为松软嫩滑的半熟或全熟的半成品,这种发料方法称为热水发。它是冷水发的继续,热水发的干制原料应先用冷水浸泡,再用热水浸发。主要适用于组织致密、蛋白质丰富、体型大的干制原料。干制原料中的绝大部分动物性原料、山珍海味以及部分植物性原料都要经过热水涨发。由于干制原料的品种不同,发料时要根据原料的性质,采用各种不同的水温和形式。

①泡发:泡发就是将干制原料放在热水中浸泡,不再继续加热,使原料慢慢涨发泡大的一种发料方法。泡发适用于体积较小,质地较嫩的干制原料,如粉丝、腐竹、发菜、银鱼等。一些适用于冷水浸发的干料,如木耳、金针菜等在冬季或急用时也可采用热水泡发的方法,以加快其涨发速度。

②煮发:煮发是将干制原料放在水中,加热煮沸,使之涨发回软的一种发料方法。煮发适用于体大质硬,不容易吸水涨发的干料,如海参、鱼皮、鲍鱼等。煮发时间为 10～20 min。有的需适当保持

一段微沸状态,有的还需反复煮发。一般与焖发结合使用。

③焖发:焖发是将干制原料放入锅中煮发到一定程度时,改用微火或将锅端离火源保持在一定温度上,不继续加热,其温度因物而异,一般为 60～85 ℃,焖一定时间,使原料内外同时全部发透的一种发料方法。焖发实际上是煮发的后续过程,如海参等原料都采用煮发到一定程度时,再改用焖发的方法,以防止原料外层皮开肉烂,而内部仍未发透。焖发时将干制原料置于保温的密闭容器中。

④蒸发:蒸发是将干制原料放入适量的清水或汤水中,利用蒸汽的对流作用使原料涨发的一种发料方法。这种方法适用于形状较小、易碎而不适宜煮发、焖发的干料,或经煮焖后仍不能发透,而再继续煮焖又无法保持原料特定形态和风味的干料。蒸发能保持原料的特色风味和特定形态,使其不至于破损或流失鲜味汤汁,同时也是对一些高档干制原料进行增加风味和去除异味的有效手段。如干贝、蛤士蟆、龙肠、乌鱼蛋及去沙的燕窝等。

❷ 水渗透涨发工艺原理　将干料放入水中,干料就能吸水膨胀,质地由坚韧变得柔软、细嫩或脆嫩、黏糯,以至达到烹调加工及食用的要求,水进入干料体内有三个方面的因素。

(1)毛细管的吸附作用:许多原料干制时由于水分的丢失会形成多孔状,浸泡时水会沿着原来的孔道进入干制原料体内,这些孔道主要由生物组织的细胞间隙构成,呈毛细管状,具有吸附水并保持水的能力。生活常识告诉我们,将干毛巾的一部分浸入水中稍停片刻,露在水外面的部分也会潮湿,其道理是一样的。

(2)渗透作用:这是存在于干制原料细胞内的一种作用。由于干制原料内部水分少,细胞中可溶性固形物的浓度很大,渗透压高,而外界水的渗透压低,这样就导致水分通过细胞膜向细胞内扩散,外观上表现为吸水涨大。

(3)亲水性物质的吸附作用:烹饪原料中的糖类(主要是淀粉、纤维素)及蛋白质分子结构中,含有大量的亲水基团(如—OH、—COOH),它们能与水以氢键的形式结合。蛋白质的吸附作用通常又称为蛋白质的水化作用。由于毛细管的吸附作用及渗透作用,使干制原料上的水由表及里,被快速吸收,凡类似于水的液体及可溶的小分子物质都可以进入干制原料内,此过程是一种物理作用。

亲水性物质的吸附作用则是一种化学作用,它对被吸附的物质具有选择性,即只有与亲水基团结合成氢键的物质才可被吸附,另外其吸水速度慢,且多发生在极性基团暴露的部位。

(二)碱发

碱发与水发有密切的联系。碱发是将干制原料先用清水浸泡,然后放入碱溶液中,或沾上碱面,利用碱的脱脂和腐蚀作用,使干制原料膨胀松软的一种发料方法。主要适用于一些动物性原料,如蹄筋、鱿鱼等。

❶ 碱发的方法　生碱水涨发:将 10 kg 冷水(秋冬可用温水)加入 500 g 的碱面(又称石碱、碳酸钠)和匀,溶化后即为 5%的生碱水溶液。在使用中还可根据需要调节浓度。

在涨发时,将浸泡回软的原料放入碱水中,待涨发到一定程度,再根据烹调要求,放入 90 ℃的热水中烫泡,烫泡好的原料放入清水中除去碱质,即可用来制作菜肴。此种碱溶液有腻手感,涨发后的原料也较滑腻,涨发速度慢,不易掌握,同时发好的原料色泽也暗。一般用于烩类菜肴的制作。如鱿鱼的涨发、燕窝的提质。

熟碱水涨发:在 9 kg 开水中加入 350 g 碱面和 200 g 石灰拌和,使其冷却,沉淀后取清液,即可用于干制原料涨发。在配制熟碱水的过程中,碱和石灰混合后发生化学反应,其中生成物有氢氧化钠。氢氧化钠为强碱,碳酸钠为弱碱。所以用熟碱水发料比用生碱水发料效果好。干制原料在熟碱水中涨发的程度和速度都优于生碱水。熟碱水对大部分坚硬的原料都适用。涨发时不需要提质,原料不黏滑、色泽透亮,产出率高。主要用于鱿鱼、墨鱼的涨发,涨发后的鱿鱼、墨鱼多用于爆、炒菜肴的制作。

火碱水涨发:火碱(又称氢氧化钠),用 10 kg 冷水加火碱 35 g 拌匀即可,其腐蚀性和脱脂性非常强。拌匀成浓度为 0.02‰～0.03‰ 即成。氢氧化钠为白色固体,极易溶于水,放出大量的热。浓度一定要根据情况掌握好,取用时必须十分小心,不能直接手取,以免烧坏皮肤。它适用于大部分老而坚硬的原料涨发,可代替熟碱水。它的涨发力使干料回软的速度都比其他碱水强得多。火碱水可用来涨发鱿鱼和墨鱼,燕窝的提质。碱发虽说是行之有效的涨发方法,但由于碱液对原料营养成分的破坏,以及对口味的影响,现在不提倡使用碱发原料。

碱发的技术要点:

(1) 根据原料性质和烹调时的具体要求,确定碱溶液及其浓度。对同一种碱溶液来说,浓度不同则涨发的效果不同。浓度过低,发不透;浓度过高,腐蚀性太强,轻则造成腐烂,重则报废。

(2) 认真控制碱水的温度。因在碱发过程中,碱液的温度对涨发效果影响很大,碱液温度越高,腐蚀性越强。如鱿鱼,碱水温度在 50 ℃ 左右时,放入后会卷曲,严重影响质量。

(3) 严格掌握时间,及时检查,发好随时取出,直至涨发完全。

(4) 碱水涨发前,一定要用清水将干料泡软,减少碱溶液直接对原料的腐蚀。

❷ 碱发的原理

(1) 表面膜的破坏:原料放入碱液中,碱首先与表面膜发生作用,这层膜由脂肪等物质构成,与碱作用可发生水解、皂化等一系列反应,从而把这层防水保护膜"腐蚀"掉,使水顺利与原料结合,这时,原料对水的吸收一部分是通过蛋白质水化作用,另一部分是通过毛细管现象。

(2) 吸水膨胀:在蛋白质分子间的 —NH$_2$、—COOH、—OH、—CO 等亲水基团,经碱液浸泡后,大量暴露出来,增加了蛋白质水化能力,加入碱后,使 pH 值远离正电点,增加蛋白质分子电荷数,使蛋白质分子水化能力加强。

(3) 漂洗继续膨胀:碱发原料和清水可看成两个分散体系,碱发后原料在清水中,相当于一个半透膜,通过透析现象可吸水。这些干制原料的内部结构是以蛋白质分子相联结搭成骨架,形成空间网状结构的干胶体,其网状结构具有吸附水分的能力,但由于蛋白质变性严重,空间结构歪斜,加之表皮有一层含有大量疏水性物质(脂质)的薄膜,所以在冷、热水中涨发,水分子难以进入。若把干制原料在碱水中浸泡,碱水可与表皮的脂质发生皂化反应,使其溶解在水中。泡涨的表层具有半透膜的性质,它能让水和简单的无机盐透过,进入胶凝体内的水分子即被束缚在网状结构之中。另一方面原料处在 pH 值很高的环境中,蛋白质远离等电点,形成带负电荷的离子,由于水分子也是极性分子,从而增强了蛋白质对水分子的吸附能力,加快了水发速度,缩短了涨发时间。

(三) 油发

油发是将干制原料置于高温度的油中,使原料中所含有的结合水汽化,形成原料组织的孔洞结构、体积增大(膨化)、再复水涨发的制作工艺。主要适用于含有丰富胶原蛋白的动物性原料,如猪皮、蹄筋、鱼肚等。

❶ 油发过程　可分为三个阶段。

第一阶段:将干制原料浸没在冷油中,加热至油温达到 100～115 ℃ 的焐制过程。时间根据物料的不同而异,如鱼肚(提片)20～40 min、猪皮 120 min、猪蹄筋 50～60 min。经过第一阶段处理的干制原料,体积缩小,冷却后更加坚硬。有的具有半透明感。

第二阶段:将经低温油焐制后的干制原料,投入 180～200 ℃ 的高温油中,使之膨化的过程。经第二阶段处理的干制原料,体积急剧增大,色泽呈黄色,孔洞分布均匀。

第三阶段:将膨化的干制原料,放入冷水中(冬季可放入到温水中,切勿放入热水中)进行复水,使物料的孔洞充满水分处于回软状态。

❷ 热膨胀涨发的工艺原理　热膨胀涨发就是采用各种手段和方法,使原料的组织膨胀松化成空洞结构,然后使其复水,成为利于烹饪加工的半成品。

氢键是束缚水与亲水基团相结合的纽带,它主要是由水中氢原子和氧原子与亲水基团中氧与氢

实例:鱼肚(蹄筋)的涨发

原子结合形成。氢键的平均键能是 463 KJ/mol,而风吹日晒的能量很低,不足以破坏氢键,因此通常条件不能排除束缚水。如果将原料置于一定环境中,温度升高到一定程度时(200 ℃以上),积累的能量大于氢键键能,就可以破坏氢键,使束缚水脱离组织结构,变成游离态水,这时的水就具有一般水的通性,在高温条件下急剧汽化膨胀,使原料组织形成蜂窝状孔洞结构,为进一步复水创造了条件。例如:鱼肚(蹄筋)的涨发,就是利用热膨胀涨发的工艺原理进行发制。

（四）盐发和火发

❶ 盐发　盐发是把干制原料放在盐中加热,利用盐的传热作用,使原料膨胀松脆的一种发料方法。盐发的涨发原理与油发基本相同,适于用油发的干制原料也适于用盐发。但由于盐传热慢,操作时间长,而且盐发对原料的形态和色泽都有影响,因此盐发较少使用。

盐发是将干制原料置于大颗粒结晶食盐中,加热使原料结合水汽化,形成物料组织的孔洞结构、体积增大(膨化)、再复水的制作工艺。

盐发的过程也类似于油发,分为三个阶段。

第一阶段:将干制原料放入100 ℃左右的盐中(盐量是物料的5倍),焙制时间约为油发第一阶段的1/2或1/3,至物料重量减轻干燥时即可。

第二阶段:原料不用取出锅,直接用高温加热,迅速翻炒,使之膨化。经第二阶段处理的干制原料,体积急剧增大色泽呈黄色,孔洞分布均匀。

第三阶段:将膨化的干制原料放入冷水中进行复水使原料的孔洞充满水分,处于回软状态。

盐发与油发有以下区别:盐发原料可稍湿;油发原料需干燥;盐发焙制阶段短于油发焙制阶段;油发的物料色泽、香气优于盐发的成品。

❷ 火发　火发是将某些表皮特别坚硬,或有毛、鳞的干制原料用火烧烤,以利于涨发的一种处理方法。火发并不是用火直接涨发原料,凡经过火发的干制原料,都还须水发后才能使原料涨发。如海参中的优质品种乌参、岩参、牛头等,外皮坚硬,单采用水发,涨发效果不佳,而且外皮坚硬不能食用,因此采用先火发,将其坚硬外皮烤焦,刮去后,再用热水涨发的方法。在火发时,要注意掌握火候,防止烧过头,将肉质烧坏造成损失。

三、干制原料涨发实例

实例:黑木耳的涨发

制作工艺:漂发→去黑衣→漂洗。

将黑木耳浸泡在冷水中,浸泡数小时,待其膨胀发软后摘去根部,去除杂质,用水反复冲洗,直至无泥沙即可。

黑木耳的涨发率为 1000%～1200%。

实例:海蜇皮的涨发

制作工艺:漂发→去黑衣→漂洗。

①先用冷水将海蜇皮浸发1天后捞出,用手撕去血筋黑膜后,放入水中边冲边洗,用手捏挤,直至沙粒去净。

②再放入清水中浸泡,要经常换水,直至漂去盐分及矾,涨发至脆嫩状态时即可使用。

附:海蜇头的涨发。

方法一,用沸水浸烫至收缩,取出洗净,再用 80 ℃热水泡发 4～6 h,至软嫩,两头垂下取出。这种方法常用为汤羹烩菜。

方法二,将海蜇放入 70～80 ℃的水中稍烫、洗净,批成薄片。放凉水中 8～10 h,至松酥涨大,这种海蜇为"酥蜇",常用于拌食。

实例:香菇的涨发

制作工艺:泡发→去根→洗净。

将香菇浸泡在 70 ℃以上的热水中,加盖焖泡 20 min,待其涨发回软,内无硬茬时,剪去香菇根蒂,洗去泥沙杂质,原汤浸泡即可。

香菇细胞内含有核糖核酸,受热后,分解成 5-鸟苷酸(其味的鲜度比味精高 160 倍),如用冷水浸泡,核糖核酸酶活力强,可使鸟苷酸继续分解成核酸,降低鲜味。70 ℃以上的热水可使核糖核酸酶失去活性。

香菇的涨发率为 250%～300%。

注:同法可发制口蘑。

实例:海参(明玉参、秃参、黄玉参等都适合)的涨发

制作工艺:浸发→煮发→剖腹洗涤→煮发→焖发→浸泡。

①将海参放入清水中浸泡 12～24 h 后,放入冷水锅中煮沸。

②离火焖至水温冷却,即可剖腹去肠,然后洗净,再用清水煮沸,再离火焖至水温冷却。如此反复煮焖,直至海参软糯富有弹性,即可捞出,再漂洗干净后,放入清水中浸泡备用。

注意事项:海参涨发时所用的盛器和水,不能沾有油、碱、盐等物质,因油和碱会腐蚀使海参溶化,而盐会使蛋白质凝固造成海参发僵、发硬不能发透。海参剖腹去肠时,注意不可碰破腹膜,以保持原料的完整。涨发过程中应勤换水、多检查,随时将已发透的原料捞出,以防嫩海参涨发过度而发烂破碎。

海参的涨发率为 400%～600%。

实例:鲍鱼的涨发

制作工艺:浸泡→煮发→焖发。

①将鲍鱼用温水浸泡 12 h 后,刷去污垢,洗净。

②然后放入冷水锅中煮沸,再改用微火焖 4～5 h,直至内外全部发透(用手捏无硬心为好)。

鲍鱼的涨发率为 200%～400%。

实例:鱼唇、鱼皮、裙边、龙肠的涨发

制作工艺:浸泡→煮发→焖发。

以上四种原料涨发过程基本相同,温清水 50 ℃浸发约 12 h,85～90 ℃热水泡烫 30～60 min,然后去沙,将黑膜洗净,换清水煮发约 10 min,换热水恒温 80～85 ℃泡发约 10 h,至充分回软、嫩滑时取出,换清水恒温 0～5 ℃浸漂待用。

实例:乌鱼蛋的涨发

制作工艺:浸泡→煮发→焖发。

清水常温浸约 1 h,换清水煮 1～1.5 h,水面保持微沸,换清水蒸发 30～40 min,取出冲凉,剥去脂皮,揭开一片片"乌鱼钱",换清水将"乌鱼钱"浸漂待用。

实例:蹄筋的涨发(水发)

蹄筋的涨发有油发、水发、盐发、混合涨发 4 种方法,现以水发为例说明。蹄筋水发有两种途径,一种需煮、焖结合发料,另一种需用蒸、浸发料。

方法一:清水常温浸发 2 h,洗净,用凉水,加温煮沸约 5 min,恒温 80～95 ℃焖 4～6 h,视两头垂下、软糯时取出,浸入凉水恒温 0～5 ℃浸漂待用。

方法二:清水常温浸发 2 h 后洗净,然后换入清水,上笼蒸发约 4 h,待蹄筋回软并富有弹性时,再换凉水浸泡 2 h,使用前可加葱、姜、酒、高汤,上笼蒸至软糯后待用。水发蹄筋一般 500 g 干品出料 1500～2000 g,质地纯糯、色泽洁白。

实例:蹄筋的涨发(油发、盐发)

(1) 油发蹄筋。

制作工艺:干货原料→油发→碱水漂油→清水漂碱→清水浸泡。

①蹄筋先用热水洗去蹄筋表面的脏物和油腻,晾干后放入多量的凉油中,小火浸炸,看到蹄筋回软收缩时捞出。

②将油温升高到 180 ℃左右,重新下入蹄筋,并用漏锅不断地翻拨,在油内约 2 min,捞出蹄筋,至用手一掰就断,完全膨胀饱满松脆时取出。在涨发中必须随时将已发透的蹄筋取出,避免已发透的原料继续加热,影响色泽和质感。

③将发好的蹄筋放入温水内,稍加些食碱,洗去油质,再换清水漂洗,除去附在蹄筋上的残肉和杂物,然后浸在清水中备用。蹄筋的涨发率为 500%～600%。

干肉皮、鱼肚的涨发方法与蹄筋基本相同。油发干货原料,必须掌握以下几个要点:

①潮湿的原料要先烘干,否则不容易发透。变质或有异味的原料则不宜采用,因为油发后的干货原料即成为全熟原料,如原料有异味或已变质,将直接影响菜肴的质量,同时也不利于人体健康。

②油发干货原料时要用凉油(室温状态)小火逐渐加热。如果下锅时油温过高或加热过程中火力太旺,就会造成原料外面焦化而里面还没有发透的现象。所以在油发过程中,如原料逐渐鼓起,说明原料的分子颗粒正在膨胀,这时,要将油锅端离火源,或用微火使其保持一定油温,让原料渐渐里外发透。

③油发后的原料带有油腻,应在使用前,用热碱水洗去油腻,再用清水漂净碱液,然后浸在清水中以备烹调之用。

(2) 盐发蹄筋。

制作工艺:盐加热→蹄筋涨发→热碱水洗→冷水浸。

将粗盐下锅,再放入蹄筋,用慢火加热翻炒。蹄筋受热体积先慢慢缩小后又逐渐膨胀,并发出"叭叭"声响时,改用慢火边炒边焙,直至蹄筋涨发到用手一捏就断的松脆程度时捞出。然后放入热碱水中浸泡,再用温水洗净油腻和碱分后,浸泡在清水中备用。

实例:干贝的涨发

制作工艺:洗涤→蒸发→原汤浸泡。

用冷水洗净干贝外表的灰尘,除去老筋后放入盛器中,加葱、姜、酒和清水(以浸没干贝为准),上笼蒸 30～60 min,直至用手捻搓成细丝状时,即可取出,原汤浸泡待用。

干贝的涨发率为 150%～250%。

实例:燕窝的涨发

制作工艺:洗涤→蒸发→浸漂。

原料用清水 50 ℃浸至水凉,温水泡发至松软,换清水用镊子去净绒毛,漂洗,入 100 ℃沸水略烫,入碗上笼加清水蒸至软糯,浸漂于凉清水中待用。

实例:猴头菇的涨发

制作工艺:洗涤→泡发→去针刺→蒸发→原汤浸泡。

①将原料用清水常温浸泡 12 h 至回软,清水 100 ℃泡发约 3 h,使之柔软。

②摘去外层针刺,切去老根洗净,上笼加高汤、姜、葱、南酒蒸发 40～60 min 取出,原汤浸泡待用。

实例:哈士蟆油的涨发

制作工艺:洗涤→泡发→加料蒸发→原汤浸泡。

温水浸发哈士蟆油约 30 min,换常温清水浸发约 2 h,洗去表面黑筋,上笼加清水蒸透(蒸制时需加葱、姜、南酒,以去除腥味),原汁浸泡待用。

实例:鱼(明)骨、鱼信(髓)的涨发

制作工艺:洗涤→泡发→清水蒸发→清水浸泡。

原料常温浸发约 2 h,换清水上笼蒸 0.5～1 h,鱼骨蒸时长,鱼信蒸时短。因易糜烂,故汽压与温度应降低,采用放汽的方法蒸发。蒸发中,应视老嫩度分别提取。发好后换清水浸漂待用。

热水发料应根据原料的性质、品种采用不同的水温和涨发形式。可采取一次发料的形式,也可采用多次反复或不同的操作形式。由于干制原料经过热水发已成为半熟或全熟的半成品,再经过切配和烹调即可制成菜肴,因此热水发料对菜肴质量关系甚大。如果原料涨发过度,制成的菜肴软烂甚至破碎,形态不美;如果涨发不透,制成的菜肴则僵硬,甚至无法食用。总之,必须根据原料的不同品种、性质以及烹调要求,分别运用不同的发料方法,并掌握好发料的时间、火候,从而获得较好的发料效果。

实例:鱿鱼的涨发

制作工艺:干货原料→浸泡回软→投入碱液→涨发→漂碱→清水浸泡。

①将干鱿鱼放在清水中浸泡回软(夏天 8 h,冬天 12 h)后捞出。

②放入配制好的碱液(火碱浓度为 0.02‰～0.03‰,纯碱浓度为 5%),浸泡(夏天 6 h,冬天 8 h)后取出。

③放入清水浸泡,并不断更换清水,直至鱿鱼全部涨发饱满,无硬心,呈半透明状即可。

实例:火发大乌参

制作工艺:火发去硬皮→冷水浸发→煮发→去肠→洗涤→根据原料质地再重复水发。

①将大乌参放在火上烧烤至外皮焦枯发脆时,用小刀刮去外皮至露出深褐色的肉质为止。

②将去皮后的大乌参放在清水中浸泡 24 h,再放入冷水锅中煮沸,改用小火焖 2 h 后取出,剖开腹腔,去掉肠子、韧带并洗净,再用冷水浸发 24 h,然后放入冷水锅内煮沸,焖至水冷却。这样重复几次,直至大乌参回软,有弹性为止,再浸泡在清水中备用。

在大乌参涨发过程中,煮泡次数应按原料质地的老嫩和形态的大小酌情增减,并应随时将已发透的大乌参取出,以防涨发过度而碎裂。

大乌参的涨发率为 500%～600%。

任务评价

对干制原料初步加工的掌握进行评价、小组评价、教师点评,总结成绩,查找不足,分析原因,制订改进措施。

任务总结

(1)吸取在任务实施过程中的成功经验。

(2)总结在知识点掌握上存在的不足以及改进方法。对于在任务实施过程中出现的失误,学生先自己分析原因,再由同学分析,最后教师点评总结。

(3)讨论、分析提出的建议和意见。

任务四 原料精细加工工艺

任务目标

1. 素质目标：职业道德方面，培养学生的敬业精神。专业素养方面，培养学生的专业思维方式和树立学生的专业思想。合作协助方面，激发学生在烹饪创作中的艺术灵感，并在主动参与中完成合作意识的内化与能力的提高。

2. 知识目标：掌握刀工的作用，刀工的原则；了解原料精细加工工艺对操作者的基本要求，刀具和砧墩的种类、使用及保养，刀法及其分类，原料的基本料型，剞花工艺。

3. 能力目标：通过本任务学习，能够使学生了解各种原料的精细加工。加强学生对烹调的知识从感性到理性的转变。掌握在以后学习菜肴制作过程中应具备的技能技巧和操作规范，熟练运用各种手段优化烹调工艺，科学合理地完成菜肴制作工艺。

任务实施

中国烹饪刀工有着悠久的历史。孔子"割不正不食"。这里的"割"就是现在所说的刀工技术。中国菜肴历来以讲究色、香、味、形、质、器、营养而著称于世，这里的"形"与刀工有着密切的关系。几千年来，我国广大劳动人民，特别是从事烹饪工作的技术人员，经过长期实践，创造出我国独特的优美精巧的刀工技术，使我国刀工不仅具有形象性，而且具有较高的艺术性。"刀工精细"已成为中国菜肴的一大特点。

刀工是根据烹调和食用的要求，运用各种刀法（knife skill），将烹饪原料加工成一定形状的制作工艺。

大多数烹饪原料仅通过初步加工还不能直接烹调，或者虽经烹调但不便食用，必须运用刀工技术，将烹饪原料加工成符合烹调和食用的各种形状，才能烹制出美味可口的菜肴。随着人类社会的发展，作为中国饮食文化一部分的烹饪艺术也不断发展。人们在用餐过程中，不仅满足物质上要求，也要得到精神上美的享受。因此，刀工已不再局限于改变原料的形状，而是进一步美化菜肴形状，使制成的菜肴既美味可口，又能使人赏心悦目。中国烹饪刀工技术不仅能使菜肴发生形的变化，而且还能在千姿百态"形"的变化中给人以美的享受。所以说，刀工技术是中式烹调工艺不可缺少的组成部分，也是整个烹饪过程中的重要工序之一。

一、刀工的作用

刀工不仅能决定原料的形状，而且对菜肴有多方面的作用。

（一）便于烹调，有利于菜肴的成熟入味

烹饪实践表明原料的形状与加热时间、调味品的渗透密切相关。大块整料直接烹调很难成熟，而且加入的调味品大多在原料表面，不易渗透到原料内部。如果将原料加工成形态整齐、粗细均匀的丁、丝、条、段、块等形状，或在整料表面剞上花纹，这样既便于加热成熟，也利于调味品渗透入味，就能取得融质感与滋味于一体的效果。烹饪原料品种繁多、性状各异，烹调方法多样，操作程序也各不相同，必须用刀工因料制宜地处理以后，才能便于烹调。

（二）便于食用，有利于人体的消化吸收

烹饪的意义在于让人们通过美味可口的菜肴，达到养生健体的目的。通过刀工处理，可以使原

料由大变小、由粗改细、由整切零,不仅适宜于烹调,同时能方便人们食用,促进人体的消化吸收。

(三) 能丰富菜肴的品种

中国烹饪刀工技术给中国菜肴品种的发展提供了广阔的天地。运用刀工技术可以把不同质地、不同颜色的原料加工成各种形态,制成不同的菜肴;也可以把同一种原料加工成各种不同的形状,制成多种菜肴。如一条青鱼可加工成鱼丝、鱼片、鱼条、鱼茸、花刀形等,制成瓜姜鱼丝、糟熘鱼片、红烧划水、菊花青鱼等菜肴。可见,刀工技术的发展丰富了菜肴的品种。

(四) 能美化菜肴的形态

刀工对菜肴的形态和外观起着决定性的作用。整齐、均匀、丰富的刀工成形,会使一桌菜肴显得格外协调美观。尤其是运用剞刀法,在原料表面剞上各种刀纹,经加热后便会卷曲成各种美观的形状,如麦穗形、梳子形、荔枝形、松鼠形、葡萄形,使菜肴的形态丰富多彩。

(五) 能提高菜肴的质感

动物性原料中纤维的粗细、结缔组织的多少、含水量的高低,是影响原料质地的内在因素。提高菜肴的质感,达到脆、嫩、爽的效果,除了依靠相应的上浆、挂糊等烹调技术措施外,还需用刀工做技术处理,例如采用切、剁、拍、捶、剁等方法,可使肌肉纤维组织断裂或解体,扩大肉的表面积,从而使更多的蛋白质亲水基团显露出来,增加肉的持水性,再通过烹调即可取得肉质嫩化的效果。例如,在制作糖醋排条时,要把里脊肉拍松,再改刀成条;制作葱爆鱿鱼卷时要在鱿鱼上剞花刀。

二、刀工的原则

刀工的目的不仅是要改变原料的形状,而且要进一步美化菜肴的形态,以求烹制出色、香、味、形、质俱佳的菜肴。因此在处理烹饪原料时,刀工应遵循一些基本的原则。

(一) 适应烹调需要

刀工和烹调作为烹饪技术整体中的两道工序,相互制约,相互影响。烹饪原料的形状一定要适应烹调技法的需要。烹调方法不同,对原料形状的要求也不同。如爆炒等烹调方法采用的火力较大,加热时间较短,制作出的成品鲜、嫩、滑、爽,这就要求所加工的原料形状以薄小为宜,如果原料形状过分厚大,烹调时就会里生外焦,达不到成品的要求。又如炖、焖、烧等烹调方法采用的火力较小,加热时间较长,制作出的成品酥烂味透,这就要求所加工的原料以厚大为宜,否则,成品就容易破碎,甚至制成糊状。

(二) 根据原料性质灵活下刀

我国的烹饪原料品种繁多、质地各异,有软、硬、脆、韧、疏松、紧密、有骨、无骨的区别,应根据原料的不同性质进行不同的处理。例如,同是切肉,行业里有"横切牛羊,竖切鸡(猪)"的说法。就是质地较老的牛肉要顶着肌纹下刀(顶丝切),而质地较嫩的鸡脯肉则要顺着肌纹下刀(顺丝切);韧性强的猪、牛肉丝应切得细一点;质地松软、韧性较差的鱼肉应切得粗一些。再如,切制不同的料形,刀法有所不同。行业里有"顶刀切片,顺丝切丝"的说法,即切片要将原料纤维切断,切丝要顺着纤维切。否则,就会影响菜肴的质量,也不符合食用的要求。

(三) 整齐划一,清爽利落

经刀工处理过的原料形状,花样繁多,各有特色。任何形状都应做到大小一致、厚薄均匀、粗细一致、长短相等,否则,不仅严重影响菜肴的外观,而且在烹调时还会出现生熟不一、入味不匀的现象。

在用刀工处理原料时,还要做到清爽利落,不能连刀。因此必须保持刀刃锋利、菜墩平整,用力要均匀,否则就会"藕断丝连",既不美观,又不利于烹调和食用。

刀工对操作者的基本要求

刀具和砧墩
的种类、使
用及保养

摩擦力与省
力的关系

直切示意图

推切示意图

拉切示意图

平压铡切法
示意图

交替铡切法
示意图

滚料切示
意图

排剁示意图

（四）合理使用原料，做到物尽其用

合理使用原料是烹饪工作的一条重要原则，刀工更应遵循。否则，既浪费了原料，又增加了菜肴的成本。所以应计划用料，合理搭配，做到大材大用、小材小用。尤其是将大料改刀，落刀前要心中有数，务使各档原料都得到充分利用。

（五）符合卫生要求，力求保存营养

刀工操作中，从原料到各种工具、用具，都要做到清洁卫生、生熟隔离，不污染、不串味。要尽量保存原料中所含的营养素，避免因加工不当而造成的营养损失。

三、刀法

烹饪原料种类繁多、性质各异、大小不一、老嫩不同，这就需要用刀工来改变原料的形态，使之便于使用和成熟、入味。精湛的刀工是由刀法来体现的，刀法是根据烹调和食用的要求，将各种原料加工成一定形状时所采用的行刀技法。只有熟练地掌握和运用各种刀法，才能达到稳、准、快、美、巧的刀工要求。

刀法的种类很多，各地刀法的名称和操作要求也不尽相同。依据刀刃与原料或菜墩的接触角度，刀法可分直刀法、平刀法、斜刀法和其他刀法等。

❶ 直刀法 直刀法是刀刃与墩面或原料基本保持垂直运动的刀法。这种刀法按照用力大小的程度，分为切、斩（剁）、劈（砍）3种。

（1）切：烹饪中最常用的刀法。切可分为以下几种。

①直切：刀刃垂直向下，用力切断原料，不移动切料位置者叫直切，连续迅速切断原料叫跳切。适用于对脆嫩植物性原料的加工，如萝卜、土豆、白菜等。

②推切与拉切：推切是刀刃垂直向下、刀向前运行，运用推力切断原料的方法，适用于薄嫩易碎原料，如豆腐干、猪肝、里脊肉、鱼肉等的加工。推切要求一推到底，刀刀分清。

拉切是运用拉力切料，刀刃垂直向下、刀向后运行，适于对韧性原料的加工，如肉类。拉切要求一拉到底，刀刀分清，用力稍大。

③铡切：是特殊的切刀法。运刀如铡刀切草，刀刃垂直平起平落，叫平压铡切法，适用于对薄壳原料的加工，如螃蟹、熟鸡蛋等。刀刃交替起落，叫交替铡切法，适用于粗颗粒原料，如虾米、葱椒泥等的切碎常采用此刀法。

④滚料切：在切料时，一边进刀一边将原料相应滚动的方法，它是对球形或柱形原料取块的专用刀法。滚料切所成的块，叫"滚刀三角块"。

⑤锯切：是推切、拉切的结合。对酥烂易碎原料，如羊膏、脊肉等常采用此刀法。锯切要求以轻柔的韧劲入料，至2/3时再直切。

（2）剁（或称斩）：刀法是用力于小臂，刀刃距料5 cm以上垂直用力，迅速击断原料的方法。根据用力的大小又可分为直剁、排剁、跟刀剁、拍刀剁和砍剁5种刀法。

①直剁：运刀时，左手按料离刀稍远，右手举刀垂直剁下，故叫直剁。直剁不宜在原刀口上复刀，应一刀断料，否则易产生碎骨、碎肉，从而影响原料质量。适用于肋排、鱼段等原料。

②排剁：即反复有规则、有节律的连续剁的刀法，是制肉蓉、泥的专用刀法。排剁要求根据原料性质，轻重缓急，循序渐近，密度均匀。

（3）劈（或称砍）：劈适于有骨或硬质的原料。劈分为直刀劈、跟刀劈两种。

①直刀劈：首先看准劈切处，用力垂直劈下。直劈的刀法通常用于带骨或质硬的原料，如整鸡、鸭、排骨等。

②跟刀劈：将原料嵌进刀刃，随刀扬起劈断原料的方法。一些带骨的圆而滑的原料，如鱼头等，常用此刀法。跟刀劈的刀法能提高断料的准确性与安全性。

❷ **平刀法** 平刀法是刀与菜墩呈平行状态运刀的一种刀法。依据用力方向,平刀法分为平刀片、推刀片及拉刀片、抖刀片等。

（1）平刀片:刀身与菜墩平行,右手持刀,从原料的相应厚度处片入至片断原料的刀法,适用于易碎的软嫩原料,如豆腐干、鸡血等常采用此法。

（2）推刀片:刀身与菜墩平行,右手持刀,运用向外的推力,将原料片断的刀法。适用于脆嫩性蔬菜,如生姜、白菜、茭白、竹笋、榨菜等的加工。

（3）拉刀片:刀身与菜墩平行,右手持刀,运用向里的拉力,将原料片断的刀法。适用于韧性稍强的动物性原料,如鸡脯、腰子、猪肝、瘦肉等的加工。

（4）锯批:推拉的结合,对韧性较强或软烂易碎或块体较大的原料常用此法。

（5）抖刀片:又叫波浪片。刀刃进料后进行上下波浪形移动断料的刀法,适用于如豆腐干、蛋糕等原料的加工。

❸ **斜刀法** 操作时刀与原料成一定夹角。斜刀法分为正刀片与反刀斜片两种。

（1）正刀片:将刀身倾斜,刀背向右、刀刃向左,刀身与菜墩成锐角,片时由右上方向左下方移动片断原料。此法一般适用于无骨的原料,切成斜形稍厚的片或块,如切腰片等。

（2）反刀斜片:刀背朝内,刀刃向外,刀身内倾,左手指紧按原料斜切断料的方法,适用于鲜脆原料,如墨鱼、熟猪肚等。

❹ **其他刀法**

（1）拍刀法:主要用于将原料拍松或将较厚的韧性原料拍成薄片。

操作方法:右手将刀身端平,用刀身拍击原料。

操作要领:用力要均匀,以拍松、拍碎、拍薄原料为准。

（2）背捶法:这种刀法是将厚、大、韧性强的肉片用刀背捶击,使其质地疏松并呈薄型,还可将有细骨或有壳的较细嫩的动物性原料加工成茸,如制虾茸或鱼茸。

操作方法:右手持刀,刀背向下,上下垂直捶击原料。

操作要领:运刀时抬刀不要过高,用力不要过大。制茸时要勤翻动原料,并及时挑出细骨或壳,使肉茸均匀、细腻。

（3）削法:削法一般用于去皮,如削去土豆、山药等的表皮。

操作方法:削法是左手持原料,右手持刀,将刀对准要削的部位,刀刃向外,一刀一刀按顺序削。

操作要领:要掌握好厚薄,精神要集中,看准部位,否则易伤手。

（4）旋法:这种刀法可用于去皮,也可将圆柱形原料批成薄的长条形。如将原料放在砧墩上加工即为滚料批。

操作方法:旋也是将原料拿在手上操作的刀法。左手持原料,右手持刀,从原料表面批入,一面批一面不停地转动原料。

操作要领:两手的动作要协调,使原料成型厚薄均匀。

（5）刮法:制茸时可用这种刀法顺着原料筋络把肉刮下来,如制鱼茸、刀茸等。也可用于将原料表皮的污垢刮净,一般用于原料初步加工如刮鱼鳞,刮去猪爪、猪蹄等表面的污垢及刮去嫩丝瓜的表皮。

操作方法:操作时左手持料,右手持刀,将原料放在砧墩上,从左至右,将需去掉的东西刮下来。

四、原料的基本料型

原料的基本料型是运用不同的刀法,将烹饪原料加工成基本形状。这是将烹饪原料加工成块、段、片、条、丝、粒、末、茸泥、球等形状的操作工艺技术。这些形状有其自身的规格,加工方法也不完全相同。

（一）块

块一般是采用直刀法加工而成。质地松软、脆嫩无骨、无冻的原料可采用切的方法,例如蔬菜、去骨、去皮的各种肉类都可运用直切、拉切、推切等方法把原料加工成块。而质地坚硬、带皮带骨或有严重冰冻的原料则需用斩或砍的方法将其加工成块。由于原料本身的限制,有的块形状不是很规则,如鸡块、鸭块等,但应尽可能做到块的形状大小整齐、均匀。在加工时,如原料自身形态较小,可根据其自然的形态直接加工成块;如形态较大的原料,则应根据所需规格先加工成段或条,再改刀成块。块的种类很多,常见的有正方块、长方块、菱形块、劈柴块、滚料块等。

（二）段

❶ **大段与小段**　大段原料主要适用于对动物性原料、带骨的鱼类的加工。段的大小长短可根据原料品种、烹调方法、食用要求灵活掌握,主要用剁的方法加工。小段原料主要适用于植物性原料。

❷ **斜刀段与直刀段**　葱、蒜等管状蔬菜运用斜刀法加工成段。运用反斜刀法加工的段如“雀舌段”,用于炒、爆菜的辅料料形。柱形蔬菜和鱼多运用直刀法加工成段。在多数情况下,段的长度在3～4 cm。适用的原料有黄鳝、带鱼、豇豆、刀豆、葱段等。

（三）片

片一般运用切或批的刀法加工而成。蔬菜类、瓜果类原料一般采用直切,韧性原料一般采用推切、拉切的方法。质地坚硬或松软易碎的原料可采用锯切的方法,薄而扁平的原料则应采用批的方法等,总之,必须根据原料的性质确定相应刀法切片。动物性原料在切片之前,应先去皮、去筋、去骨,以保证运刀自如及成型规格。片的形状很多,常见的有长方片、柳叶片、菱形片、月牙片、指甲片、夹刀片等。片的厚薄也不同,从烹调要求看:一般质地嫩、易碎的原料应厚一些;质地坚硬带有韧性或脆性的原料应薄一些;用于氽汤的原料要薄一些;用于滑炒、炸的片要厚一些。

（四）条

条一般适用于无骨的动物性或植物性原料,成形方法一般是将原料先批或切成厚片,再切成条。条的粗细取决于片的厚薄,按条的粗细可分为筷梗条、大一字条、小一字条、象牙条等。

（五）丝

丝是基本形态中比较精细的一种,技术难度较高。加工后的丝,要求粗细均匀、长短一致、不连刀、无碎粒,要求刀工速度快。一般必须掌握以下几个操作要领。

❶ **厚薄均匀,长短一致**　丝的成形方法一般也是先将原料加工成薄片,再改刀成丝。片的长短决定了丝的长短,片的厚薄决定了丝的粗细,因此在批或切片时要注意厚薄均匀。切丝时要注意长短一致,粗细一致。

❷ **排叠整齐,高度恰当**　原料加工成薄片后,应根据原料的性质采用相应的排叠法排叠整齐,而且不宜叠得过高,这样才能保证切丝时既快又好。片的排叠是否恰当,与原料成形有很大关系。常用的排叠方法有三种。

（1）瓦楞状叠法:将批或切好的薄片一片一片依次排叠成瓦楞形状。这种叠法的优点是在切丝过程中片下易倒塌下来,因此大部分原料都适宜用这种排叠法,如切肉丝、鱼丝、鸡丝等都采用瓦楞状叠法。

（2）平替法:将批或切好的薄片一片一片从下往上排叠起来。这种方法的优点是排叠整齐,切丝时长短粗细比较均匀。但切到最后左手无法把住原料时容易倒塌,所以不宜叠得过高。这种排叠方法一般只适用于形状比较规则的脆性或软性原料,如萝卜、豆腐干、百叶等。

（3）卷筒形替法:将片形大而薄的原料一片一片先放平排叠起来,然后卷成卷筒状,再切成丝,如青菜叶、鸡蛋皮、海蜇皮等。

❸ **原料不得滑动**　在切丝时,用左手按住原料使原料不能滑动。否则原料成形后就会出现大小头,粗细不匀。

❹ **根据原料性质决定丝的肌纹**　原料有老有嫩,如:牛肉的纤维老而且筋络较多。因此应该顶着肌肉纤维切丝,切断纤维;猪羊肉肌肉纤维细长、筋络也较细较少,一般应斜着肌纹或顺着肌纹切丝;鸡肉、猪里脊肉质地很嫩,必须顺着肌纹切丝,否则烹调时易碎。

❺ **根据原料性质及烹调要求决定丝的粗细**　丝有粗细之分,从原料性质看,质韧而老的原料可加工得细一些。质松而嫩的原料应切得粗一些。从烹调方法看,用于煮、氽等的丝要细一些,用于滑、炒的丝可稍粗一些,按成形的粗细,丝一般可分为黄豆芽丝、绿豆芽丝、火柴梗丝和棉纱线丝。

（六）丁

丁的形状一般近似于正方体,其成形方法是先将原料批或切成厚片(韧性原料可拍松),再由厚片改刀成条,再由条加工成丁。丁的种类很多,常见的有正方丁、菱形丁、橄榄丁等。

（七）粒、末、茸泥、球

粒比丁更小,加工的方法与丁基本相似,是由片改刀成条或丝,再由条或丝改刀成粒。其刀工精细,成形要求较高。条或丝的粗细决定了粒的大小,根据粒的大小,粒通常可分为黄豆粒、绿豆粒、米粒等。末的形状比粒形要小。茸泥比末还要精细。

五、剞花工艺

剞花工艺是将原料美化成形的技法,亦称花刀、锲、剞刀法,是使用直刀法和斜刀法结合的混合刀法,在原料表面切或批一些有相当深度而又不断的刀纹,经过加热后形成各种美观的形状的制作工艺。主要适用于韧中带脆的原料,如家畜的肾、肚。家禽的肫、心,以及鱿鱼、乌鱼和整条的鱼等。原料美化成形的作用有三:一是使原料入味;二是使原料易于成熟而保持脆嫩;三是使原料在加热后形成各种形状。操作的一般要求是刀纹深浅一致、距离相等、整齐均匀、互相对称。常用的剞刀法有以下几种。

（一）直刀剞

直刀剞与直刀法中的直切(用于软性、脆性原料)、推切、拉切(用于韧性原料)基本相似,只是运刀时不完全将原料断开,而是根据原料的成形规格在刀进深到一定程度时停刀。适用于较厚原料,呈放射状,挺拔有力。

（二）斜刀剞

斜刀剞有斜刀推剞和斜刀拉剞之分。

❶ **斜刀推剞**　斜刀推剞与斜刀法中的反刀片基本相似,在原料表面切割具有一定深度的刀法。斜剞条纹长于原料本身的厚度,层层递进相叠,呈披覆之鳞毛状。适用于稍薄的原料。

❷ **斜刀拉剞**　斜刀拉剞与斜刀法中的斜刀片基本相似,只是在运刀时不完全将原料断开,可结合运用其他刀法加工成多种美观形态,如灯笼形、葡萄形、松鼠形、牡丹形、花枝片等。

从剞刀的形式上有平面花纹和立体花纹两大类:平面花纹是指在原料表面划上一定的花纹,经加热后显现出来;立体花纹是指在原料上切入一定深度的刀纹,经加热后卷曲变形,形成独立的料形。

图解常用花刀见表1-1。

表 1-1 图解常用花刀

花刀名称	图解操作过程	适宜原料
菊花形花刀	操作方法: ①从原料一端平剖深约 3/4,再直切剖开部分成长条,受热卷曲呈菊花形,适用于鱼、肉、鸡胗等原料,卷曲呈放射状,宜熘炸; ②原料一端斜剖 3～4 刀,深度至鱼皮,然后在鱼肉表面直切成条,刀距 3 cm,一端鱼皮相连	适用于鱿鱼、墨鱼、鱼肉、猪肉等韧性原料
麦穗形花刀	操作方法: 逆肌纤维排列方向斜剖深约 3/4、刀距约 2 mm 的平行刀纹,再顺向直剖同等深度、刀距的平行刀纹,顺向切成 5 cm×2.5 cm 条块,受热卷曲呈麦穗形。适用于肌纤维平面排列的原料,受热单向相对卷曲。尤宜鱿鱼,常用于炒或爆,如"爆炒腰花"等 	适用于鱿鱼、猪腰等烹饪原料
荔枝形花刀	操作方法: 在原料表面直剖十字交叉刀纹,深约 3/4,刀距约 2.5 mm,切成 3.5 cm 长菱形块,受热卷曲成荔枝形。适用于肌肉纤维呈立体排列的原料,受热双向四面相对卷曲似球状。尤宜腰、肫、肚等原料,不宜用于鱿鱼。用于爆菜 	适用于墨鱼、里脊、猪腰等烹饪原料
麻花形花刀	操作方法: ①将原料片成 4.5 cm×2 cm×0.3 cm 的厚片。 ②在中间顺长划开约 3.2 cm 的口,再在中间缝口两边各划一道 2.5 cm 的口。 ③抓住两端将原料一端从中间穿过,即成麻花形 	适用于里脊、猪腰等烹饪原料
蓑衣形花刀	操作方法: 刀纹方向与麦穗形花刀相反,用于原料反面斜向推剖约 3/4,刀距 2 mm 的平行刀纹,与正面呈透空网络状,切成 3.5 cm×3.5 cm 方块,受热收缩卷曲呈蓑衣形。适用原料主要是猪腰,宜炒,如"蓑衣腰花"	适用于鱿鱼、墨鱼、黄瓜、萝卜、猪腰等韧性或脆性的烹饪原料

续表

花刀名称	图解操作过程	适宜原料
鱼鳃花刀	操作方法： ①将原料直刀剞上刀距 0.2 cm、深度为 2/3 的一排平行刀纹。 ②再将原料横过来，切或片成连刀片即成。也称眉毛花刀	适用于脆性原料，如鱿鱼、猪腰等
梳子花刀	操作方法： 先直剞深约 2/3、刀距约 2.5 mm 的平行刀纹，再顶纹切或斜批成片。单片为梳子	适用于脆性原料，如鱿鱼、猪腰等
灯笼形花刀	操作方法： ①将原料切成长 6 cm、宽 2.5 cm 的长方块。 ②两端斜剞两刀（方向相反），刀距 0.3 cm、深度 4/5。 ③直刀在原料表面剞上刀距 0.2 cm、深度 4/5 的一排平行刀纹	适用于脆性原料，如鱿鱼、猪腰等
玉翅花刀	操作方法： ①将原料加工成长 5 cm、宽 3 cm、厚 1.5 cm 的长方块。 ②用平刀横片进原料的 4/5，片成若干片，再直刀切成丝即可	适用于脆性原料，如鱿鱼、猪腰等

花刀名称	图解操作过程	适宜原料
锯齿形花刀	操作方法： ①斜刀45°在原料表面上剞上刀距0.2 cm、刀深至原料厚度3/4的刀纹。 ②把原料横过来切成片，加热后像锯齿形状，也称鸡冠形、蜈蚣丝	适用于脆性原料，如鱿鱼、猪腰等
蜈蚣形花刀	操作方法： ①先将猪黄管洗净，放入汤锅内用慢火煮约2 h，取出，撕去油筋，用筷子翻过来，然后用直刀法每隔0.3 cm剞一刀。 ②而后每隔一格对角斜剞一刀，切至原料1/2处，即成蜈蚣形。 ③将原料切成6～7 cm的段	适用于脆性原料，如黄管等
卷筒花刀	操作方法： 顺肌纤维排列方向，略斜向直剞交叉十字刀纹，深约3/4，刀距约2 mm。顺向切成约5 cm×3 cm长方形块，受热卷曲如筒形。适用于鱿鱼等原料，如"油爆鱼卷"	主要用于鱿鱼、墨鱼等原料
竹节花刀	操作方法： 将原料切成4 cm×2.5 cm长方形块，顺长直剞4条深约4/5的平行刀纹，再横向在原料两端约1 cm处各直剞两道深约2/3、刀距2 mm的平行刀纹，受热卷曲似竹节，适用于鱿鱼、猪腰等原料，用于炒、爆等烹调方法，如"炒竹节腰花"	主要用于鱿鱼、猪腰等原料

花刀名称	图解操作过程	适宜原料
绣球花刀	操作方法： 花纹与荔枝花刀相同，只是料块切成等腰三角块。适用于肉层较厚的带皮的鱼块，受热三面卷曲如球状，如"白汁绣球鲴鱼"	用于鱼块、鱿鱼、猪腰等原料
兰花花刀	操作方法： ①直刀在原料反面剞上刀距 0.2 cm、深度 2/3 的一排平行刀纹。 ②在正面直刀 45°剞上刀距 0.2 cm、深度 2/3 的一排平行刀纹，也称鱼网花刀	适用于豆腐干、萝卜等原料
牡丹花刀	操作方法： 在鱼体两侧斜剞深至椎肋的横向刀纹，再平剞进 2～2.5 cm，使鱼肉翻起呈瓦楞状排列。适用于体轴长窄、肌壁较薄的鱼，如"糖醋鲤鱼"	适用于鱼类原料
葡萄花刀	操作方法： 在原料肉面交叉斜剞深约原料厚度的 3/4、刀距 1.2～1.5 cm 的斜向平行刀纹，受热卷曲后呈一串葡萄形。适用于带皮较厚的鱼块，常用于熘、炸，如"熘葡萄鱼"	适用于鱼类原料
金鱼花刀	操作方法： ①把原料改刀切成宽 3 cm，长 10 cm 的长方块。 ②在原料宽度的一半处 45°对角直剞刀距 0.2 cm，刀深至原料厚度 3/4 的一条条平行交叉的刀纹。 ③在无刀纹的下半部切出两条尾巴，在刀纹的上半部修出鱼身的四个角，加热即成鱼形，装盘时，用红樱桃点缀即可	适用于鱿鱼等原料

Note

花刀名称	图解操作过程	适宜原料
兰草花刀	操作方法： 用刀尖在鱼体肉厚处剞上兰草图案	适用于鱼类原料
斜一字花刀	操作方法： ①用直刀推剞或刀尖拉剞的方法加工而成。推剞时，一般从鱼的腹部向脊背运刀；用刀尖拉剞时，一般从脊背向腹部运刀。刀纹呈平行一字状。 ②加工时，刀纹间距要均匀一致，深度不可深至鱼骨，不能刺破鱼肚	适用于肉质较厚的鱼，如青鱼、草鱼、黄鳝、鲤鱼等
十字形花刀	操作方法： ①用直刀推剞法在鱼体表面剞上多个十字形。 ②十字形的大小、方向和数量，依鱼的种类和烹调要求灵活掌握	适用于鱼类、肉类等原料
菱形花刀	操作方法： ①菱形花刀是先用直刀推剞成一排排间距均等、与鱼体方向成一定角度的平行刀纹，再换一个角度，剞上一排排与原纹相交约为90°的刀纹。 ②刀纹的深度及长度应依据鱼体大小、肉质厚度的不同而变化。鱼背肉质较厚，刀纹宜深些；尾部肉质较薄，刀纹宜浅些	适用于体大而长的鱼类，如青鱼、草鱼、鲤鱼、黄鱼等

Note

花刀名称	图解操作过程	适宜原料
柳叶形花刀	操作方法： ①柳叶形花刀是用直刀推剞或刀尖拉剞的方法，在鱼体的两面都切上柳叶形状。 ②刀纹的深度及长度与十字形花刀基本相同	适用于体表较宽的鱼类，如鲤鱼、草鱼等
瓦楞花刀	操作方法： 运用斜刀法在鱼体两侧斜剞弧形刀纹，深至椎骨，鱼肉翻开呈花瓣形。适用于熘，体壁宽厚的鱼宜用此法，如"红烧鱼"等	适用于脊背肉较厚的鱼类，如鲤鱼、黄鱼等，鲁菜名菜糖醋鲤鱼可使用这种花刀
松鼠鱼花刀	操作方法： ①去鱼头后沿脊椎骨将鱼身剖开，离鱼尾 3 cm 处停刀，去掉脊椎骨，批去鱼胸肋骨。 ②在两扇鱼肉上剞上直刀纹，刀距 0.5 cm，深至鱼皮的一排平十字刀纹。 ③与直刀交叉，斜刀剞上刀距 0.5 cm，深至鱼皮的一排平行刀纹	适用于鱼类原料
人字形花刀	操作方法： 用刀尖在鱼体肉厚处剞上人字形图案。鱼体背面同法剞上人字形图案	适用于体表较宽的鱼类，如鲤鱼、草鱼等

续表

花刀名称	图解操作过程	适宜原料
百叶花刀	操作方法： ①在鱼身一侧，从划水鳍后下刀，先直刀锲至鱼脊骨，然后将刀身放平，贴鱼脊骨向头部推片到推不动为止。再每隔3 cm，用直刀锲至脊骨，然后放平刀身向前推约2.5 cm长。继续加工的刀口以此类推。 ②鱼体的另一侧刀口的加工是相同的。烹调后鱼身的皮肉形成百叶状	适用于鲤鱼、黄鱼、草鱼等。糖醋鲤鱼可使用此花刀
凤尾形花刀	操作方法： ①将黄瓜顺长一剖为二。 ②将黄瓜横断面的4/5切成连刀片，每片5～11片为一组，将原料断开。 ③将原料隔片弯曲，两头的片不卷	适用于黄瓜、莴苣等原料

▸ **任务评价**

对原料精细加工工艺的掌握进行评价、小组评价、教师点评，总结成绩，查找不足，分析原因，制订改进措施。

▸ **任务总结**

（1）吸取在任务实施过程中的成功经验。

（2）总结在知识点掌握上存在的不足以及改进方法。对于在任务实施过程中出现的失误，学生先自己分析原因，再由同学分析，最后教师点评总结。

（3）讨论、分析提出的建议和意见。

在线答题

初步熟处理工艺

项目描述

　　主要介绍火候的概念及其控制方法、油温的鉴别方法、焯水工艺、过油工艺、走红工艺、汽蒸工艺等内容。通过本项目教学与制作,学会菜肴制作过程中的初步熟处理方法。

项目目标

　　通过本项目的学习,可以根据菜肴的制作要求和原料特性,能灵活、合理选择相应的初步熟处理的方法对烹饪原料进行初步熟处理。

 基础知识

一、火候的概念

　　火候是指烹制过程中,烹饪原料加工成半成品或制成菜肴,所需温度的高低、时间的长短和热源火力的大小。由于温度高低与热源火力大小是成正比的,人们往往会将两者合称为火力,而时间长短则由原料受热程度,即原料色、香、味、形、质等变化的程度来决定。火候就是食物成熟度的一种表示。

　　现代人大量地运用各种热源,使可食性的烹饪原料,经过人为的加工,制作成为在卫生、美感以及色、香、味、形、质、养等各方面俱佳的菜肴。火的运用不仅对烹饪原料有杀菌消毒、保证菜肴食用安全的作用,而且还有助于烹饪原料的养分分解,利于人体消化和吸收;既能调和烹饪原料的滋味,又能促进菜肴风味的形成,并改善菜肴外观形态、色泽,还能满足菜肴不同质感的形成。火候在烹调技艺中占有至关重要的地位,因此熟练地掌握并运用火候,是中式烹调师必备的技能之一。

二、热传递的形式

　　一是热传递的方式,包括热传导、热对流、热辐射;二是原料成熟中的热传递过程,它分为食物的外部传热和内部传热。热传递主要是热源与介质的传递,成熟中的传递主要是介质与原料的传递。

三、导热介质的特性

　　导热介质分为水导热、油导热、汽导热三大类,它们的温度范围、传递效果、成菜特征都有一定的差异,主要从传递热量的特性来分析。

四、掌握火候的方法

　　掌握火候的方法如下:①通过烹调器具如锅、煲等的受热状况判断火候;②通过烹调菜肴过程中传热介质的变化(主要是油、水、蒸汽等的变化)判断火候;③通过原料成熟程度判断火候;④运用掌锅技巧掌握火候。

五、油温的识别

所谓油温,就是锅中的油经加热达到的各种温度。不论过油或走油,都应当正确掌握油温。要正确掌握油温,首先要能正确地鉴别各种不同的油温。而这种鉴别,不可能随时利用温度计来测量,只能凭实践经验来鉴别。一般油温大致可分为三类(表2-1)。

表 2-1　油温的分类

类别	油温成数	鉴别方法	适用范围
低油温	三至四成	油温在 60～100 ℃之间,油面上有泡沫,微动,无响声	适合熘、油浸、过油和除水分
中油温	五至六成	油温在 110～160 ℃之间,少量青烟从四周向锅中间翻动,面上泡沫基本消失,搅动时微有响声	适宜于炒、炝、炸或半成品等,具有酥皮增香、不易碎烂的作用
高油温	七至八成	油温在 170～220 ℃之间,有青烟,油面似平静,搅动时有炸响声	适宜于爆、重油炸,如炸鱼等。有脆皮和凝结原料表面,不易碎烂的作用

六、油温的掌握技巧

油温的掌握是一项复杂的操作技术,有的需要高油温,有的需要中油温,可根据油的状态来鉴别,因此厨师是否正确掌握和使用油温,是操作技能水平高低的体现。在操作中还应结合以下具体情况灵活掌握。

❶ **根据火力的大小**　火力旺时,油温应相应低一些,在这种情况下原料下锅后油温升高较快,如果机械地按菜肴要求油温下料,会因油温升高快,造成原料不易分散、外焦内生的现象;相反如果火力小,则可以用稍高的油温烹制,这样不至脱芡造成原料质老。

❷ **根据投料的多少**　原料多则油温应高,这是由于原料多、下锅后油温会迅速下降且回升慢的缘故。原料少则正好相反,原料少则油温低。此外,还应根据原料质地的老嫩、形状的大小,适当掌握油温。

任务描述

通过教师现场演示制作案例"焯白菜胆",学生观摩学习,学生分组分工,制作焯白菜胆,以便学生掌握焯水工艺的特点和操作方法。

任务实施

焯水是将初步加工的原料放在锅中加水,加热至半熟或全熟状态,随即取出以备进一步烹调、切配或调味。

一、操作要求及特点

（1）应根据原料的不同性质，掌握焯水的时间。

（2）应根据原料的不同气味分别焯水。把有特殊气味的原料，与无味或是异味很小的原料同时下锅焯水，会使其他无味的原料沾上异味，影响了口味，因此必须分开焯水。如果只能使用同一口锅焯水，应将无味或气味很小的原料先焯水，取出后，再将气味较重的原料焯水。

（3）应根据原料的颜色深浅与脱色情况分别焯水。一般来说，色深的原料不宜同色浅的原料同锅焯水。

二、焯水种类和实例

根据原料特征，焯水可分为两种：一种是开水锅焯水，另一种是冷水锅焯水。

❶ **开水锅焯水**　主要用于植物性原料，可让原料色泽更诱人，如芹菜、菠菜、莴笋等；也可用于异味少、形状小的动物性原料，去除原料异味和血污以及使原料定型，如鱿鱼、墨鱼片、腰花等。

（1）操作要求及特点：①沸水锅必须水足火旺，一次下料不宜过多；②原料下锅后略滚即应取出，尤其是绿叶类菜，加热时间不可太长；③某些容易变色的蔬菜，如菜心、芹菜等，焯水后应立即投入冷水中冷却或摊开晾凉。

（2）制作实例：焯白菜胆、焯芥菜胆、焯菜心、焯鱿鱼花、焯虾仁等。

实例：焯白菜胆

原料准备：

白菜胆 750 g，食用油 10 g，盐 10 g。

制作工艺：

①将清水放入锅内用猛火烧沸腾，加入食用油和盐，然后投入白菜胆焯至软身捞出。

②捞起白菜胆后放入清水漂洗，用刀再切整齐。

质量要求：

①白菜胆软身。

②保持原料本色。

操作关键：

①加热时需用猛火，加入足够食用油，以保持原料的色泽。

②捞出的白菜胆需有清水过凉，冲洗干净多余的油分。

实例：芹菜焯水

原料准备：

芹菜 750 g，食用油 10 g，盐 10 g。

制作工艺：

向水中加入食用油，烧沸后，放入芹菜，用手勺推动水面，使芹菜受热均匀，当水温达到 90 ℃（从锅底向上窜密集的鱼眼水泡，水面似开非开）时，迅速捞出，用凉水凉透，即可。

❷ **冷水锅焯水**　主要是将原料直接入冷水锅中，通过加热使原料成熟。主要用于体积大的、腥膻味重的动物性原料和体积大的、不良气味重的植物性原料，如牛羊肉、动物内脏和鲜冬笋、春笋、茭白、土豆、萝卜等。

（1）操作要求及特点：将食材与冷水同时入锅，水量要没过原料；加热中要翻动原料，以使受热均匀；水沸后，根据需要将原料捞出，以防过熟。

（2）制作实例：焯猪肺、焯猪肚、焯牛百叶等。

→ 任务评价

对焯水工艺的掌握进行评价、小组评价、教师点评,总结成绩,查找不足,分析原因,制订改进措施。

→ 任务总结

(1)吸取在任务实施过程中的成功经验。

(2)总结在知识点掌握上存在的不足以及改进方法。对于在任务实施过程中出现的失误,学生先自己分析原因,再由同学分析,最后教师点评总结。

(3)讨论、分析提出的建议和意见。

任务二 过油工艺

→ 任务描述

通过教师现场演示制作案例"鸡丝过油",学生观摩学习,学生分组分工,制作鸡丝过油,以便使学生掌握过油工艺的特点和操作方法。

→ 任务实施

将初步加工的原料放入油温70~150 ℃的油中受热成熟的工艺过程称为过油工艺,也称拉油、滑油、走油。

一、操作要求及特点

(1)肉料过油前要加入湿淀粉(或蛋液),以保持肉质嫩滑感。

(2)锅要洗干净,烧热才下油。这样既能保持肉料洁净,又能使肉料不粘锅。手勺则不宜太热,以免肉粘手勺。

(3)根据肉料的特性、形状选用恰当的油温拉油。肉料不同特性、不同形状对火候有不同的要求。

(4)对于有异味、血污的原料均应焯水后再过油。

二、制作实例

鸡丝过油、鸡丁过油、猪肝过油、猪腰过油、虾仁过油、猪里脊丝过油、鸡片过油等。

实例:鸡丝过油

原料准备:

鸡丝150 g,食用油500 mL,湿淀粉20 g,盐2 g,料酒5 g,鸡蛋清10 g。

制作工艺:

①先将鸡丝加盐、料酒、上浆,醒浆25 min。

②把加工好的鸡丝分散放入温度为115 ℃的油中,滑油时间14 s,即成。

质量要求：

色泽洁白、鸡丝形态完整。

操作关键：

①选用洁净食用油。

②控制好油温和鸡丝成熟度。

③滑油时间不宜过长。

知识拓展

通过应用现代测温技术,以下 4 种原料的滑油过程,均存在一个最佳温度和时间区域。

❶ **鸡丁** 上鸡蛋清浆,油温 150 ℃时入锅,受热 18～20 s,自然降温至 136 ℃时出锅。

❷ **猪肝** 切片,上水淀粉浆,油温 150 ℃入锅,11 s 自然降温至 140 ℃,恢复升温至 145 ℃时出锅。

❸ **猪里脊丝** 上鸡蛋清浆,油温为 132 ℃时入锅,自然降温至 124 ℃,恢复升温至 127 ℃,17～20 s 出锅。

❹ **虾仁** 上鸡蛋清浆,油温为 135 ℃时入锅,自然降温至 117 ℃,30 s 出锅。

任务评价

对过油工艺的掌握进行评价、小组评价、教师点评,总结成绩,查找不足,分析原因,制订改进措施。

任务总结

(1) 任务在实施过程中吸取成功经验。

(2) 知识点掌握存在不足、努力方向。在任务实施过程中出现的失误,同学自己分析原因,其他同学分析原因,教师分析。

(3) 同学提出建议和意见讨论分析。

任务三 走红工艺

任务描述

通过教师现场演示制作案例"整鸭走红",学生观摩学习,学生分组分工,制作整鸭走红,以便使学生掌握走红工艺特点和操作方法。

任务实施

对一些经过焯水或走油的半制品原料进行上色入味后,再进行加热(烧、蒸、焖、煨等)的一种熟处理方法称为走红。分过油走红和卤汁走红。

一、操作要求及特点

❶ **过油走红** 涂抹在原料表面的料酒、饴糖等调味品,之所以能够起上色的作用,是由于其中

含有的糖分在高油温的作用下,发生焦糖化反应呈红润色的结果。过油走红前,必须调节好糖分的含量,涂抹时要均匀。这样油炸后颜色才会鲜艳一致,否则会呈黑色或颜色深浅不一,影响成菜的效果。过油走红的油温应掌握在六成左右,这样既可较好地起到上色的作用,又不致出现焦点、花斑色等。鸭、鹅等应在走红前整理好形状,走红中应保持原料形态的完整。

❷ 卤汁走红 应掌握卤汁颜色的深浅,其色彩要符合菜肴的需要。卤汁走红时先用旺火烧沸,再改用小火继续加热,使味道和颜色缓缓的渗入,避免因沸腾损失香鲜味。并用一些鸡骨垫底,既增加香鲜味,又使原料不会粘锅。走红的原汁可以酌情加入原料盛器内。

二、种类和实例

❶ 卤汁走红 将经过焯水或走油后的原料,放入锅中,加入鲜汤、香料、料酒、糖色等,用小火加热至原料达到菜肴所需要的颜色。例如,芝麻肘子、生烧大转弯、红烧狮子头、灯笼鸡等菜肴,就是先经焯水或走油后,在有色的卤汁内浇上色,再装碗加原汁上笼蒸至软熟成菜的。

制作实例:芝麻肘子、生烧大转弯、红烧狮子头、灯笼鸡等。

❷ 过油走红 经过焯水后的原料,在其表面涂抹上料酒或饴糖、酱油、面酱等,再放入油锅经油炸上色。

制作实例:大红鸭、扣肉走红、成烧白、甜烧白等。

实例:整鸭走红

原料准备:

整鸭1只(约2000 g),食用油2000 g,老抽50 g,腌料30 g。

制作工艺:

①先腌制整鸭2 h后。

②把老抽涂抹在已经初步加工好的鸭身上,放进220 ℃的热油中,先炸鸭胸至大红色,再炸鸭背至大红色,沥净油。加热至五六成熟即可捞起备用。

质量要求:

①鸭皮完整,不爆皮。

②色泽大红色,无焦点、花斑色。

操作关键:

①选用洁净食用油。

②控制好油温。

③涂抹老抽不宜过多。

▶ 任务评价

对走红工艺的掌握进行评价、小组评价、教师点评,总结成绩,查找不足,分析原因,制订改进措施。

▶ 任务总结

(1)吸取在任务实施过程中的成功经验。

(2)总结在知识点掌握上存在的不足以及改进方法。对于在任务实施过程中出现的失误,学生先自己分析原因,再由同学分析,最后教师点评总结。

(3)讨论、分析提出的建议和意见。

任务四 汽蒸工艺

任务描述

通过教师现场演示制作案例"蒸整鸡",学生观摩学习,学生分组分工,制作蒸整鸡,以便使学生掌握汽蒸工艺特点和操作方法。

任务实施

汽蒸工艺是将加工整理过的烹饪原料放入蒸锅(蒸箱)中,以普通常压蒸汽或过热高压蒸汽为传热介质对烹饪原料进行初步热处理的方法。

一、操作要求及特点

❶ **注意与其他初步热处理工艺的配合** 有些烹饪原料在汽蒸处理前还要进行其他方式的热处理,如过油、焯水、走红等。

❷ **调味要适当** 汽蒸属于半成品加工,必须进行加热前的调味。但调味时要给正式调味留有余地,以免菜肴味道过重。

❸ **要防止汽蒸过程中原料间互相串味** 特别是要防止汤汁的污染和串味。因此,汽蒸时要选择最佳的方式通过保鲜膜、盖子等工具把烹饪原料相互隔开,防止串味串色。另外,味道独特、易串色的烹饪原料应单独处理。

❹ **掌握好蒸制时的火候** 汽蒸时,要根据原料的质地和蒸制后应具备的质感,分别采用旺火沸水猛汽蒸和中火沸水缓汽蒸两种方法。旺火沸水猛汽蒸的方法主要适用于体积较大、韧性强、不易软烂的原料,中火沸水缓汽蒸主要适用于质地细嫩、易成熟的原料的半成品加热。用旺火沸水猛汽蒸时,火力要大,水量要多,蒸汽要足,密封要好。用中火沸水缓汽蒸时,火力要适当,水量要充足,蒸汽冲力不宜太大。蒸制时间的长短,应视烹饪原料的质地、形状、体积及菜肴半成品的要求而定。

二、制作实例

蒸整鸡、蒸鱼糕、蒸白蛋糕、蒸黄蛋糕、蒸鱼皮等。

实例:蒸整鸡

原料准备:

净鸡 1 只(约 1000 g),精盐 7.5 g,葱 10 g,丁香 5 g,姜 10 g,八角 5 g,花椒 3 g。

制作工艺:

①将鸡从脊背劈开剔去筋骨,用刀背砸断鸡翅大转弯处,剁去鸡爪、嘴、眼,抽去大、小腿骨。

②用花椒、精盐腌拌鸡身,将葱、姜拍松与丁香、八角一起放鸡肚内,腌制 2 h。

③将腌制好的鸡放入盘内,上笼蒸烂后取出,去葱、姜、花椒、丁香、八角,待用。

质量要求:

①鸡形状完整,鸡肉软烂。

②口味鲜香。

操作关键:

①鸡要腌制入味。

②要猛火蒸制。

③蒸制时间要充足。

→ **任务评价**

对汽蒸工艺的掌握进行评价、小组评价、教师点评,总结成绩,查找不足,分析原因,制订改进措施。

→ **任务总结**

(1)吸取在任务实施过程中的成功经验。

(2)总结在知识点掌握上存在的不足以及改进方法。对于在任务实施过程中出现的失误,学生先自己分析原因,再由同学分析,最后教师点评总结。

(3)讨论、分析提出的建议和意见。

在线答题

Note

组配工艺

组配,即组合、搭配之意。所谓组配工艺,有两层含义:一是烹饪原料之间的搭配,即将经过选择、加工后的各种烹饪原料,按照一定的规格质量标准,通过一定的方式方法,组配成可供直接进行烹调的完整菜料的工艺过程,传统饮食业称为"配菜";二是菜肴之间的组合,即将烹调后的菜肴精心组织和搭配,成为具有一定规格质量的整套菜肴的工艺过程。

通过对本项目的学习,学生应能了解组配工艺的目的,掌握组配工艺的原料和方法,能够在实践操作中了解糊浆的作用和保护原理;掌握挂糊、上浆、拍粉等糊浆工艺的选料范围和基本工艺流程;了解制冻和掌握奶汤形成以及吊汤变清的原理和方法;了解一般着色工艺的方法并清楚麦芽糖、蔗糖加热变色的基本原理;掌握蓉胶吸水上劲的原理和调配方法;重点了解制汤和蓉胶工艺的作用、要求和工艺方法。

任务一 糊浆调配工艺

任务描述

在烹饪过程中,对烹调前的原料进行上浆、挂糊的技术处理,是我国烹饪史上的一个重要发明。上浆、挂糊是烹饪原料精加工的重要工序之一,它是用一些佐助料和调料,以一定的方式,给菜肴主料裹上一层"外衣"的过程,故而又称"着衣"。采用上浆、挂糊工艺,可使食物表面多一层保护层,不仅使蛋白质、碳水化合物、矿物质、维生素等营养素得到保护,使菜肴细嫩、润滑、口感好,而且能够锁住原料的水分和鲜香味,给菜肴增添美感。挂糊、上浆大多用于韧性原料,糊浆对于改善菜肴的质、色、香、味、形都起着重要作用。

任务目标

1. 了解糊浆的作用及原理。
2. 了解勾芡的概念。
3. 了解芡汁的作用和勾芡的基本原理。
4. 了解上浆、挂糊的种类及应用。

基础知识

一、上浆、挂糊的概念

上浆是用淀粉、鸡蛋(或水)、食盐等佐助料和调料,与主料一起调拌,使主料表层裹上一层薄薄浆液的过程。该浆液在加热时可在原料周围形成完整的保护层,以保持原料的嫩度、鲜味和营养等。

挂糊是在烹制之前将原料表面均匀裹上一层糊液的过程。它在基本原理和作用方面与上浆是基本相同的,但在制作工艺等方面与上浆有着明显的区别,在用料方面与上浆也有一定的差异。

二、上浆、挂糊的作用

上浆和挂糊是烹调前一项比较重要的操作程序,对菜肴的质、色、香、味、形各方面均有很大影响。其主要有以下几个方面作用。

❶ **保持原料中的水分和风味,并使之达到外香里嫩的效果** 鸡、鸭、肉、鱼等原料如果不经过上浆、挂糊,在旺火热油中,其水分会很快蒸发,风味也会随着水分外溢,质地变老,鲜味减少。我国厨师在长期的实践中创造了上浆、挂糊的方法,使这些原料裹上一层具有黏性的糊浆作保护,糊浆受热后会立即凝成一层薄膜,使这些原料不直接和高温的油接触,油不易浸入原料内部,原料内部的水分和鲜味就不易溢出,也就可以保持原料的鲜嫩。同时,还可以用不同配料的糊浆,使过油后的原料有的香脆,有的松软,有的滑嫩,大大丰富了菜肴的风味。

❷ **保持原料的形态,使之光润饱满** 鸡、肉、鱼等原料切成较薄较小的片、丁、丝、条以后,在烹调加热时往往易于断碎、卷缩、干瘪而变形。通过挂糊、上浆,使原料黏性加强,不仅能够保持原有形态,而且经过油的作用,也使表面的糊浆色泽光润,形态饱满,增加菜肴的美观度。

❸ **保持且增加菜肴的营养成分** 鸡、肉、鱼等原料,如果直接与高温的热油接触,蛋白质、脂肪、维生素等营养成分有的流失,有的受到破坏,降低了营养价值。但通过挂糊或上浆,原料的外面有了保护层,不直接与热油接触,其营养成分就不致受到较多的损失。不仅如此,糊浆本身由淀粉、鸡蛋等组成,也具有丰富的营养成分,从而增加了菜肴的营养价值。

三、上浆、挂糊的区别

在饮食业中,上浆、挂糊往往相互混称,不加区别,实质上两者是不同的。其区别如下。

❶ **从操作上讲** 上浆是由调味料(如酒、盐)、淀粉、鸡蛋直接投入原料进行拌和的方法;挂糊是首先用调味料腌渍原料,另外用粉、水、鸡蛋等调制成黏状的糊,再将腌渍的原料从糊内拖过。

❷ **从用粉上讲** 上浆所用到的粉,全是淀粉;挂糊所用到的粉,既有淀粉,也有面粉、米粉。

❸ **从原料着衣的厚度上讲** 上浆用粉较少,原料上浆后着衣薄,看得见原料的纤维组织及形态;挂糊用粉多,原料拌糊后着衣厚,看不见原料的纤维及形态。

❹ **从糊浆的上劲上讲** 上浆原料与调味料(酒、盐)、鸡蛋、淀粉需拌和均匀而且要上劲;挂糊原料除用淀粉制糊外,凡用面粉制糊的不能上劲,而且在糊内不允许加入盐(因为盐能促使面粉中的面筋上劲,使挂糊不匀)。

❺ **从刀工上讲** 原料需要上浆的,则应是片、丝、条、丁、粒、末、茸等小型原料;原料需要挂糊的一般是块、段、整只等较大的原料。

❻ **从油温上讲** 上浆后的原料必须在四成热(120 ℃)以下的油温中短时间过油,又称划油;挂糊后的原料一般在五成热(150 ℃)以上的油温中较长时间过油,一般采用炸、煎、烤、熘、贴的烹调方法。

❼ **从制品的特点上讲** 原料上浆后的制成品特点是外滑柔,内鲜嫩,色泽多为白色;原料挂糊

后的制成品,根据糊的品种不同,也各有特色。在质感上有松、脆、软、酥,并使外层与内部原料形成一定的层次感,如外焦里嫩、外松内软等,在色泽上有微白、淡黄、金黄等。

→ 任务实施

一、上浆的种类及应用

❶ **蛋清浆(蛋白浆)**　由鸡蛋清、盐、酒、水、淀粉与原料拌制而成。适用于色泽白净的滑炒、滑溜等烹调方法的菜肴。如清炒虾仁、青椒里脊丝、糟溜鱼片等。

❷ **全蛋浆**　由整只鸡蛋、酒、盐、水、淀粉与原料拌制而成。适用于有色泽的,滑炒、滑溜等烹调方法的菜肴。如鱼香肉丝、茄汁鱼片、炒肉片等。

❸ **水粉浆**　由干淀粉与原料拌制而成。适用于含水量多的畜禽类内脏及部分水产类原料,如猪肝、猪腰及黄鳝等。

❹ **苏打浆**　由碳酸氢钠(即小苏打)加水与原料腌制后,再用鸡蛋清、酒、盐、油与原料拌制而成。适用于质地较老的原料,如牛肉、羊肉、老鸡等。

二、挂糊的种类及应用

❶ **蛋清糊(蛋白糊)**　用鸡蛋清与淀粉或面粉、水调制而成的糊。用面粉与鸡蛋清、水制成的糊经油炸,吃口韧而紧,不松。因此,还需放些发酵粉助发,以使之松软。其适用于软炸烹调方法的菜肴,如软炸虾仁、软炸鸡。用淀粉与鸡蛋清、水调制成的糊,适用于贴及拔丝、挂霜的菜肴,如锅贴鱼、拔丝苹果、挂霜排骨等。如果采用全蛋糊,着衣太厚即制成品结皮厚实、吃口欠佳。

❷ **蛋泡糊**　也叫高丽糊或雪衣糊。将鸡蛋清用筷子顺一个方向搅打,打至起泡,筷子在蛋清中直立不倒为止。然后加入干淀粉拌和成糊。用它挂糊制作的菜肴,外观形态饱满,口感外松里嫩。一般用于特殊的松炸,如高丽明虾、鱼条等;也可用于禽类和水果类,如高丽鸡腿、炸糊。除打发技术外,还要注意加淀粉,否则糊易出水,菜难制成。用料比例:以高丽鱼条(鱼肉 200 g)为例,干淀粉50 g、鸡蛋清 100 g。

❸ **蛋黄糊**　用鸡蛋黄加面粉或淀粉、水拌制而成。制作的菜色泽金黄,一般适用于酥炸、炸熘等烹调方法。酥炸后食品外酥里鲜,食用时蘸调味品即可。用料比例:以茄汁熘鱼片(鱼片 200 g)为例,干淀粉 60 g、鸡蛋黄 20 g、水 10 g 左右。面粉蛋黄糊基本相同。

❹ **全蛋糊**　用整只鸡蛋与面粉或淀粉、水拌制而成。它制作简单,适用于炸制拔丝菜肴,成品金黄色,外松里嫩。用料比例:以桂花肉(上脑肉 200 g)为例,干淀粉 75 g、整蛋液 30 g、黄酒、酱油(也有不加酱油的)各适量。

❺ **脆皮糊**　脆皮糊有酵粉糊和发粉糊两种。酵粉糊一般适用于酥炸的菜肴,其特点是皮酥脆、酥香、色泽深黄、饱满、内部软嫩。采用发粉炸制的菜肴特点是皮略脆、色泽金黄、内部膨胀松发。

发粉糊的调配方法是将面粉和淀粉掺和,一般常用的发粉糊用料及比例是面粉 30%、淀粉20%、水 35%、鸡蛋清 8%、色拉油 10%、发酵粉 1%,先加入水调成糊状,再加入鸡蛋清拌匀,放入发酵粉搅拌,最后将色拉油均匀地调入糊中,放置 30 min 后即可挂糊油炸,油温控制在 170 ℃左右最利于糊的蓬松。酵粉糊的调配与发粉糊基本相同,但需要放置较长时间,而且需要兑碱水,其他配料和方法一样。调制脆皮糊时要注意以下几点:①发酵粉的用量,发酵粉过多,则易冲破表面的糊,使外表不光滑,影响美观,发酵粉过少则胀发不饱满,制品酥脆性差;②调制脆皮糊必须用凉水,因凉水不会使面粉中的蛋白质变性,也不会使淀粉糊化,可使蛋白质结合水形成致密的面筋网络,这样的糊质地硬实爽滑,有利于在炸制时形成细密的二氧化碳气孔,使胀发性好,用热水则易使蛋白质变性和淀粉糊化,同时不利于发酵粉的后期起效性;③发酵粉要干燥、质高,否则会影响制品的胀发和酥脆

常见原料制嫩工艺

程度。

它们在调制时都要注意以下要点：①调制酵粉糊时，调制后要饧 3～4 h，临用前，再加碱水调匀，方可使用；调制发粉糊时，调成后要饧 15 min 以上，临用前要调均匀，方可使用。②原料挂糊炸制时，要挂均匀，挂糊后，要在盛糊的容器边缘抹净下附的多余糊，不宜"拖泥带水"地放入油锅内，那样会出现满油锅的"尾巴"。③油温宜在六成热后将原料下入，如油温低，糊中会含油、不脆，如油温高，会使表面颜色加重，影响菜肴的质量。

⑥ 水粉糊　水粉糊又称硬糊、干浆糊，它是由水加淀粉调和而成的，在烹调中应用广泛，是常见的一种糊类。它适用于炸、熘、清烹等烹调方法制作的菜肴，成品具有外焦里嫩、干香酥脆等特点。

正确地调制和运用水粉糊来烹制菜肴应注意以下几点。

（1）淀粉的选择。调糊时用水浸泡后又重新沉淀的玉米淀粉或杂粮淀粉，这样的淀粉炸出的成品表面较光滑，不易回软，酥脆适口，过油时不易"放炮"。否则，选用干淀粉加水调糊直接烹制菜肴，其成品坚硬扎嘴，表面疙疙瘩瘩，并不同程度地含有颗粒状淀粉，而且过油时"放炮"溅起的油容易烫伤手脸。

（2）要根据不同的烹调方法和原料含水分的多少来掌握糊的稠度和用量。例如"锅包肉"和"焦熘肉片"这两种菜肴，虽然都使用水粉糊，但由于它们的技术要求不同，制作方法有别，所以在使用糊时也有所不同。"锅包肉"用的糊较稀而且挂糊较少。具体方法是将里脊肉切成长 5 cm、宽 4 cm 的片，用酱油、味精腌 2 min，然后每片均匀地拖上一层调好的水粉糊，下入七成热油内炸熟呈金黄色，烹入清汁，使之达到外焦里酥、干香味浓的质量要求。而"焦熘肉片"挂的糊却较稠而且多。具体方法是将里脊肉切成段，基本调味后与湿淀粉一同放入容器内，加水抓拌均匀，下七成热油内炸熟呈金黄色，然后，烹入糊汁使之达到外焦里嫩的质量要求。从这两个菜肴的制作过程看，前者用的糊较稀，挂得较薄，并事先调好糊，后者用的糊较稠，挂得较厚，主料与淀粉放在一起调制糊的稠度。对于含水分较多的原料，糊要相对稠些，因为这样的原料与糊相结合后，本身所含水分会稀释糊的稠度，从而使主料挂的糊太少影响菜肴形状。对于含水分少的原料糊要稀些，如各种畜禽类，这样的原料与糊结合后相应地会吸收糊中一部分的水分，使糊变得稠厚，所以调制时糊应稀些。

（3）根据原料的性质不同，采用不同的挂糊技术。对于质地较坚实、韧性较强的成形原料如鸡块、肉块等可直接放入湿淀粉内，调拌至需要的浓度，分散地下油内炸熟。对于质地较嫩易碎的成形原料如鱼段、虾段、里脊丝等应事先调好糊的稠度，再放入主料轻轻翻拌几下，然后，将其逐一或分散地下油内炸熟。

（4）对于挂糊后又不能及时烹调的糊应稀些。因为有些烹调原料具有自然吸水的能力，放置一段时间后糊与主料结合成类似半固体状。一旦出现这种情况，可向糊内加些水调匀。

三、上浆、挂糊的操作关键

上浆是将各种调味料直接加在原料上拌制，而挂糊则必须先制糊。制糊的方法就是将各种制糊用的原料放在一个容器中搅拌均匀。制糊必须掌握下列几个操作关键。

（1）应根据原料性质及其他具体情况灵活掌握制糊时各种糊的稠度，应当根据原料的老嫩、原料是否经过冷冻，以及原料在挂糊后距离烹调时间的长短等因素而定，一般原则是较嫩的原料，糊应稠一些；较老的原料，糊应稀一些；经过冷冻的原料，糊应稠一些；未经冷冻的原料，糊应稀一些；挂糊后立即烹调的原料，糊应稍稠，挂糊后要间隔一些时间再烹调的，糊应稀一些。以上原则同样适用于上浆。因为较嫩的原料本身所含水分较多，吸水力较弱。因此，糊或浆中的水分应当减少，但厚度可以大一些。较老的原料，本身所含水分较少，吸水力较强。因此，糊或浆的水分就应适当加多，且厚度可以小一些。经过冷冻的原料，含水分较多，能使菜肴增加滑润度，糊或浆应当稠些；未经冷冻的原料，含水量较少，糊或浆应当较稀。在挂糊或上浆后立即烹调的原料，糊浆也应适当加稠，原料在挂糊或上浆后要经过一段时间才能下锅烹调的，则原料能够充分地吸收糊浆中的水分，同时糊浆

66

暴露在空气中,水分易于蒸发,所以糊浆应当略为稀一些。

(2)上浆或制糊时,必须均匀,在上浆时搅拌要先慢后快。目的是使浆中的淀粉调和,盐和蛋白质溶解、反应,然后加快搅拌,使浆上劲,黏性增加,以至在滑油中不使脱浆。

在制糊时,要注意手法,应慢慢地用手抓匀面糊,不能搅拌,以免面筋起劲,糊内切忌留有小粉粒,否则,小粉粒附在原料表面,使原料包裹不均匀,会影响菜肴的外观和质量。制蛋泡糊时,蛋泡应立而不塌,然后再加入干淀粉拌成蛋泡糊。

(3)上浆或挂糊必须把原料表面全部包裹起来,如果包裹不均匀,原料有的地方暴露出来,加热时油就会浸入原料,失去上浆、挂糊的作用。使这部分的原料质地变老,形态萎缩,色泽焦黄。

四、上浆或挂糊时对盐的控制

❶ **上浆时对盐的控制** 一般畜禽类、水产类原料,上浆的口味应控制在正常口味的一半,即用盐量的一半。因为上浆是滑油后需要再加其他调味料烹制,如果上浆时使用正常口味,那么滑油后再加入其他调味料烹制,就要增加菜肴的口味,影响菜肴的风味。如果不加入盐,那么蛋白质不能产生黏质,上浆不能上劲,滑油时,就要脱浆(虾仁例外)。

❷ **挂糊时盐的控制** 原料挂糊前,用调味料拌浸,盐应该控制在标准咸味上。但在制作时一般不加入盐,尤其是用面粉制作的各种糊内,切忌放盐。因为面粉内含有蛋白质组成的面筋质,碰到盐会变性,出现结实起劲的现象。因此在挂时就不能把原料包裹均匀,也就失去了挂糊的作用。

任务评价

学生对挂糊、上浆评价及小组评价、教师点评,总结成绩,查找不足,分析原因,制订改进措施。

任务总结

烹调中的上浆、挂糊,行业称之为"上浆"技术处理。上浆、挂糊的好坏直接影响到菜肴的质量,正确掌握挂糊与上浆,才能为正式烹调做好准备,才能够制作出更好的色、香、味、形俱佳的菜肴。

任务二 制汤、制冻工艺

基础知识

一、制汤、制冻工艺概述

制汤工艺是加工工艺中重要的工艺环节。在传统的烹饪技艺中,汤是制作菜肴的重要辅助原料,是形成菜肴风味特色的重要组成部分。制汤工艺在烹调实践中历来都很受重视,无论是低档原料还是高档原料,都需要用高汤加以调配才能更加鲜美。虽然有味精、鸡精等许多增鲜剂,但与高汤的鲜美相比是有差异的,它们并不能取代高汤的作用,只能与汤配合使用才能收到更好的效果。为此,了解制汤的原理,掌握制汤的基本技法,对学习菜肴制作,特别是高档菜肴的制作,有非常重要的意义。

冻实际就是凝固的汤汁,根据凝固的方法一般分为自然凝固和凝固剂凝固两大类。

自然凝固的冻是动物原料经长时间加热后,形成的卤汁在常温下自然凝结成冻。它主要是动物原料中的胶原蛋白溶于汤汁后形成的汤冻,它是皮、骨结缔组织中的胶原蛋白变性所得,胶原蛋白分子由三股螺旋组成,外观呈棒状,许多胶原蛋白分子横向结合成胶原纤维存在于结缔组织中。胶原纤维具有高度结晶性,当加热到一定程度时会发生突然收缩,使结晶区域产生"溶化"。胶原蛋白分子的分解产物称为明胶,所以制冻要选择结缔组织丰富、胶原蛋白含量多的动物原料。自然成冻的特点是风味好、易消化吸收。

凝固剂凝固的冻是靠琼脂、明胶等凝固剂使汤汁凝固成冻。琼脂是以石花菜等原料制成的,明胶的主要成分是蛋白质,缺少色氨酸和胱氨酸,多含赖氨酸成分。琼脂、明胶用水膨润后,加热溶解成溶胶状态,冷却后得到凝胶,琼脂分子或明胶分子能形成立体的网状结构,将水分子包在中间,形成凝胶,从溶胶到凝胶的变化是热可逆的反应。凝固剂凝固成冻的特点是晶莹透亮、感观效果好。

二、汤的作用、用途及特点

汤作为我国菜肴的一个重要组成部分,具有非常重要的作用:①饭前喝汤,可湿润口腔和食道,刺激口味以增进食欲。②饭后喝汤,可爽口润喉,有助于消化。③中医认为汤能健脾开胃、利咽润喉、温中散寒、补益强身。④汤还在预防、养生、保健、治疗、美容等诸多方面对人体的健康起到非常重要的作用。

汤的用途非常广泛。在烹饪中几乎所有熟炒菜都要用汤。在爆炒、清炒、锅塌、熘、烩等烹调方法的兑汁中,都要加入清汤。而白扒的菜肴中,一般要加入奶汤。在鲜味中,凉菜炝汁调味的鲜咸,热炒中菜的鲜咸、五香、酸辣、咸香、咸麻等都用清汤提鲜。在生活中,无论是高级宴席或是家常便餐都离不开它。除少数菜(如烤制类)外,几乎无菜不用汤。汤不仅味美可口,能刺激食欲,且营养丰富,含大量蛋白质、脂肪、矿物质等成分。

汤自身独特的特点,从以下几个方面来表现。

❶ **鲜味之源** 汤的主要特点是"鲜"。在我国的烹调中十分讲究制汤调味,味精产生以前主要的鲜味都来自汤。即使现今调鲜味品如此之多,也有许多菜肴用汤来调鲜味。

❷ **制作精细** 汤的制作技艺精湛,每一种制作工艺都十分精细,决不一煮就成。"菜好烧,汤难吊"是历代厨师的经验之谈。有一种汤叫"双吊双绍汤",皇宫御厨们称之为"金汤"。其意有三:一为此汤用料精,价格昂贵,故称"金汤";二为此汤每一斤原料只能出成品汤一斤,有暗含金(斤)汤之意;三为此汤制作的成败有时甚至关系到厨师的性命。可见,汤的制作确实是一项精细复杂的工作。

三、汤的种类

❶ **按用途分** 有菜肴原汁汤和专用调味汤。菜肴原汁汤是指原料经炖、焖后形成的汤汁,它是菜肴的组成部分,一般以主料的原味为主体。专用调味汤,是用多种原料烧制而成,用于调味,按菜肴档次的高低又分顶汤、高汤、毛汤等。

❷ **按原料性质分** 有荤汤和素汤两大类。荤汤是用动物性原料制成的汤,荤汤中按原料品种不同又有鸡汤、鸭汤、鱼汤、海鲜汤等。素汤是用植物性原料制成的汤,素汤中有豆芽汤、香菇汤、鲜笋汤等,也有用花生、大豆、胡萝卜、红枣等制成的混合素汤。

❸ **按汤的味型分** 有单一味和复合味两种。单一味汤是指用一种原料制作而成的汤,如鱼汤、排骨汤等。复合味汤是指用两种以上原料制作而成的汤,如双蹄汤、蘑菇鸡汤等。

❹ **按汤的色泽分** 有清汤和白汤两类。清汤的口味清纯,汤清见底;白汤口味浓厚,汤色乳白。白汤又分一般白汤和浓白汤。一般浓汤是用鸡骨架、猪骨等原料制成,主要用于一般的烩菜和烧菜;浓白汤是用猪蹄、鱼等原料制成的,既可单独成菜,也可用于高档菜肴的辅助。

❺ **按制汤的工艺分** 有单吊汤、双吊汤、三吊汤等。单吊汤是一次性制作完成的汤。双吊汤是在单吊汤的基础上进一步提纯,使汤汁变清,汤味变浓。三吊汤是在双吊汤的基础上再次提纯,形成清汤见底、汤味纯美的高汤。

汤的品种虽然很多,但它们之间并不是绝对独立的,而是有一定的联系或相互重叠。

四、制汤原料的选择

制汤的原料是影响汤汁质量的重要因素。不同的汤汁对原料的品种、部位、新鲜度都有严格的要求。

❶ **必须选择新鲜的制汤原料**　俗话说"好肉出好汤"。制汤对原料的新鲜度要求比较高,新鲜的原料味道纯正、鲜味足、异味轻,制出的汤味道也就纯正、鲜美,熘菜、炸菜、红烧菜的原料稍有异味可用调味品加以调节,而汤一般很注重原汁原味,添加的调味品比较少,所以要求更高。

❷ **必须选择风味鲜美的原料**　制汤的原料本身应含有丰富的浸出物,原料中呈味物质含量高,浸出的推动力就大,浸出速度就快,在一定的时间内,所得到的汤汁就比较浓。除素菜中使用的纯素汤汁外,一般多选料鲜味足的动物性原料。对一些腥膻味较重的原料则不应采用,因为所含的不良气味也会溶入汤汁中,影响甚至败坏汤汁的风味。

❸ **必须选择符合汤汁要求的原料**　不同的汤汁都有一定的选料范围,对于白汤来说,一般应选择蛋白质含量丰富的原料。并且选择含胶原蛋白的原料,胶原蛋白经过加热后发生水解变成明胶,是使汤液乳化增稠的物质。原料中还需要一定的脂肪含量,特别是卵磷脂等,对汤汁发生乳化有促进作用,使汤汁浓白味厚。而制作清汤时,一般应选择陈年的母鸡,但脂肪量不能大,胶质要少,否则汤汁容易发生乳化,无法达到清澈的效果。

五、制汤的基本原理

制汤原理可分为两个部分来论述:一是汤色的形成原理,二是汤汁风味的形成原理。

❶ **汤色的形成原理**　汤色一般分清、白两种,其形成的原因主要是火候和油脂。白汤实际是油脂乳化的结果。制汤的过程中原料脂肪粒分散于汤中,一般情况下,汤的温度高,特别是在剧烈沸腾的情况下,汤向原料传递的热量就多,原料温度升高就快,一方面增大了呈味物质向原料表面的扩散速度,同时还能增大呈味物质在汤中的扩散系数,明胶溶于汤中,是一种亲水性很强的乳化剂,在汤中与磷脂共同起着乳化作用,使汤汁成为油、水、胶三者相结合的分散体系,这种水包油型的脂肪滴在光线的折射中,颜色是乳白色的。

❷ **汤汁风味的形成原理**　制汤的过程实质上是原料中呈味物质由固相(原料)向水相(汤)的浸出过程。原料在刚入锅加热的时候,表层呈味物质的浓度大于水中的呈味物质浓度,这时呈味物质就会从原料表面通过液膜扩散到水中,当表面呈味物质进入水中之后,表层的呈味物质浓度低于原料内层的呈味物质浓度,导致了原料内部液体中的呈味物质浓度不均匀,从而使呈味物质从内层向外层扩散,再从表层向汤汁中扩散。经过一段时间受热以后,逐渐使原料中的呈味物质从内层向外层扩散,再从表层向汤汁中扩散,再经过一段时间受热以后,逐渐使原料中的呈味物质转移到汤汁当中,并达到浸出相对平衡。这一原理的依据就是费克定律,汤汁的质量与原料中呈味物质向汤中转移的程度有关,转移得越彻底,则汤的味道越浓厚。此外,还与原料的形态、呈味物质的扩散系数、制汤的时间等有关系。

 任务实施

一、制汤的方法和要领

菜肴原汁汤的制作方法将在炖、焖、煨等具体烹调方法中详细介绍,这里主要介绍专用调味汤的制作方法。

（一）毛汤

毛汤在行业中一般称为白汤。它属复合味汤类，用鸡骨架、猪骨、火腿骨等几种原料，焯水洗净后，加葱、姜、黄酒，用中火煮炖而成。制作时以中火为主，使汤保持沸腾状态并发生乳化作用，使汤汁乳白黏稠。有时还将制作高汤后的原料加水继续煮炖而成，制成的汤汁主要用于一般菜肴的制作。

（二）高汤

高汤也称上汤、浓汤，其选择原料的要求比毛汤高。一般用鸡肉、猪蹄、火腿骨等原料，分一般浓汤和一般清汤。一般浓汤的制作方法是先将原料洗净，放入沸水锅中焯水，用清水洗净后放入冷水锅中加热，水沸后除去汤面的血沫和浮污，然后加葱、姜、黄酒，用旺火烧至沸腾，改用中火继续加热，使汤始终保持沸腾状态，使原料中的蛋白质、脂肪、各种呈味物质逐步从原料中溶出即成。而一般清汤在制汤时，要在汤刚开后改以小火加热，汤面不能沸腾。如果火力过旺，沸腾剧烈，将会导致汤色变为乳白色，不易澄清。但火力也不能太小，否则原料内的呈味物质因温度偏低、扩散系数小而不易浸出，同样会影响汤的质量。

（三）顶汤

顶汤又称顶级高汤，主要用于高档菜肴的制作，如鲍鱼、海参等。制汤的原料有老母鸡、火腿、精猪蹄肉、干贝，制作方法基本与高汤一样，但炖制时间比高汤长，汤的浓度也比其他汤要浓厚。

（四）制汤的技术要领

❶ **要控制料水的比例**　制汤开始的最佳料水比为1∶2左右，水分过多，汤汁中可溶性固形物、氨基酸态氮、钙和铁的浓度降低，但绝对量升高；水分过少，不利于原料中的营养物质和风味成分浸出，绝对浸出量不高。顶汤的浓度高，是指成汤以后的浓度，但开始制汤时的比例与其他汤一样，经长时间加热使水分挥发，绝对量升高。

❷ **制汤的火候**　应根据浓汤和清汤的不同要求，适度掌握火候。火力过大，汤汁水分蒸发很快，原料中呈味物质不能充分浸入汤中，使汤汁黏性差，鲜味淡；火力过小，又会减慢浸出速度，同样会影响汤汁质量。一般情况下，白汤加热时间为 2～3 h，清汤加热时间为 5～6 h。

❸ **调味品的投放顺序和数量**　盐是汤菜主要的调味品，若制汤时过早加盐，会使汤汁溶液渗透压增大，原料中的水分就会渗透出来，盐也会向原料内部扩散，导致蛋白质凝固，原料中呈味物质难以浸出，从而影响汤汁的滋味。所以，盐应在成汤以后再加入定味，葱、姜、黄酒可以提前投入，但数量也不宜多。正如《礼记》载：大羹不和，有遗味者矣。《淮南子》曰：无味而五味形焉。都强调顶级的汤羹，不需要用过多的调味品调味，即没有味道却包含五味所有的美妙味道。

二、清汤的吊制

吊汤是一种特殊的制汤工艺，是在一般汤汁的基础上进一步提炼而成的。其特点是汤汁清澈见底，口味清鲜醇厚。常用于高级清汤菜肴，如清汤燕窝等。

（一）吊汤的基本原理

在进行吊汤时，必须以原汤为基汤进行提炼吊制。在原汤中无论是毛汤还是一般高汤都有不同程度的混浊。这是因为原汤的汤汁中含有未被水解、水溶的微小颗粒以及其他一些沉浮颗粒，由于它们的密度与原汤密度相近，因此可在汤汁中不停地沉浮运动，很难稳定在某一个层面，从而使汤汁混浊不清。吊汤的目的就是去除这部分颗粒，但这些颗粒很小，即使用很细的汤筛也无法将其去除。因此这些悬浮颗粒必须经过一定的化学、物理方法处理，才能使汤汁提炼得清澈见底。我们常采用鸡腿、鸡脯等蓉泥物进行吊制，这些蓉泥（行业称鸡腿蓉为"红臊子"，鸡脯蓉为"白臊子"）实际上是一种助凝剂，其中的蛋白质是凝聚基汤中悬浮物的主要物质。由于蛋白质的相对分子质量很大，而且是链状结构,在汤液中加热可形成很长的链,并强烈地吸附汤液中的悬浮微粒,所以形成更大的凝聚物,更有利于悬浮颗粒的沉淀或上浮,使汤汁清澈。为了使蛋白质能快速地分散于汤液当中,我们必须将吊汤的原料斩成细蓉,然后再用冷水调开,使它均匀、快速地分散到汤中,由于表面积增大,吸附性就增加,吊汤效果就更佳。

（二）吊汤的方法

❶ **一吊汤**　先用纱布或细网筛将一般清汤过滤一下,再用新鲜的鸡腿斩蓉后加葱、姜、酒和清水,浸泡出血水,然后将血水和鸡腿肉一起倒入汤中,上大火并用手勺轻轻推搅,以防糊锅,等鸡蓉浮起后捞出,压成饼状,然后再放入汤中加热,汤面始终保持开而不滚、沸而不腾状态,使其味道溶于汤汁中,加热 5～6 h 以后,将浮物去除,过滤即可。此法行业中称为"一吊汤"。

❷ **双吊汤**　将鸡脯肉斩蓉后加葱、姜、酒和清水浸泡,将血水去除,将鸡脯肉倒入凉透的汤中,一边加热一边用手勺轻轻搅拌,待鸡蓉上浮后捞去,过滤即可。此法称为"双吊汤"。

❸ **三吊汤**　在双吊汤的基础上,再用鸡腿和鸡脯肉重复吊汤,方法与上面方法基本相同,经过重复吊汤后,使汤汁更为清澈,口味更加鲜纯。此法称为"三吊汤",主要用于高级菜肴的制作。

（三）吊汤的关键

❶ **必须将原汤中的浮油撇除干净**　原汤中的脂肪是形成汤汁混浊的主要因素,但这些散布均匀的脂肪仍然是不稳定的,当它经过一段时间的静置,特别是经 0 ℃左右温度的冷藏以后,由于脂肪的密度小于水,脂肪便会逐渐上浮与水分层,这样可以将未发生乳化的脂肪去除,以免在吊汤时继续乳化,影响汤汁的清澈度。

❷ **吊汤前在原汤中投入少量的食盐**　虽然在制汤过程中加盐会影响蛋白质的浸出,但在吊汤之前加入少量的食盐,可使汤液处于低浓度盐的状态,增加蛋白质溶解度(称盐溶作用),可使汤汁的浓度和营养在吊汤时得以增加。同时,在吊汤前加盐,有利于清汤的稳定性,因为原汤中的蛋白质多以负离子形式存在,如果在汤中加入正离子的电解质,其稳定性就会遭到破坏(化学中称为胶体脱稳)。盐就是一种中性的阳离子电解质,汤中加入食盐后有一小部分水溶蛋白质就会脱稳,脱稳后由于清除了相互间的静电排斥,通过加热运动使它们凝聚成了较大的颗粒,对吊汤起到了积极的作用。如果吊汤后加盐,会再次出现脱稳现象,从而影响汤汁的清纯度。

❸ **掌握投放吊汤原料的时机**　一般应在加热开始的时候投放。如果在汤液沸腾后投入,容易使吊汤的蓉泥成团,不能均匀地扩散到汤汁当中,同样也会影响吊汤的效果。

三、制冻的方法和要领

（一）凝固剂成冻法

以水晶果冻的制作为例。

❶ **熔解琼脂**　首先将琼脂用清水泡软并洗净,然后放入干净的碗中,注入清水,使琼脂浓度在 2%左右,然后上笼用大火蒸制,大约 30 min 琼脂全部熔解后,加入少量白糖拌匀待用。

❷ **加入水果**　加水果有两种方法:一是加入果汁,二是加入果肉。如果加入果汁,应待熔解的琼脂冷却到 60 ℃左右时加入并迅速调匀,然后倒入平盘中冷却;如果加入果肉,应先将果肉加工成一定的形状,在加工过程中,可以加入一种水果,也可加入多种不同颜色的水果,以丰富果冻的色彩,但果肉不能添加过多,一般占 30%左右,否则会影响果冻的成形。

❸ **凝结定形**　琼脂果胶经过冷却一段时间后即凝结成透明的果冻,夏季为了缩短凝结的时间,可以将它放在冰箱中进行冷却。在制作果冻时,因果肉会沉积于底层,所以我们经常将调好的果胶倒在小型的杯盏内,待完全凝结之后再将杯盏里的果胶冻倒扣在盘中,将杯盏揭开,这样果肉附于果冻的表面,且增添了美感。

（二）自然成冻法

❶ **猪肉冻的制作**　猪肉皮等原料中的胶原蛋白虽是不完全蛋白质，但它具有低脂肪、低热量的特点。其中所含的脯氨酸、羟脯氨酸的含量高，可与其他蛋白质起互补作用，易消化吸收。将肉皮制成肉冻后，由于吸收大量的水分而形成稳定的凝胶，富有弹性，可制成类型繁多的"水晶"菜。

（1）肉皮的预煮处理：先将肉皮洗净，切成方块，入水中焯烫后洗净，然后将肉皮放入水中煮制，待肉皮软烂后将其捞出。水与肉皮的比例一般为 5∶1。

（2）皮冻的熬制：将捞出的肉皮放入粉碎机中搅碎，然后再放入原汤中，用小火进行熬制，待肉皮全部溶化后，即可停火冷却。

（3）调味凝结：在熬好的肉皮胶中加入盐调味，然后倒入平盘中凝结即可，用熬制方法加工成的肉皮冻，具有弹性强、清鲜度高的特点，但皮冻的透明度较差。如果要制作透明的肉皮冻，可以将焯水后的肉皮，按 1∶3 的比例加入清水，后上笼蒸 100 min，再将汤汁用细筛过滤，然后倒入平盘中凝结，这样就可以得到透明的"水晶肉"。

❷ **鱼鳞胶冻的制作方法**

（1）取鳞：将未开膛的鱼洗涤干净后，用刀将鱼鳞刮下。选择的鱼一般是青鱼、鲤鱼、草鱼等鱼体较大的鱼。这些鱼的鳞比较大、蛋白质含量多、制成的鱼鳞胶质量好。刮下的鱼鳞用清水反复漂洗后待用。

（2）蒸制：将鱼放在盛器中，按 1∶2 的比例加入清水，并放少量的葱、姜、黄酒，然后上笼用大火蒸 10 min，待鱼卷曲并成半透明状时，将火熄灭，除去葱、姜，加盐、味精调味，也可加其他味型的调味品调味。

（3）凝结：将蒸制好的鱼鳞胶用细网筛过滤，然后倒入平盘中自然冷却，待温度下降后会自动结成鱼凝冻，制成的鱼冻可直接冷切食用。有时可以在凝结前加入煮熟的净鱼肉，以增加食用性，也可以将整鱼与鱼鳞一同煮制，然后将鱼肉拆出来，放入原汤中调味，冷却后即成鱼肉冻，其风味更佳。

（三）混合成冻法

此方法是将以上两种成冻法混合使用，结合它们的优点弥补它们的不足，使制成的冻既晶莹透亮，又便于消化吸收，而且具有良好的风味。

牛肉汤冻的制法：牛肉洗净后焯水，然后用小火炖 2 h，将汤汁过滤，加鱼胶搅匀，待完全冷却后入冰箱稍冻，食用时划成小块即可。

四、中、西餐制汤对比述评

（1）所谓制汤是指中餐的鲜汤，西餐的基础汤。中餐应用于烹调实际中的鲜汤可区分为毛汤、白汤和清汤。西餐的基础汤可以分为浅色（白色）基础汤和深色（棕红色）基础汤。中餐的鲜汤实际上也是基础汤，用此称谓比较相宜。中餐的鲜汤多用于烹调菜肴时赋味增鲜，特别是制作海参类的菜肴更需利用高汤（顶汤）促使主料本味释放扩大。中餐也利用鲜汤作为制作汤菜的底汤。

（2）中、西餐制汤的汤料都是用畜肉、禽肉、鱼虾类及其骨骼、骨架。中餐用猪肉、猪骨、鸡、鸭、火腿之类不在少数，有"无鸡不鲜、无鸭不香、无肘不浓、无骨不白、无腿不美"之说。西餐制汤基本不用猪肉，牛肉和鸡用得较多。中餐的制汤调料用葱、姜、料酒、食盐。西餐则用蔬菜香料、香叶、胡椒粒、百里香等。

（3）中、西餐制汤机理、制汤工艺过程基本相同。

中、西餐制汤的汤料都是以动物性原料为主，这类物料含有丰富的营养物质和鲜味物质，当加热时其蛋白质发生性变，溶解度增加，随着加热时间延长，溶解于水中的蛋白质增加，其中含氮浸出物便会渗透出来，促使汤呈鲜醇味道。汤料中的呈鲜物质有多种，而主要为谷氨酸、鸟苷酸、肌苷酸等。而营养成分主要是指汤料中所含的蛋白质、脂肪、矿物质等。

中、西餐制汤工艺过程都是汤料随冷水入锅,旺火催开,改用慢火长时熬煮,以促使汤料的营养成分和鲜味物质充分析出,从而提高汤的质量和口味。

(4)西餐对基础汤的使用有严格区分,即做什么样的汤菜用什么基础汤,做什么少司用什么基础汤,针对性很强,绝不含糊。中餐应用鲜汤烹制菜肴作为调味剂,同时也用作汤菜的底汤。厨师对汤的使用得心应手,灵活性较大。但也有一定的针对性,如制白汁菜用白汤,较高档菜肴用清汤或高汤。

综上所述可知:两大烹饪体系制汤比较接近或相通,诸如制汤工艺过程、制汤机理,中、西餐的处理手法和认识是一致的。只是因各自烹调特点的不同而显现出一定的差异。无疑,中、西餐在烹调实践中对制汤的特点可以互相借鉴和补充。

任务评价

对学生制汤、制冻进行评价及小组评价、教师点评,总结成绩,查找不足,分析原因,制订改进措施。

任务总结

(1)吸取在任务实施过程中的成功经验。

(2)总结在知识点掌握上存在的不足以及改进方法。对于在任务实施过程中出现的失误,学生先自己分析原因,再由同学分析,最后教师点评总结。

(3)讨论、分析提出的建议和意见。

任务三　着色工艺

任务描述

着色工艺在烹调中发挥着重要作用,着色工艺可使菜肴更加美观,增加食物对品尝者的吸引力,所以说着色在烹调中扮演着很重要的角色。

任务目标

通过对本任务的学习,学生应能了解着色工艺的相关知识,主要包括着色的方法、着色的注意事项、原料在不同加热方法下的变化等。

基础知识

菜肴色泽的来源有如下几个方面。

一、原料的自然色泽

原料的自然色泽,即原料的本色。菜肴原料大多带有比较鲜艳、纯正的色泽,在加工时需要予以保持或者通过调配使其更加鲜亮。如红萝卜、红辣椒、番茄的红色;红菜薹、红苋菜、紫茄子、紫豆角、紫菜的紫红色;青椒、蒜薹、蒜苗、四季豆、莴笋的绿色;白萝卜、绿豆芽、莲藕、竹笋、银耳、鸡(鸭)脯肉、鱼白肉的白色;蛋黄、口蘑、韭黄、黄花菜等的黄色;香菇、海参、黑木耳、发菜、海带等的黑色或深褐色等。

二、加热形成的色泽

加热形成的色泽,即在烹制过程中,原料表面发生色变所呈现的一种新的色泽。加热引起原料色变的主要原因是原料本身所含色素的变化及糖类、蛋白质等的焦糖化作用、羰氨反应等。很多原料在加热时都会变色,如鸡蛋清由透明变成不透明的白色,虾、蟹等由青色变为红色,油炸、烤制时原料表面呈现的金黄、褐红色等。

三、调料调配的色泽

调料调配的色泽是用有色调料调配而成,用有色调料直接调配菜肴色泽,在烹制中应用较为广泛。常见的有色调料有以下几种颜色。

❶ 酱红色 酱油、豆瓣辣面酱、牛肉辣酱、芝麻辣酱、甜醋。

❷ 黄色 橙汁、柠檬汁、橘子汁、咖喱粉、咖喱油、生姜、橘皮、蟹油、虾黄油、木爪。

❸ 红色 番茄酱、沙司酱、甜辣酱、草莓酱、山楂酱、干椒、辣油、红曲汁、南乳汁。

❹ 深褐色 蚝油、丁香、桂皮、八角、味噌、豆豉、花椒、香菇油。

❺ 绿色 芥辣酱、葱、菜叶。

❻ 无色或白色 蔗糖、味精、卡夫奇妙酱、白醋、白酱油、白酒、盐、糖精。

以上调料在着色时一般不单独直接调色,而是几种调料相互配合,同时再以芡汁、油为辅助,以增加色泽的和谐度,常用的调料着色方法有以下几种。

(1)腌渍着色:通过腌渍使原料吸收调料中的色素,而改变原料的色泽。例如:酱菜的棕褐色就是吸附了酱里的色素而形成的。

(2)拌和着色:主要是指一些冷菜原料的调味着色,将有色调料直接拌和在原料的外表,使原料带有调料的色彩,如腐乳鱼片,就是将腐乳的红卤汁与烫熟的鱼片拌和后,使鱼片成为红色。红油鸡丝、咖喱茭白、茄汁马蹄等都属于拌和着色的范围。

(3)热渗着色:在加热的过程中,除调味料的味道渗透或吸附到原料当中外,调料的色素成分也随之渗透或吸附到原料里面。例如:腐乳汁肉,除肉中带有腐乳的香味之外,腐乳汁还使肉色变红;红烧菜更是如此,酱油或酱类的色素使红烧的原料成为酱红色。在热渗着色中,除卤、酱类冷菜外,一般热菜都要与芡汁相配合,勾芡再淋上油脂,增加色泽的透明度和光洁度。

(4)浇黏着色法:将色泽鲜艳的调料通过调配以后,浇在原料的外表,使原料黏附上一层有色的卤汁,这种着色法与浇汁调味法是同时使用的。例如茄汁鱼,就是将红色的番茄酱通过加糖、盐、醋,并勾芡淋油后,浇在炸好的鱼花上面,使菜品呈现出红亮鲜艳的色彩。另有一些蒸、扒、扣的菜肴,由于蒸制过程中不能使原料达到上色的要求,出锅前要将卤汁倒出,再添加一些有色调料,并勾芡淋油,然后浇在原料的上面,使菜品达到上色的目的,如扣肉、扒鸡等。

四、色素染成的色泽

色素染成的色泽是用天然或人工色素对无色或色淡的原料染色,使原料色泽发生改变。天然色素有绿菜汁、果汁、红油、蛋黄等,人工色素有柠檬黄、苋菜红等。原料的自然色泽不属于着色工艺的内容,色彩搭配将在组配工艺中讲述,调料调配色泽其主要目的是调味,调色只是附带的功能,也将在调味工艺中讲述。本任务要讨论的内容是有目的、有意识的着色方法。

→ **任务实施**

一、着色方法

（一）焦糖着色工艺

利用糖受热后产生的色变反应进行着色。其方法有两种，即糖浆着色与糖色着色。糖浆是以麦芽糖为主要原料调制而成的汁液，主要用于烤鸭、烤鸡等菜肴的外皮涂料，它可使原料的外皮色泽红亮、酥脆可口。糖色着色是利用蔗糖熬成的焦糖水进行上色，主要用于红烧、红扒等菜肴，也可使菜肴色泽红亮。它们都是烹饪中常用的技法。

❶ **焦糖着色的基本原理**　将糖类调料（如饴糖、蜂蜜、葡萄糖浆等）涂抹于菜肴原料表面，经高温处理产生鲜艳颜色。糖类调料中所含的糖类物质在高温作用下主要发生焦糖化作用，生成焦糖色素，使制品表面产生褐红明亮的色泽。焦糖化是指糖类在150～220 ℃发生降解，产物经聚合或缩合生成黏稠状黑色或褐色物质的过程。焦糖化在酸碱条件下都可以进行，一般碱性条件下速度快一些。以蔗糖为例介绍一下其焦糖化过程。

①加热时蔗糖首先熔融，继续加热到200 ℃经过35 min起泡，蔗糖脱去一分子水，初级产物为异蔗糖苷，此物无甜味，具有温和苦味。

②中间起泡阶段：生成异蔗糖苷后，起泡有一个暂时停止现象，后进行中间第二次起泡，持续时间达55 min，蔗糖进一步脱水达到9%，生成第二步产物蔗糖苷，该物熔点为138 ℃，仍有苦味，可溶于水和乙醇。

③经过55 min后加热会再脱水生成蔗糖烯，该物熔点为154 ℃，可溶于水，继续加热会进一步缩合生成高分子深色难溶的胶态物质焦糖素。糖类在强热条件下生成两类物质：一类经脱水生成焦糖，另一类在高温下裂解生成小分子醛、酮类。焦糖是呈色物质，而挥发性的醛、酮类化合物是焦糖化气味的基本组分。

蔗糖的焦糖化在烹调中多用于制造糖色，烹制红烧类菜肴，也可用于蒸、焖、煨等烹调技法，能使菜肴着色后的色泽红润艳丽。蔗糖的焦糖化作用在焙烤食品中也会发生，可使产品形成一定的色泽和特殊的焦香气味。麦芽糖又称饴糖，是烹调中常用的着色剂。饴糖甜味柔和，清香爽口，是我国一种传统的甜味剂。饴糖是由淀粉经过麦芽糖酶水解而得，它的主要成分是麦芽糖和糊精，其中麦芽糖约占1/3。麦芽糖吸湿性强，甜度约为蔗糖的一半，在高温下，容易发生缩合形成焦糖色素，同时它也容易与蛋白质、氨基酸在高温下发生聚合、缩合反应，形成类黑色素，其色泽随着加热温度升高呈现出不同的色彩，即由浅黄、红黄、酱红至焦黑，这种反应称为美拉德反应。麦芽糖发生美拉德反应的同时亦有降解反应发生，生成挥发性的呈香物质。因此麦芽糖用于烘烤食品时，能起呈色、提香和保湿的作用。烧烤鹅、鸭时，表皮涂抹一层饴糖后，由于饴糖中麦芽糖具有吸湿性，故可以防止原料因烧烤而干燥变硬。同时，由于饴糖中糊精黏度较大，可以紧紧裹在原料的表面，经过烧烤后，发生糊化脱水形成硬壳，防止脂肪外溢，使菜肴的滋味更加浓郁，风味突出。

此外，原料外皮抹匀饴糖，经过烧烤后，麦芽糖与原料中蛋白质、氨基酸发生美拉德反应，产生类黑色素，使成品显出诱人的色泽，且着色均匀而牢固，可使烘烤菜肴色泽达到鲜艳红亮的效果。饴糖不仅能使菜肴外表色泽美观，同时麦芽糖与氨基酸在高温下也可发生降解反应，生成呈香物质，清除鹅、鸭的腥味，增加香味，使成品形成独特的风味。

原料之所以要趁热抹上糖色，是因为原料表面有一定温度，能促进表皮对糖色的吸附能力，使糖色粘得牢固。同时肉皮表面经过水煮后，胶原蛋白水解生成明胶，明胶热时具有一定黏度，趁热抹糖色，均匀且易上色，炸时糖色不易脱落。但是原料抹匀糖色后，不宜立即炸制，应吊起晾干后再炸或烤。当原料表面水分因蒸发而减少后，会使糖色的黏度增加，能牢固地附着在原料表皮上，炸制后不易脱色,成品红润光亮,色泽均匀。

❷ 焦糖着色的方法和应用

实例:焦糖着色的方法和应用

糖浆着色:①乳猪糖浆:白醋 500 g、饴糖 400 g、料酒 500 g、浙醋 500 g、米酒 400 g。②烤鸭糖浆:饴糖 200 g、白醋 300 g、米酒 200 g、开水 200 g。③鸡皮糖浆:白醋 500 g、饴糖 200 g、浙醋 100 g、柠檬 1 个。

糖色着色:白糖 100 g 用清水 100 g 烧沸,并不断搅拌使水分蒸发,改用小火加热,待糖色变成深红、冒青烟时,加入 200 g 沸水溶匀即可。主要用于烧、焖一类的菜肴,但烧制时还要加糖,因为糖经熬制后甜味减弱,甚至还带有苦味,仍需要加糖调和口味。

(二)色素染色工艺

❶ 人工色素染色

(1)苋菜红:又叫蓝光酸性红,是一种紫红色的颗粒或粉末,无臭,在浓度为 0.01% 的水溶液中呈现玫瑰红色。苋菜红可溶于甘油、丙三醇,但不溶解于油脂,是水溶性的食用合成色素。苋菜红的耐光、耐热、耐盐性能均较好。苋菜红主要用于糕点的着色,使用量少,为 0.05 g/kg。我国卫生行政管理部门规定婴幼儿食用的糕点和菜肴中不得使用。

(2)胭脂红:又叫丽春红,是一种红色粉末,无臭。胭脂红溶解于水后,溶液呈红色。胭脂红溶于甘油而微溶于乙醇,不溶于油脂,耐光、耐酸性好,耐热性弱,遇碱呈褐色。胭脂红在面点制作时主要用于糕点的着色,最大使用量为 0.05 g/kg。

(3)柠檬黄:也称酒石黄,是一种橙黄色的粉末,无臭。柠檬黄在水溶液中呈黄色,溶解于甘油、丙二醇,不溶于油脂。柠檬黄耐光性、耐热性、耐酸性好,遇碱则变红。

(4)日落黄:也称橘黄,是一种橙色的颗粒或粉末,无臭。日落黄易溶于水,在水溶液中为橙黄色,溶解于甘油、丙三醇,难溶于乙醇,不溶于油脂,耐光、耐热、耐酸性好。日落黄遇碱变为红褐色,用于面点着色,最大使用量为 0.1 g/kg。

❷ 天然色素染色

(1)红曲米汁:又称红曲、丹曲、赤曲等,是用红曲霉菌接种在蒸熟的米粒中,经培养繁殖后所得。它的特点是对碱稳定,耐光、耐热,安全性好。使用时加热时间不能过长,行业中一般取其汁液与菜品原料混合使用。

(2)叶绿素:绿色植物内含有的一种色素,耐酸、耐热、耐光性较差。叶绿素是高等植物和其他所有能进行光合作用的生物体含有的一类绿色色素。叶绿素 a 和叶绿素 b 均可溶于乙醇、乙醚和丙酮等溶剂,不溶于水和石油醚,因此,可以用极性溶剂如丙酮、甲醇、乙醇、乙酸乙酯等提取叶绿素。

(3)可可粉:它是可可豆炒后去壳,先加工成液块,再榨去油,粉碎成末而成,它色泽棕褐、味微苦,对淀粉和含蛋白质丰富的原料染色力强。

(4)咖啡粉:由咖啡炒制后粉碎而成,色泽深褐,有特殊的香味,常用于西式蛋糕的制作。

(5)姜黄素:姜黄粉加酒精后经搅拌干燥结晶即成姜黄素,在面点中经常使用,而且主要用于馅心的调配。

(三)发色剂着色

瘦肉多呈红色,受热则呈现令人不愉快的灰褐色,有时在烹调中需要保持其本色。一般采用烹制前加一定比例的硝酸盐或亚硝酸盐腌渍的方法来达到保色的目的。肉类的红色主要来自所含的肌红蛋白,也有少量血红蛋白。加硝酸钠、亚硝酸钠等发色剂腌渍时,肌红蛋白(或血红蛋白)即转变成色泽红亮、加热不变色的亚硝基肌红蛋白(或亚硝基血红蛋白)。此类发色剂有一定毒性,使用时应严格控制用量。硝酸钠的最大使用量为 0.5 g/kg,另外,亚硝酸盐不仅作为肉制品的发色剂还具有提高肉制品风味,防止变味,特别是抑制肉毒杆菌生长的作用。但是,腌制肉制品中,如果残留亚硝酸盐过多,会与肉中存在的胺类发生反应而生成有致癌作用的亚硝胺类。因此亚硝酸盐用量应严格控制。

二、着色工艺的要求

❶ 要了解菜肴成品的色泽标准 在调色前,首先要对成菜的标准色泽有所了解,以便在调色工艺中根据原料的性质、烹调方法和基本味型正确选用调色料。

❷ 要先调色再调味 添加调色料时,要遵循先调色后调味的基本程序。这是因为绝大多数调色料也是调味料,若先调味再调色,势必使菜肴口味变化不定,难以掌握。

❸ 长时间加热的菜肴要注意分次调色 烹制需要长时间加热的菜肴(如红烧肉等)时,要注意运用分次调色的方法。因为菜肴汤汁在加热过程中会逐渐减少,颜色会自动加深,如酱油在长时间加热时会发生糖分减少、酸度增加、颜色加深的现象。若一开始就将色调好,菜肴成熟时,色泽必会过深,故在开始调色阶段只宜调至七八成,在成菜前,再来定色调制,使成菜色泽深浅适宜。

❹ 要符合人的生理需要和安全卫生 菜肴只有满足消费者的需求,才能在很大程度上增加回头客。食品安全问题是不可忽略的,这直接关系到人们的生命健康。

▶ 任务评价

对学生着色方法的掌握进行评价、小组评价、教师点评,总结成绩,查找不足,分析原因,制订改进措施。

▶ 任务总结

(1)吸取在任务实施过程中的成功经验。

(2)总结在知识点掌握上存在的不足以及改进方法。对于在任务实施过程中出现的失误,学生先自己分析原因,再由同学分析,最后教师点评总结。

(3)讨论、分析提出的建议和意见。

任务四 蓉胶工艺

▶ 任务描述

蓉胶又叫缔子或糁子,是将动物性肌肉经粉碎性加工成蓉状后,加入水、盐等调辅料并搅拌成有黏性的胶体状态。实际上属于胶体体系的一种,搅拌上劲的溶胶处于稳定的胶体状态。蓉胶在烹调中的应用十分广泛,既可以独立成菜,也可为花色菜肴的辅料和黏合剂。蓉胶的形成是对原料组织和风味进行优化改良的产物、从加工制作到菜肴成品都与制蓉胶前的原料有不同的特点。

▶ 基础知识

一、蓉胶的作用

❶ 丰富了菜肴的造型和色彩 原料制成蓉胶后可塑性增强,易于菜肴的造型。原料经粉碎加

工后,组织结构发生了改变,形成了颗粒细小的蓉状物体,经加水、加盐搅拌后产生了黏性,使可塑性大为增强,可制作多种形态的菜,如鱼圆、鱼线、鸡粥、虾饼、鸡糕等。扬州名菜狮子头,虽然肉都是小粒状,但经过盐等调味料搅拌上劲后,肉粒之间的黏性增加了,做成肉圆后能保持完整的形状。如果肉圆下锅后出现松散现象,肯定与用盐不足、未能搅拌上劲有关系。

❷ **改善原料的质感**　主要表现在嫩度和弹性两个方面,如鱼肉,经过粉碎、加水以后,肉质嫩度明显增加。牛肉本来肉质比较老韧,经过捶泥后制成牛肉圆,使肉质变得富有弹性。

❸ **利于原料的入味**　蓉胶制品一般都用盐调制上劲,同时加入了葱、姜、酒等调料,使原料内部具有基本味,另外,蓉胶制品水分较多,有利于调味原料的渗透,加快了入味速度。

❹ **缩短了烹调时间**　首先是蓉胶的料型非常小,其次是蓉胶中掺入了一定水分,使蓉胶具有良好的传热性能,特别是一些质地细嫩的蓉胶菜肴,其加热成熟的时间非常短,如果过火反而会发生口感老化、形态干瘪的现象。

❺ **利于菜品的定性和点缀**　蓉胶是一种黏稠状的复合物料,除主料上劲后具有黏性外,蓉胶中还添加了鸡蛋清、淀粉等辅料,增加了蓉胶的黏附能力,在制作酿菜、卷包菜、锅贴菜等花色菜肴时,蓉胶就是菜肴定性的黏合剂。许多热菜的点缀,如百花香菇、兰花鱼肚等菜肴,都必须用蓉胶作为中介物,使点缀物在受热过程中不易脱落。

❻ **便于食用和消化吸收**　蓉胶原料中的纤维组织已被基本破坏,而且蓉胶菜中都没有筋络和骨刺,所以口感以细嫩爽滑为特色,既方便食用又利于消化吸收,适合各年龄层的人。

二、蓉胶原料的选择与功能

❶ **肌肉**　制蓉胶的原料一般都是鸡、鱼、虾、猪、牛、羊等蛋白质含量较高的动物肌肉,而且以脂肪与结缔组织少的部位为佳。对畜类动物而言,应选用成熟期的肌肉组织,因为僵直期的肌肉 pH 值下降,肌肉的持水能力低,而且口感粗硬、风味低劣,不适宜作为蓉胶的原料。实践证明,鲜活的动物肌肉在制蓉胶时,不易斩成泥状,肌肉的延伸性很差,同时吃水量少,黏性低,加热时容易散裂。充分解僵后的肌肉持水性增高,其原因:一是由于蛋白质分子分解成较小的单位,从而引起肌肉纤维渗透压增高所致;二是肌肉蛋白质电荷发生了变化,不同电荷阳离子出入肌肉蛋白质的结果造成肌肉蛋白质净电荷的增加,使结构疏松并有助于蛋白质水合离子的形成,因而肉的持水性增加。成熟后的肉除持水性增强外,肉的质地软滑,风味也显著增加。

❷ **淀粉**　淀粉在蓉胶中起着重要的作用。蓉胶中添加少量的淀粉可使其黏性增大,持水的稳定性提高。淀粉糊化时所吸收的水分是蓉胶中蛋白质变性后,与其结合得不够紧密的水分,因为蛋白质变性温度比淀粉糊化温度低,淀粉糊化所吸收的水分并不影响蛋白质变性所形成的网络体系,而是固定了体系以外的不稳定水分,保证了蓉胶的嫩度,并使蓉胶菜品在加热过程中不易破裂、松散。但添加的用量必须控制,用量过多会使蓉胶失去弹性,口感变硬。

❸ **鸡蛋**　鸡蛋一般与淀粉一起使用,以提高蓉胶的弹性和嫩度。鸡蛋可以提高主料和淀粉之间的亲和力,增加蓉胶的黏性;鸡蛋还可增强蓉胶的乳化性,从而加强蓉胶的胶体性能,提高吸水能力;鸡蛋本身质感嫩滑,特别是鸡蛋清可使菜品更加洁白、光滑。但投放时要分次、定量加入,不宜添加过量,否则会使蓉胶黏劲下降,加热时不易成形。

❹ **肥膘或油脂**　大多数蓉胶在制作过程中需要加入适量的肥膘,以使成品油润光亮,形态饱满,口感细嫩,气味芳香。肥膘在剧烈震荡或加热时,脂肪会从组织中析出,加热还使脂肪释放出香味,所以会使蓉胶油润芳香。肥膘使用的量要根据蓉胶品种灵活掌握,在蓉胶中脂肪、水、蛋白质发生乳化作用,形成均匀的油水分散,如果蓉泥中加入肥膘太少(特别是鸡肉和虾肉等脂质较少的原料),成菜质地粗老,如果蓉泥中加入肥膘太多,超出蛋白质的乳化能力,脂肪会析出,造成蓉泥的松散。

→ **任务实施**

一、蓉胶制作的工艺流程

蓉胶的品种虽然很多,但加工的基本流程大致相同,选择、修整、粉碎、调配、搅拌、静置是制作蓉胶的必要程序。

(一)选料、修整

制作蓉胶对原料要求很高,选择的原料应是无皮、无骨、无筋络、无淤血伤斑的净料,原料质地细嫩、吸水能力强,要达到这一目的,必须对原料进行选择和修整。如鱼蓉胶制作,一般多选鳜鱼、白鱼等肉质细嫩的鱼类,加工时要去尽皮和骨刺,肉中夹有细刺的应先用刀背排斩,将筋络和细刺排到肉的底层,将上层净肉取下后入清水泡尽血污。虾蓉胶一般选用河虾仁,加工前要去除虾背的沙肠,冲洗并沥干水分后才能斩蓉。鸡蓉胶的最佳选料是鸡里脊肉,其次是鸡脯肉,鸡腿肉不能作为制蓉胶的原料,在斩蓉前要将鸡里脊肉或鸡脯肉中的筋络和脂肪剔除干净,用刀排松后放入清水中泡尽血污。

(二)粉碎

将修整、浸泡后的原料加工成小颗粒或蓉泥是粉碎加工的目的。加工的手法有机械破碎和手工破碎两种,机械破碎的特点是速度快、效率高,但肉中会残留筋络和碎刺,而且机械运转速度较快,破碎时肉中温度上升,使部分肉中肌球蛋白变性而影响可溶性蛋白质的溶出量。手工破碎速度慢、效率低,但肉中残留筋络和碎刺较少,因为排斩时将肉中筋络和碎刺全部排到了肉蓉的底层,采用分层取肉法就可将杂物去尽。在手工破碎的方法中也应根据具体菜品的要求和地区特色不同而采用不同的方法。如狮子头采用细切的方法,虾仁采用细塌粗斩的方法,鱼肉则采用先刀背排锤再刀口排斩的方法。福建、广东一带在制作鱼圆、肉圆时,采用铁棒反复打的方法使肌肉破碎成蓉,其鱼圆、肉圆的特点是弹性足、质地硬实。目前,行业中常采用机械和手工并用的方法来加工。对鱼肉而言,可先将肌肉用刀排斩,使筋络和骨刺与肌肉分层,将上层的净肉放入功率较小的粉碎机中绞成蓉泥。对鸡肉、猪肉、牛肉来说,可先改成小块,放入粉碎机中绞成粗蓉,再用刀排斩过细。在用手工处理时一定要先将墩板清理干净,斩制时不能用力过猛,否则会污染蓉料,产生异味或带有墩板的屑末。也可选用塑料斩板或在墩板上垫上一张干净的猪肉皮,避免污染现象的发生。

(三)调配

在调蓉胶前要进行调味,一般粗蓉状的蓉胶可加入细葱、姜末和料酒、胡椒粉等,细蓉状的蓉胶则只能加葱、姜、酒汁以及胡椒粉等一些粉末状的调味品。盐是蓉胶最主要的调味品,也是蓉胶上劲的主要物质,对硬质蓉胶和汤糊蓉胶来说,盐可以与其他调味品一起加入,对嫩蓉胶和软蓉胶来说,应在掺入水分后加入,加盐量除跟主料有关外,还与加水量成正比。蓉胶中的辅料除淀粉、鸡蛋清在搅拌上劲后加入外,制作肥膘、马蹄蓉胶时应在加盐前投入。

(四)搅拌

加盐后的硬蓉胶通过搅拌使蓉胶黏性增加,使成品外形完整、有弹性。软蓉胶、嫩蓉胶先加水搅拌均匀,使肌肉充分吸水,加盐以后再搅拌上劲,增加蓉胶持水能力。但加水量不能超过原料的吸水能力,否则很难搅拌上劲。一般鱼肉吸水率为 $100\% \sim 150\%$,畜肉的吸水率为 $60\% \sim 80\%$,禽肉的吸水率为 $80\% \sim 100\%$,虾肉吸水率约为 10% 。上劲后的蓉胶如果需要添加鸡蛋清、淀粉等辅料,要搅拌均匀,并保持蓉胶的黏性。

(五)静置

搅拌上劲后的蓉胶应放置在 $2 \sim 8\ ℃$ 的冷藏柜中静置 $1 \sim 2\ h$,使可溶性蛋白质充分溶出,进一步增加蓉胶的持水性能,但不能使蓉胶冻结,否则会破坏蓉胶的胶体体系,影响菜品质量。

蓉胶在烹饪中应用十分广泛,既可以独立成菜,也可作为花色菜肴造型的辅料和黏合剂。这类原料为什么会有鲜嫩的质感,又有如此的可塑性,使其能制作出多种形状和优美造型的菜肴,这和它的选料及形成的机理有关。制作蓉胶一般要求选择鸡、鱼、畜类的里脊、通脊等优良的部位作为主料。它要求原料必须选无皮、无骨、无筋络,没有伤斑和淤血的净料。这些原料具有质地细嫩,便于操作,吸水能力强,成品效果好等特点。

二、影响蓉胶质量的因素

(一) 盐的浓度及投放时间

蓉胶能否达到细嫩而有弹性的质感,跟盐的浓度和投放时间有直接的关系。我们以鱼蓉胶为例,鱼蓉胶成品的弹性是由鱼肉蛋白的主要成分肌球蛋白盐溶性的特性所形成的。据食品工艺学的有关资料可知,形成鱼蓉胶最佳弹性的食盐浓度应在 $0.5\sim3$ mol/L,食盐的添加可使活性蛋白质溶出作用加强,但对菜品来说,如果添加食盐浓度超过 1.5 mol/L,口味就会变咸,所以应控制在 $0.6\sim1.2$ mol/L 的范围(食品工业常添加无咸味的复合磷酸盐作为改良剂来解决)。调蓉胶时应先加水后放盐,如果在制作过程中先往鱼蓉中加盐,就会导致鱼肉细胞内溶液的浓度低于细胞外的浓度,鱼蓉不仅吃水量不足,甚至会造成水分子向盐液渗透,出现脱水现象。所以应先往鱼蓉里逐步加水并不断搅拌,使鱼肉细胞周围溶液的浓度低于细胞内的浓度,这样细胞内的渗透压就大于细胞外,水在渗透压的推动下,就能从细胞外向细胞内渗透,待渗透平衡时,鱼蓉的吃水量可达到最大,再加盐搅拌上劲,这样做出来的鱼蓉胶菜肴才能鲜嫩而富有弹性。

(二) 温度和 pH 值范围

制作蓉胶的最佳温度是 2 ℃左右,因为这一温度的蓉胶最稳定,最利于肌肉活性蛋白质的溶出。温度达到 30 ℃以上,蓉胶的吸水能力下降,因为形成蓉胶嫩度和弹性的主要蛋白质——肌球蛋白,在加盐后对热很不稳定,所以夏天比冬天调制蓉胶的难度要大一些,夏天的投水量也要稍少一点,有时把调好的蓉胶放入冰箱冷藏,使蓉胶更加稳定、更加利于成形。在加热成熟时,温度也要控制好,如水氽鱼圆一般应在 85 ℃左右,如果沸腾,鱼圆会失去弹性,特别是加入鸡蛋的蓉胶菜,温度过高不但失去弹性,而且会出现外形干瘪和质地粗老的现象。此外,蓉胶的弹性与蓉胶的酸碱度有密切关系,pH 值在 6 以下,弹性下降,pH 值在 6.5~7.2 范围内形成的弹性最强。

在烹调中,蓉胶容易做成各种形状,滋味、口感较好,其起着方便菜式变化、丰富花式品种、改善口感、便于烹制的作用,为酿制菜式、卷包菜式、肉饼、肉卷、肉丸等提供半制成品,是常用的半制成品。

因此说,学会并制作出高质量的蓉胶,是使菜肴品种丰富多变的基础,是烹饪人员技艺水平的另一体现之处,即使中式烹调高级技师甚至是大师级的技能鉴定考核,也不时出现蓉胶制品的操作品种。

▶ 任务评价

对蓉胶工艺的掌握进行自我评价、小组评价、教师点评,总结成绩,查找不足,分析原因,制订改进措施。

▶ 任务总结

(1) 吸取在任务实施过程中的成功经验。

(2) 总结在知识点掌握上存在的不足以及改进方法。对于在任务实施过程中出现的失误,学生先自己分析原因,再由同学分析,最后教师点评总结。

（3）讨论、分析提出的建议和意见。

任务五　菜肴的组配工艺

任务描述

菜肴组配又称配料、配菜,即根据菜肴的质量要求,把各种加工成形的原料加以适当的组配供烹调或直接食用的工艺。

任务目标

了解菜肴组配的原则,掌握一般菜肴组配的方法,能在实践中熟练运用各种菜肴的组配方法。

任务实施

一、菜肴组配的要求

（一）菜肴组配的卫生要求

首先,所选择的原料必须保证安全、无毒、无病虫害、无农药残留。

其次,所配的各种原料应在盘中分别放置,便于烹调时有规律地下锅。

最后,所用的配菜盘应与盛装菜肴成品的餐具区分开来,绝不允许用同一器皿或盛装直接入口食用菜肴的餐具。

（二）菜肴组配的规格要求

各种菜肴都是由一定的质和量构成的。所谓质,是指组成菜肴的各种原料总的营养成分和风味指标;所谓量,是指菜肴中各种原料的重量及其菜肴的重量。一定的质量构成菜肴的规格,而不同的规格决定了它的销售价格和食用价值,因此对菜肴的不同规格进行确定,是组配工艺的首要任务。对菜肴的规格质量的组配,实际上是对菜肴构成成分的适当组合。一般来说,一份完整的菜肴由三个部分组成,即主料、辅料和调料。主料在菜肴中作为主要部分,占主导地位,为突出作用的原料,它所占的比重较大,通常为 60% 以上,其作用是能反映该菜的主要营养与主体风味指标。辅料又叫"配料",在菜肴中为从属原料,指配合、辅佐、衬托和点缀主料的原料,所占的比例较少,通常在 30%～40%,作用是补充或增强主料的风味特性。调料又叫调味品、调味原料,包括一些不属于主料、辅料及有调味作用的原料,如天然色素、人工合成色素、发酵粉、食碱、嫩肉粉等。调料是用于烹调过程中调和食物口味的一类原料。在烹调中用量虽少,但作用却很大,其原因在于每一种调料都含有区别于其他调料的特殊成分。在菜肴组成方面,主料起关键作用,是菜肴的主要内容。就一份菜肴而言,主料的品种、数量、质地、形状均有一定的要求,是固定不变的。而辅料应顺应主料,往往由于季节、货源等因素影响,部分菜肴的辅料是可以改变的。如炒肉丝在配辅料时,春季用韭芽、春笋,夏季用青椒,秋季用茭白、芹菜,冬季用韭黄、青蒜、冬笋;再如翡翠蹄筋的绿色配料,春季用莴苣,夏季用丝瓜,秋季用鲜白果等。菜肴规格质量的确定,使菜肴的价格、营养价值、口味和烹调方法、色泽、造型等均已确定。

菜肴规格质量的确定

（三）菜肴组配的营养要求

菜肴原料的搭配和组合要以营养科学为指导，以满足人体对各种营养的需要。应注意食物的酸碱平衡和营养素的保护。

（四）菜肴组配的感官要求

主要包括菜肴色彩、香味、口味、原料形状、原料质地的组配要求及原料与器皿的组配原则等方面的内容。

二、菜肴组配的形式和方法

菜肴组配的形式，按食用温度分为冷菜和热菜；按菜肴形式分为风味菜和花式菜；按原料的性质分为荤菜和素菜；按烹调方法分为炒菜、烧菜、汤菜等。无论哪种分类都是相对的，它们之间是相互关联的，并没有明显的界限。为了结合厨房的实际分工，方便大家学习和掌握，现将菜肴组配的形式分为冷菜组配、热菜组配两大类。

（一）一般冷菜的组配方法

一般冷菜也叫一般冷盘，它操作方法简便，方便食用，符合食用的要求。冷菜因其烹制方法和功用的不同而形成一定的特点，在组配时对卫生方面的要求较高，必须在专门的"冷荤间"进行操作，防止在加工菜品时造成污染。严格执行食品卫生相关法律、法规，穿戴工作服、工作帽、口罩，保持环境卫生。组配一般冷菜的方法有三种。

❶ **单一原料冷菜的组配**　冷菜大多数以一种原料组成一盘菜肴，有时可根据需要辅以适当的点缀。常用于多种形式的造型，如几何形式、宫灯式等造型。

❷ **多种原料冷菜的组配**　这是指以两种以上凉菜原料组成一盘菜肴，除花色冷盘外，主要用于拼盘和花色冷盘的围碟。此类冷盘的组配应注意原料在口味上应相似，形状上便于造型，数量上有一定的比例，色彩上五彩缤纷。形式上有双拼、三拼、四拼、五拼、六拼、八拼以及多种单只造型冷盘。

❸ **什锦冷菜的组配**　以十种左右冷菜原料构成，是多种冷菜原料组配的特例，经适当加工，成为色彩艳丽、排列整齐、大小有度、刀工精细并有一定高度的冷盘。什锦冷盘充分运用了对称均衡的构图原理，使原料之间大小相等、高低相齐、长短一致、方向一致，呈多个扇形，有的还需要抽缝叠角，使制作难度加大，是冷菜造型基础操作的基本形式。

（二）一般热菜的组配方法

❶ **单一原料菜肴的组配**　单一原料菜肴的组配即菜肴中只有一种主料，没有配料，这种配菜对原料的要求特别高，必须比较新鲜，质地细嫩，口感较佳，才能配作此菜。如干烹大虾、清蒸鲥鱼、蚝油牛柳等。

❷ **主辅料菜肴的组配**　指菜肴中有主料和辅料，并按一定的比例构成。其中主料一般为动物性原料，辅料一般为植物性原料，配料时应掌握主料与辅料的特点，在质量方面以主料为主导地位，起突出作用，辅料对主料的色、香、味、形起衬托和补充的作用，对主料的营养起互补的作用，从而提高菜肴的营养价值，使菜肴的营养素含量更全面。主辅料的比例一般为 9：1、8：2、7：3、6：4 等形式，其中配料宜少不宜多，以数量少为高档次。在主辅料的配菜时要注意配料不可喧宾夺主，以次充好。

❸ **多种主料菜肴的组配**　菜肴中主料品种的数量为两种或两种以上，数量上大致相等，无任何辅料之别。在配菜时应分别放置在配菜盘中，方便菜肴的烹调加工。此类菜肴的名称一般均与数字分不开，如汤爆双脆、三色鱼圆、植物四宝等。

三、花色热菜的组配与成形方法

花色热菜又称为造型热菜，是饮食活动和审美意趣相结合的一种艺术形式，具有较强的食用性与观赏性。这类热菜的组配与成形，是将菜肴所用的各种主辅料按照具体的质量要求，通过艺术造型形成菜肴生坯，使主料和辅料有机地结合在一起，菜肴的形状基本确定。花色热菜的形式丰富多彩，千姿百态。通过艺术的加工和原料特性的利用，给人们以美的感觉。满足了食客精神享受，既增进了食欲，又有利于消化吸收。花色热菜一般分为图案造型和象形造型两类。图案造型中大量运用了图案装饰手法，利用对称和平衡、统一与变化、夸张和变形、对比和调和等法则，使菜肴原料具有多种多样的几何形式，经过丰富的几何变化装饰，装盘时按一定的顺序、方向有规律地排列组合在一起。象形造型，是运用艺术原理，模仿自然界的实物造型，力求"神似"，形态动人。花色热菜的组配方法较多，常用下列几种方法。

❶ 贴　贴就是将所用的几种原料分三层粘贴在一起，成扁平形状的生坯。一般下层是片状的整料，多见为淡味或咸味的馒头片、猪肥膘片、猪网油等物料；中层为特色原料并起粘连作用，以蓉胶、片丝常见，如是丝片还要添加浆、糊作为粘接剂；上层为菜叶和其他点缀物。三层原料整齐、相间、对称地贴在一起。如锅贴青鱼、锅贴鳝鱼、锅贴火腿等菜肴。

❷ 卷　卷就是用薄软而有韧性的原料作外皮，中间加入各种原料卷形。烹制方法多采用炸、滑熘、蒸、焖、烩、涮等。卷制法依形状的不同可分为三种：一是大卷，形状较大，以干炸方法居多，成熟后需改刀（装盘），外皮原料一般是猪网油、豆腐皮、鸡蛋皮、百叶等，菜肴有吉士酥枚卷、炸虾蟹卷等。二是小卷，形状较小，成熟后不需改刀，直接食用。外皮原料一般为动物肌肉大薄片，有鸡片、鱼片、肉片等，经过卷制后，有的直接成形，并在一端或两端露出一部分原料，形成美观的形状，如三丝鱼卷、兰花肉卷等菜肴。三是如意卷，就是在卷制时，由两头向中间卷成如意形，代表菜有如意蛋卷、紫菜如意蛋卷、如意虾卷等。

❸ 包　包就是运用薄软而有一定韧性的原料作外皮，将加工成丁、丝、条、片、块、粒、蓉的鸡、鸭、鱼、虾、肉等原料包制成形。皮料多采用无毒玻璃纸、糯米纸、荷叶、粽叶、鸡蛋皮、猪网油、豆腐皮、包菜叶、春卷皮等。包制成坯料的形状较多，有条包、方包、长方形包、圆形包、半圆形包、三角形包、象形包等。烹调方法多采用蒸、炸、汆、烤、烩等。代表菜肴有荷叶粉蒸鸡、豆腐饺子、葫芦虾蟹等。

❹ 穿　穿就是将原料去掉骨头，在出骨的空隙处，将另一原料穿在里面，形成生坯。穿入的原料充当"骨头"，仍保持原来的形状，达到以假乱真的目的，从而提高菜肴的品位。烹调方法多采用熘、蒸、炸、烧、焖、涮等，代表菜肴有象牙排骨、龙穿凤翼、穿心鸭翼等。

❺ 挤　挤就是用手或工具将蓉胶状的原料挤成各种形状的过程。先将原料加工成蓉胶便于成形，用手挤是用手抓上蓉胶，五指与手掌着力使蓉胶从弯曲食指与大拇指之间的虎口中挤出，再用另一只手或调羹刮成球形、橘瓣等形状；用工具挤是将蓉胶装入裱花袋或注射筒中，用力将其挤出成各种线条状坯料。适合挤法的原料要求形状细小，否则，制品外观不光滑。烹调方法多采用汆、炸、炖等。代表菜肴有橘瓣鱼汆、夹火鱼圆、蛟龙戏珠等。

❻ 扎　扎就是将加工成条、段、片状的原料成束成串地捆扎起来。捆扎的原料常采用绿笋、药芹、蜇皮、葱叶、蒜叶、海带等加工成丝状。由于成形后的形状似柴把，故菜名往往有"柴把"二字，如柴把鸭掌、柴把鸡、柴把药芹等。烹调方法多为蒸、拌、扒、熘等。

❼ 酿　酿又称为瓤，就是将原料制作成馅心，填入挖空的原料内形成生坯。外面的原料为皮料，里面的原料为馅料。皮料一般不太大，均为植物性原料，将里面的原料挖空后，开口处为开放式或有盖式均可；馅料可荤可素，可生可熟，均需加工成细小的形状，调味需在填入前调制好。烹调方法以蒸和软熘法为主。代表菜肴有枣泥苹果、八宝冬瓜盒、酿丝瓜等。

❽ 装　装就是以一种原料作为盛器，里面装入主配料，成为菜肴生坯的一种方法。原料盛器多数需适当雕刻成形，既是盛器又是食物，可谓一举两得。烹调方法以蒸、炖、炒、煎等为主。代表菜肴有西瓜鸡、什锦香瓜、冬瓜盅、龙舟载宝、翡翠虾斗等。

❾ 扣　扣就是将所用原料有规则地摆在碗内，成熟后复入盛器中，使之具有美丽的图案。在扣前需在碗内抹上少许白色食用油，以便原料脱入盛器中。扣碗的原料可以是一种或多种，通过扣可

以使菜肴表面光滑、整齐、饱满,美观大方。烹调方法多为蒸、扒。代表菜肴有虎皮扣肉、金银扣蹄、鸳鸯扣三丝等。

⑩ **藏**　藏就是将一种原料藏入另一种原料的腹腔中,加以密封形成菜肴生坯。外面的原料常选用鱼类、禽类、肉类等,先将其初加工后脱骨或挖空,洗涤干净;内藏原料多为贵重原料,像鲜贝、海参、鲍贝、三鲜、八宝等。内藏物填入后,为防止内部原料渗出,往往采用扎口、缝口及用淀粉、鸡蛋清粘口等方法。烹调方法多采用蒸、炖、炸、焖、烤等。代表菜肴有葫芦鸡、羊方藏鱼、叫花鸡、玉蚌藏珠等。

⑪ **夹**　夹是将一种原料夹入另一种原料而成为生坯。夹与卷、包、瓤等相类似但又有区别。选用动植物性原料,采用切夹刀片的方法,切成一个个的夹刀片,然后在夹刀片的中间夹上事先调制好的硬蓉胶,即成生坯。所夹的蓉胶一般以动物性原料为主,荤素搭配,营养互补。烹调方法多采用炸、煎、蒸、熘等。代表菜有夹沙苹果、夹沙香蕉、熘茄夹、蛤蜊鱼饺等。

⑫ **摆**　摆就是采用多种原料拼摆成各种造型。在拼摆前需要于脑中形成所配菜肴的立体构象,再选择合适的原料,拼摆成拟定的形状。烹调方法多采用蒸、煎等。如一品豆腐,它先调豆腐蓉胶,拓平后再用香菇、樱桃、银杏等摆成梅花状;还有琵琶鸭舌、鸳鸯海底松、葵花鸭片等菜肴。

⑬ **镶**　镶就是将蓉胶镶在一定形状的薄片原料上,有时为使蓉胶粘牢,还用排斩的方法在原料上排几下。烹调方法多采用炸、煎、蒸、焖等。代表菜肴有香炸猪排、白酥鸡、百花鱼肚等。

⑭ **粘**　粘即是在原料的表面粘上丝粒状的物料而形成生坯。主料一般为蓉胶,因其具有一定的粒性能粘连上各种物料;粘连物为椰蓉、松仁末、熟芝麻、核桃末等细小原料。烹调方法多采用炸、蒸、烤。代表菜有椰蓉虾球、桃仁鳝鱼、绣球海参、珍珠肉等。

⑮ **串**　串就是用竹扦、铁丝等物将各种片状原料串成一串一串的,形状独特,别具一格。烹调方法多采用炸、铁板烧等。代表菜有铁板鳝串、五彩肉串、芙蓉虾串、小鸭心串等。

⑯ **套**　套是将同样大小的两片不同的原料,在中间划1～3刀,再从一头穿入拉紧成麻花状的生坯,使两种原料套在一起。如"凤入罗帏",就是将响螺肉和鸡肉切成同样大的长方片后两片相叠,在中间划3刀,把一端从中间的刀缝中穿过,翻转拉紧成麻花状的生坯。其原料一般选用韧性的动物性肌肉片,烹调方法多为滑炒、滑熘、软炸等。代表菜肴有麻花野鸭、麻花腰子等。

⑰ **模铸**　模铸即利用金属等材料制成某种形状的模具,将蓉胶(或液体)加热凝固成各种各样的形状。烹调方法多采用蒸、烩等。代表菜有鸡汁无心蛋、什锦鱼丸汤等。

⑱ **裱绘**　裱绘是仿照西点做裱花蛋糕的方法,将蓉胶或浓液体装在带奶油嘴的布袋里,像画笔一样,裱绘出各种美丽的图案。烹调方法多用蒸。如芙蓉玉扇、兰花驼蹄、梅花龙须菜等。

⑲ **捶**　捶也叫敲,是把里脊肉、鱼肉、虾肉、鸡肉或鸡蓉,一边捶一边拍上干淀粉,使之成为片状的制作方法。烹调方法多采用炸、蒸、汆等。如鲜奶鱼馄饨、水鲜牡丹等。

花色冷盘的
组配与成形
方法

→ **任务评价**

对菜肴组配的掌握进行评价、小组评价、教师点评,总结成绩,查找不足,分析原因,制订改进措施。

任务评价表
2-1

→ **任务总结**

(1)吸取在任务实施过程中的成功经验。

(2)总结在知识点掌握上存在的不足以及改进方法。对于在任务实施过程中出现的失误,学生先自己分析原因,再由同学分析,最后教师点评总结。

在线答题

(3)讨论、分析提出的建议和意见。

调配工艺

项目描述

在菜肴烹制过程中,调配工艺尤为重要,它直接影响到菜品质量。调配工艺实际就是根据菜品要求,在烹调过程中运用不同的调料及手法,对菜肴口味、香气、色彩、质感方面进行"调和"优化,使这些风味要素达到最佳效果的工艺过程。只有经过工艺的"调和",菜肴才真正具备了"美食"的本质,增加食欲的同时获得愉悦用餐享受,还会避免因感官不悦而给营养素摄取带来影响,提高了菜品的营养价值及风味特色。

项目目标

通过学习本项目,掌握调配工艺(调味、调香、调色、调质)的基本原理和调配基础知识,对菜肴的调味、调香、调色、调质这几个方面深刻理解,正确认识。通过技能训练熟练掌握调配方法,并能在烹调实践中灵活运用,准确调味。

项目内容

通过工艺的调和优化可以使菜肴风味特征如口味、香气、色泽、质感等基本确定或全部确定。实质上也是对原材料(食材)原有的口味等进行设计重组、调整及优化的过程,同时也是菜肴色泽、口味、质感、香气"定形"的过程。目的就是消除异味,增加美味、色泽等来调和味道,适应口味,同时也提升了菜肴美感及科学实用性。

任务一 口味调配工艺

> 任务描述

一、工作情境描述

学习常见热菜复合调味汁调制方法,并达到相应的标准,对热菜代表性风味菜肴制作至关重要。要想准确调味,首先要对常见味型味汁的调味方法反复进行训练,才能达到调味精准,体现呈味最佳效果。要求调味小组配合制作。

二、工作流程、活动

根据工作计划,组织不同风味调味汁训练,使其达到应有的质量标准。工作现场保持整洁,小组成员配合有序,节约原材料,操作符合安全规程。

❶ **明确接受工作任务** 工作任务表详见二维码。

❷ **认识或分析口味调配工艺**

引导问题1:什么是口味调配工艺?什么是味觉和调味?

引导问题2:味的分类及相互关系是什么?

引导问题3:调味的基本原理及作用特性是什么?

工作任务表
4-1

→ 任务实施

"厨者之作料,如妇人之衣缎首饰也,虽有天姿,虽善涂抹,而敝衣褴褛,西子亦难以为容",完全道出调和之道的本质。中国烹饪讲究调和,也就是"调味",把味放到首位。美味的获得是多种因素的科学组合,也就是丰富多彩而和谐、多样的统一,而且非常强调整体效果。调味的千变万化决定了我国饮食的丰富多彩。

口味调配工艺,也称调味,就是运用各种调味原料和有效的调制手段,使调味料之间及调味料与主配料之间相互作用,协调配合,从而赋予菜肴一种新的滋味的过程。调味是调配工艺的中心内容,其成败将直接影响菜肴的风味。要掌握调味就必须了解味觉的生理、调味的原理和规律、调味的方法和程序以及调味的基本要求。

一、味觉与调味

（一）味觉的基本概念

"民以食为天,食以味为先"。人们对食物的选择和接受,关键在于味。味,是指食物进入口腔后给人的综合感觉。它是中国菜肴的灵魂,也是评价菜品质量的重要因素之一。味的主体在于人,是人们赋予食品各种感受,即"五味调和百味香""食无定味,适口者珍""心以味为乐""一菜一格,百菜百味"等对于味的赞美。

所谓味觉,是指食物在人的口腔内对味觉器官化学感受系统的刺激并产生的一种感觉。味觉的适宜刺激是能溶解的、有味道的物质。当味觉刺激物随着溶液刺激到味蕾时,味蕾就将味觉刺激的化学能量转化为神经能,然后沿舌咽神经传至大脑中央后回,引起味觉。影响味觉的因素如下。

❶ **温度** 温度对味觉的灵敏度有显著的影响,主要表现在对味觉器官及呈味物质两个方面。从味觉器官的角度来说,温度低于 0 ℃ 或高于 80 ℃ 对味觉器官的灵敏度有抑制作用;通常,味觉的最敏感温度有一定区间,过高或过低都会导致味觉的迟钝。不同的食物的最适食用温度是不同的,一般的热菜温度最好在 60~65 ℃,凉菜的温度最好在 10 ℃ 左右。例如,炸鱼的最佳食用温度一般在 65~85 ℃,这样可保证菜肴外焦里嫩及鲜香的口味,如果温度过低则口感达不到要求。凉拌黄瓜的最佳食用温度一般是 10~15 ℃,这样才能保证清凉爽口。热牛奶的最佳食用温度为 60 ℃ 左右,凉牛奶的最佳食用温度为 12 ℃ 左右;热咖啡最佳食用温度为 70 ℃ 左右,凉咖啡的最佳食用温度为 6 ℃ 左右。

❷ **呈味物质的浓度** 呈味物质的浓度对味觉有最直接的影响,一般均有最适浓度。例如,食盐在汤菜中的浓度一般以 0.8%~1.2% 最为适宜,炖、煮、焖等长时间加热的菜肴中食盐的量一般以 1.3%~2.0% 为宜,爆、炒类急火速成的菜肴中盐的含量一般为 1.2%~1.7%。

❸ **年龄** 随着年龄的增长,人对味的敏感性也会逐渐下降。这是因为舌上味蕾数目的多少与年龄存在着一定的关系,而一个人的味蕾数目的多少又能反映出人对味觉敏感程度的强弱。随着人

年龄的增长,人的味觉敏感程度有普遍下降的趋势。严重时甚至对于咸味都没有正确的感觉,或者容易将咸味与酸味错误地等同起来。

❹ **溶解性**　味觉的强度还与其溶解性有关。一种物质如果要对人产生味觉,其先决条件必须是这种物质要能够溶解于水,完全不溶于水的物质实际上是没有味的。例如,我们品尝绵白糖和砂糖,会感觉绵白糖比砂糖甜,就是因为绵白糖粒度较砂糖细小,溶解度比砂糖大,其呈味速度快,因而能在口腔中保持较高的浓度的缘故。又如,蔗糖比较容易溶解,因而味觉的产生也快,同时它的味觉消失也较快。再如“干炸里脊”一般用椒盐调味,由于椒盐为颗粒状,被人食用后呈味物质首先要被唾液溶解,才能呈现出咸味、香味和麻感。因此,其味觉产生得较慢,味感较弱;相比而言,“烩松肉”的呈味就较快,味感较强。

❺ **人的生理及心理状况**　人在身体条件不好时,对味觉刺激的敏感性会产生一定的影响。例如,人在感冒时通常都没有胃口,对什么味都很迟钝,并且引不起食欲。同时,人不同的饮食习惯会形成不同的口味嗜好,从而造成人们味觉的差别。例如,喜欢吃甜的人,对甜味的适应性相对要强,他们感到最适的浓度相对就高;喜欢吃咸的人,对咸味的适应性相对就高,感到最适要求的浓度相对也就大;喜食辣椒的人,对辣味感到最适的浓度相对就大,一般不吃辣的人感觉很辣的菜肴,对于他们可能只是微辣;同样对于喜欢吃酸的人,他们对酸味感到最适的浓度相对就大。这些情况都是因为不同的人有不同的饮食习惯,从而形成了对不同味觉刺激的敏感性不同的缘故。

饮食心理也是影响人体味觉的因素之一。人们在各自的生活中形成的对某些食物的好恶,直接影响到他们对不同味的接受能力。如有些人对香葱、蒜等特别反感,只要看到菜肴中有葱、蒜,就会感到恶心,但如果他们看不到或不知道有葱、蒜,就不会出现上述现象。又如某些人心理上对羊肉有一种排斥现象,只要知道是羊肉,无论菜肴味道多好,都不会引起食欲,但如果他们不知道是羊肉,则可能会吃得很有味道。

另外,不同的气候条件和季节等也会造成人们味觉上的差别,如在盛夏,人们多喜欢口味清淡的菜肴,对油腻、浓厚的味道有排斥感;在严冬,人们多喜欢吃一些口味浓厚的菜肴。

(二)味觉的种类

味觉可分为广义的味觉(心理味觉、物理味觉、化学味觉)和狭义的味觉。心理味觉是指食品的色泽、形状以及就餐环境、季节、风俗、生活习惯等因素对人味觉产生的心理反应。就其效果而言,红色最能促进人们的食欲,橙色次之,黄色稍逊,但会使人感到心情舒畅;黄绿色低,绿色略有回升,紫色、蓝色对食欲的促进作用比较差。物理味觉是指食品的硬度、黏度、温度、咀嚼感、口感等物理因素或指对口腔的刺激或咀嚼而产生的物理刺激。化学味觉是指食物中所含化学物质作用于感觉器官而引起的味觉和嗅觉,烹调中的调味多指化学味觉。

(三)味觉的呈味现象

❶ **对比现象**　指两种或两种以上的不同呈味物质,适当调配,可使某一种呈味物质的味觉更加突出的现象。如在10%蔗糖溶液中添加0.15%氯化钠,会使蔗糖的甜味更加突出;在醋酸中添加一定量的氯化钠可以使酸味更加突出;在味精中添加氯化钠会使鲜味更加突出。这种味觉现象,在生活中也有应用,比如我们吃菠萝通常沾一些淡盐水,一方面能去除涩味,另一方面增强了菠萝的甜度。

掌握了味的对比现象以后,就能使我们在日常生活中或烹调加工中特别注意,必须把这种味觉现象记在心中。比如,一些菜肴的制作过程中需要调味,第一次放盐后尝了尝,觉得淡,第二次再放些盐后,仍然淡,第三次再放盐,觉得合适了,但实际上这时可能已经加盐加多了,因为第一次加盐时口中无味,第二次加盐是在品尝一次后,如果再尝,此时口腔内的还有盐分,再尝时就会出现这种所谓“对比现象”,这时的加盐量如果正好,品尝者会感觉淡,这是第一次品尝影响了后面的品尝,所以我们调味时一定要把握住,力求准确,原则上一次调味成功,如果需多次品尝,一定要彻底漱口,把这种对比效果的范围缩小。尤其是在菜品品尝比较时,更应这样。

味的这种对比现象,并不是由大脑意识的次序决定的,而是与味细胞的现象有关,舌头上有两种呈味物质刺激时,动物味觉神经纤维的活动,通常由先接触的味道边增强边抑制。明白了这些道理,有利于我们更合理地进行调味。如在安排菜单时应注意:用螃蟹制作的菜肴应排在其他主菜之后,否则会影响主菜的味道,因为螃蟹是一种味道极其鲜美的食品,如果在宴会开始后先吃螃蟹,螃蟹中的呈鲜物质会在口腔中驻留时间较长,再吃其他的菜肴,就会由于味觉的对比现象而使人感觉其他菜肴的鲜美味道不足或很差。另外,宴会中适时地饮用茶水,可以去掉口腔中其他菜肴的余味,使下一道菜的味道更加纯正。

❷ **相乘现象** 指两种具有相同味感的物质进入口腔时,其味觉强度超过两者单独食用的味觉强度之和,又称为味的协同效应。甘草胺本身的甜度是蔗糖的 50 倍。但与蔗糖共同食用时甜度可达到蔗糖的 100 倍。

在氨基酸类和核苷酸类鲜味剂间就存在这种味的相乘现象,把 95 g 味精(氨基酸类鲜味剂)与 5 g 肌苷酸(核苷酸类鲜味剂)相混合,混合后所呈现的鲜味相当于 600 g 味精所呈现的鲜味强度,从中可以很明显看出这种鲜味强度的增加并不是简单的鲜味加成,而是鲜味相乘。强力味精的出现就是利用了味的这种相乘现象。

在实际烹调过程中,为了增强菜肴的鲜味,也常常运用这种味的相乘作用。如在制作某些炖、煨的菜肴(如佛跳墙等)时,经常要选用多种原料,一般是将富含肌苷酸的动物性原料(鸡、鸭、蹄膀、猪骨、鱼、蛋等),与富含鸟苷酸、鲜味氨基酸和酰胺的植物性原料(竹笋、冬笋、香菇、蘑菇、草菇等)混合在一起进行炖、煨。古食谱把鱼、羊合烹,制成"鱼咬羊""鱼藏羊"等菜肴,鱼不腥、羊不膻,两味融合,菜肴味道特别鲜美,也正是利用了味的相乘转化作用。

依据以上现象,我们可以将几种原料一起烹调,使这些原料中不同的鲜味物质之间发生味的相乘作用,使得整个菜肴的鲜美滋味在很大程度上有所提高。

❸ **相消现象** 指一种呈味物质能够减弱另外一种呈味物质味觉强度的现象,又称为味的拮抗作用。如蔗糖与硫酸奎宁之间的相互作用。我们在做菜时,不慎把菜的味调得过酸或过咸时,常常可以再加入适量的糖,这样就使菜肴原来的酸味或咸味有所减弱,这实际上就是利用了糖与食盐或醋酸之间具有味的相消作用的原理来达到减轻菜肴酸味或咸味的目的。糖、醋、酱油组成的糖醋味,甜、酸、咸要比本味适口得多,许多复合味都是根据这一原理制作出来的。

❹ **转化现象** 指两种呈味物质相互影响而导致其味感发生改变的现象。刚吃过苦味的东西,喝一口水就觉得水是甜的。刷过牙后吃酸的东西就有苦味产生。例如,评判人员在品尝了某道菜肴后,先用白开水漱口,间歇数秒钟后,再继续品尝下一道菜肴,就是为了消除因为味的这种转化作用影响评判的正确性和准确性而带来的干扰。另外,在品尝菜肴之前用白开水漱口,还可起到洗涤口腔的作用,清洁的口腔更有利于提高舌表面的味蕾对味觉的敏感性,从而能更准确地辨别下一道菜肴的口味。要注意的是,对比现象和变味的现象虽然都是前味影响后味的现象,但是对比现象是指后味忽强忽弱,而变味现象是味质本身发生了变化。

根据味的转化现象,在评定、品尝菜肴的质量时,要使几种呈味物质按适当的调配比例相互混合,从而创造出多种多样诸如鱼香等仿生的"无中生有"复合味。作为寺院菜的素菜体系,就比较好地利用了味觉的各种现象和规律,在味觉仿生方面(以素托荤味)做出了巨大贡献,充分体现了中国烹饪在调味技术上的复杂性和创造性。

二、味的分类及相互关系

味分基本味和复合味。基本味又称单一味,是最基本的滋味。如咸味、甜味、酸味、苦味、辣味等;复合味是由两种或两种以上的基本味混合而成的味。如酸甜味、麻辣味、鱼香味等。将各类调味品进行有目的的配伍,就可产生千差万别的味,形成各种风味特色,这正是中国烹饪调味技术的精妙所在。有些调料并不只有单一味,如酱油就是一种复合调料,但为了研究上的方便,且基于它们都属于调料,所以归于基本味中进行讨论。

从味觉生理角度看,公认的基本味只有咸、甜、酸、苦四种。我国古代流行"五味说",即酸、甜、苦、辣、咸。实际上,辣是一种痛觉,不用味蕾便可感受到,但从古到今,我国都习惯将辣味归于味觉中研究。现代科学证实,鲜味也是一种生理基本味。另外,还有麻味。

（一）单一味

❶ 咸味　咸味被称为"母味""百味之本""百味之主",是食品中不可或缺的、最基本的味,也是中性盐显示的味。咸味是菜肴调味的主味,咸味可以单独使用,也可以与多种单一味相调配。咸味在烹饪中起着非常重要的作用,它不但可以突出原料本身的鲜美味道,而且有解腻、去腥、除异味的作用。咸味也具有抑菌杀菌作用,如各种咸菜、生腌河鲜、海鲜等,就是利用盐渍法。此外,咸味是大多数复合味的基础味,一般菜品离不开咸味,就是糖醋味、酸辣味菜肴也要加入适量的食盐,利用对比现象使其滋味柔和浓郁。呈咸味的调料主要有食盐、酱油、酱类等。

❷ 酸味　酸味具有较强的去腥解腻及杀菌消毒的作用,并且是烹制禽、畜内脏和各种水产品的常用品。它还能促使含骨类原料中钙溶出,产生可溶性的醋酸钙,促进人体对钙的吸收,使原料中骨质酥脆。同时,酸味调味料中的有机酸还可与料酒中的醇类发生酯化反应,生成具有芳香气味的酯类,增加菜肴的香气。酸味的成分主要是可以电离出氢离子的一些有机酸,如醋酸、柠檬酸、苹果酸、乳酸、酒石酸等。酸味不能独立作为菜肴的滋味,常与咸、鲜、辣等一起构成复合味。常用酸味调料有醋、番茄酱、柠檬汁、酸菜汁、酸米汤、酸黄瓜等。

❸ 甜味　主要是蔗糖、果糖、葡萄糖以及麦芽糖类的滋味。甜味在调味中的作用仅次于咸味,它可增加鲜味,调和口味。在我国南方一些地区,甜味是菜肴的主味之一。甜味能去腥解腻,使烈味变得柔和醇厚,还能缓和辣味的刺激感以及增加咸味的鲜醇感等。主要调料有白糖、蜂蜜、饴糖、果酱、冰糖等。其中,白糖和冰糖的主要成分是蔗糖,尤以白糖使用最为普遍。

❹ 辣味　来自辣味调料中所含的挥发性芳香油和辣椒素,是刺激性最强的一种基本味。辣味具有较强的刺激性气味和特殊的香气成分,对其他不良气味如腥、臊、臭等有抑制作用,并能刺激胃肠蠕动,增强食欲,帮助消化。通常在烹调中分辛辣、热辣、香辣三种,辛辣味的辣味成分在常温下能挥发;热辣味的辣味成分在常温下难挥发,通常需借助加热处理,又称火辣;香辣包括两方面含义,一是在常温下就能挥发出芳香,二是经加热处理,产生浓郁的香辣,如干辣椒。通常把干辣椒产生的香辣又称为干辣。辣味调料主要有辣椒(小米椒、灯笼椒等)、黄椒酱、胡椒、葱、姜、蒜、芥末、咖喱、辣根、泡椒(四川)、剁椒(湖南)、豆豉辣酱等。

❺ 鲜味　鲜味可增强菜肴的鲜美口味,使无味或味淡的原料增加滋味,同时还具有刺激人食欲、抑制不良气味的作用。鲜味在菜肴中一般有两个来源:一是富含蛋白质的原料在加热过程中分解成低分子的含氮物质,比如煮海带汤、紫菜汤、山鸡汤、野鸭汤等,成品鲜味充足;二是呈鲜味的调料,鲜味主要为氨基酸盐、氨基酸酰胺、肽以及核苷酸和其他一些有机盐的滋味。鲜味不能独立作为菜肴的滋味,而必须有咸味的参与。呈鲜味的调料有鸡汁(浓缩)、味精、蚝油、鸡粉、超鲜蘑菇粉、鱼露、虾籽等。

❻ 麻味　麻味是川菜中独具的特殊用味,其主要调料是花椒(花椒素),具有芳香的辛麻味道,食用时具有醇香、辛麻而舒适的感觉,麻味能增强胃的蠕动和食欲。麻味是在烹调上刺激性强并具有挥发性的香味,有除异味、解腥去腻、增香提鲜,使复合味浓厚的作用,最宜与香辣味相配合。运用中,要掌握好麻味的程度,以达到麻味刺激效果为准。麻味可与咸甜味等配合构成复合的"怪味",具有浓郁的地方特色。

❼ 苦味　苦味是一种比较特殊的味道,一般是没有味觉价值的。单纯的苦味,尤其是较强烈的

苦味通常是不受人们喜爱的,但是苦味在调味和生理上都有着重要作用。苦味能刺激味觉感受器官,提高或恢复各种味觉感受器官对味觉的敏感性,从而增进食欲。苦味虽一般不为人喜好,但苦味如果调配得当,可改善菜肴的风味。特别是夏天,一些微苦菜肴,大多有清香、爽口、开胃、舒适、清心等特点。人的味觉对苦味极为敏感,能尝出苦味的溶液浓度要比酸、甜、咸的浓度低得多。呈味物质主要源于植物中的生物碱及一些糖苷。苦味调料主要有茶叶、陈皮、啤酒等。

（二）复合味

复合味是用两种或两种以上的单一味混合调制出的味道。这是一种综合的味道。做菜调味时,虽然原料自身具有一定的味道,但是这种味道往往是在添加调味品后才呈现出来的,可见,菜肴的主要味道一般是由添加的调味品来决定的。丰富多样的各种菜肴所呈现出来的味,绝大多数都属于复合味。

复合味的配制,因调味品的组配不同,会有很大变化。各种单一味道的物质在烹调过程中以不同的比例、不同的加入次序、不同的烹调方法,呈现出众多的复合味。同时各地又有各自的调配方法,使得味型种类很多,常见的有以下几种。

❶ **咸鲜复合味** 咸鲜味是中国烹饪常见的基本味型之一,大多高档菜肴,都是运用咸鲜味调配的。多用于白色菜肴,常用盐加鲜汤或味精调配而成,以突出原料的本味。有时也用于少量有色菜肴,常用的有色调味品主要有鲜酱油、虾籽酱油、虾油、鱼露、虾酱、豆豉等。

❷ **酸甜复合味** 应用最普遍的酸甜味是糖醋汁,其配制大体可分为两大流派。

广东菜系采用一次大量配制备用的方法,用料为白糖、白醋、精盐、番茄汁（或山楂汁）、辣酱油等。

其他菜系的糖醋汁一般都采用现用现配的方法,用料为食用油、米醋、白糖、红酱油、淀粉、葱、姜、蒜末等。鲁、川、沪等地用醋略重,浙江、苏州、无锡等地用糖较重。常用的酸甜味调味品有番茄酱、草莓酱、山楂酱等。

❸ **咸甜复合味** 咸甜味在烹制时大多用酱油、盐、糖混合调制而成,一般适用于烧、焖等烹调方法,并有甜进口、咸收口,或咸入口、甜出头之分,即在咀嚼时先感到突出的甜味,后有咸鲜的回味;或开始时咸味明显,回味时有甜的感觉。

常用的咸甜味调味品有甜面酱、黄豆酱等。

❹ **咸辣复合味** 在各类菜肴中辣的层次有所区别。常用的咸辣味调味品有泡辣椒、豆瓣辣酱、辣酱油等。

❺ **香辣复合味** 在调配香辣味时,如果为了加强咖喱的香味,常可采用食用油、洋葱、姜末、蒜泥、香叶、胡椒粉、干辣椒和面粉等混合配制,这样可使辣味层次感增强,香气倍增。常用的香辣味调味品有咖喱、芥末、香辣酱、拌饭酱（香辣型）等。

❻ **香咸复合味** 常用的香咸味调味品有椒盐、糟卤等。椒盐以花椒和盐炒制研碎而成,一般都大量配制后备用;糟卤多用香糟、料酒、糖、盐、糖桂花等配制而成。

❼ **酒酿复合味** 又叫"醪糟味",即在白烧味基础上添加适量酒酿。常用于蒸或扒制菜肴调味。

❽ **蚝油复合味** 由酱油（生抽或老抽）、白糖、上汤、胡椒粉（少量）、蚝油（多量）、芝麻油组成。常用于烧、炒、焖、烩及凉菜的调味。

❾ **小五香复合味** 在红烧味基础上添加五香粉或桂皮、茴香。适用于动物性原料与豆及豆制品、面筋制品等,是红烧、扒类菜肴与卤类菜肴的常用味型。

❿ **酱香复合味** 由面酱或豆酱、酱油、糖构成。常用于烧、焖、扒类菜肴,炒、爆菜亦常用此味。对于酱料使用,不同地域风味,使用酱料差异性显著。比如:焖鱼（山东胶东风味）会采用发酵酱（四海面酱）;黄焖鸡、酱肘子等（山东风味）习惯使用甜面酱;烤鸭（北京风味）喜欢专属品牌甜面酱（特质甜面酱）,比如"六必居"的甜面酱。

⑪ **蜜汁复合味** 冰糖、蜂蜜、盐（微量）结合，突出蜂蜜的甜香风味，甜汁黏稠。常用于甜菜的蒸、蜜汁菜肴。山东风味做蜜汁菜还放糖色（提前炒制）、桂花酱、蓝莓或草莓酱等。比如：蜜汁山药墩。

⑫ **家常复合味** 由红酱油、郫县豆瓣、食盐、蒜苗、芝麻油调成。味咸鲜而辣，香味浓郁，色泽红亮。宜对烧、炒、烩类菜肴调味。四川菜肴"家常豆腐"等具有一定代表性。

⑬ **酸辣复合味** 一般由红醋、香辣酱、生抽或老抽酱油、高汤、胡椒粉、白醋或醋精调制而成，有的还加入黄椒酱、海椒、复合海鲜汁等。一般有红色和白色酸辣复合味两种。在湘菜、鄂菜中此复合味体现比较多，比如"酸辣鱼皮""酸辣海参"等。呈白色酸辣复合味菜肴有酸汤肥牛、酸汤鱼等。

（三）味的相互关系

❶ **咸味与鲜味的关系** 咸味溶液中适当加入味精后，可使咸味变得柔和。鲜味溶液中加入适量的食盐，则可使鲜味突出。鲜味可使咸味减弱，适量的盐可使鲜味增强。因此，当菜肴过咸时，除了加糖缓解以外，还可添加鲜度高的味精。行业中有句话叫"淡中有味，盐中鲜"，要突出鲜味必须有咸味的配合，而且咸味的量必须恰到好处，才能有鲜美的滋味。

❷ **甜味对咸味的关系** 少量食盐可增强甜味的甜度，糖的浓度越高，增强效果越明显。糖对盐的咸味有减弱作用。在 $1\%\sim2\%$ 的食盐溶液中加入 $7\%\sim10\%$ 的糖，可使咸味基本消失。因此，在制作纯甜菜时，可根据其甜度放适量盐，要求不能有咸味，可增强其甜度；菜过咸，可放适量糖，要求吃不出甜味，以缓解咸味。

❸ **咸味与酸味的关系** 添加少量（$\leqslant0.1\%$）的醋酸，则咸味增加；添加多量（$\geqslant0.3\%$，pH 值在 3.0 以下）醋酸，咸味减弱。少量食盐可增强酸味，多量又会使酸味减弱。因此，在制作咸中带酸或酸味突出的菜肴时，要注意咸味的量。例如醋熘菜，咸味需略轻，添加的酸味调料要相对重些；烹制咸鲜味的蔬菜需要加醋时，咸味应比不加醋时要轻，以防止菜肴偏咸。

❹ **咸味和苦味的关系** 咸味与苦味之间有相互减弱的作用，当咸味浓度超过 2% 时，咸味增大。苦味以咖啡因为例。咸味与咖啡因混合会产生相互削弱味道的现象，即咸味因添加咖啡因而减少；咖啡因中因添加食盐而苦味减弱。因此，制作苦味菜，如"清炒苦瓜"，要注意咸味要够味，既不咸也不淡。人们多喜欢吃隔夜苦瓜，就是盐与苦味在一定时间内相互作用的结果。制作"茶叶菜""啤酒菜"，如龙井虾仁、啤酒鸭等，其咸味量可适当增大些，但不能超过咸味浓度的 2%，否则偏咸。

❺ **甜味与酸味的关系** 甜味因添加少量醋酸而减弱，并且添加量越大，减弱程度越大；反之，甜味对酸味也有完全相似的影响。因此，制作酸甜味的菜，要把甜味调料和酸味调料控制在恰当的比例范围内。根据抽样实验，菜肴的酸甜味，以 0.1% 的醋酸和 $5\%\sim10\%$ 的蔗糖组合最为适口。

❻ **甜味与鲜味的关系** 在有咸味存在时，少量蔗糖可改变鲜味的质量，使之形成一种浓鲜的味感。菜肴有浓鲜和清鲜之分，仅由咸味和鲜味构成的可视为清鲜。要使菜肴的复合味增强，需在恰当咸味的基础上，加入适量的鲜味调料和甜味调料（不觉有甜味）。

❼ **甜味与苦味的关系** 甜味与苦味之间可相互减弱，不过苦味对甜味的影响更大一些。烹制苦味菜，为了减缓苦味，可加入糖，以放糖不觉甜为标准。

❽ **酸味与鲜味的关系** 酸味较适口的 pH 值为 $3\sim5$，在有酸味存在时，鲜味减小，pH 值为 3.2 时最小。因此，酸味与鲜味的组合要特别谨慎，一般来说，酸味较重的菜肴，最好不放鲜味调料，以使酸味在咸味基础上更为纯正。

❾ **酸味与苦味的关系** 少量的苦味，可使酸味增强，形成更加协调、突出的风味。一般来说，调味中不与酸苦味配合。

❿ **咸味与辣味的关系** 辣味必须以咸味作为基础，否则出现"空辣"，复合味不浓。

（四）常用基本调料的功能及应用

调料是形成菜肴口味特点的主要因素。各种基本调料在使用中应遵循一个总原则：咸不过头，酸不过性,甜度适中,辣得合适,鲜得合理,巧用苦味。

食盐的分类

❶ 食盐 食盐是海盐、湖盐和井盐等食用盐的统称。食盐的主要成分为氯化钠,此外还有少量水分、卤汁及其他杂物。我国以食用海盐为主。氯化钠是人体不可缺少的物质。氯化钠进入人体后,可分解为氯离子和钠离子,在小肠、回肠被吸收。被吸收的钠离子大多作为细胞外液阳离子的主要部分,并与氯离子、酸根离子一起,调节体内酸碱平衡,并维持体液的渗透压,维持神经、肌肉的正常功能和保持细胞膜的通透性等。氯离子又是产生胃液中盐酸所必需的成分。因此,食盐对于人体健康及生命有着十分重要的作用。

食盐的应用:食盐在烹饪中的使用量因原料不同、烹调方法不同、味型不同、品种不同、饮食习惯不同、生理需要不同而异。食盐是咸味调料中最常用的调料,运用中应把握以下几点:①遵循"咸而不减"的原则。一般一道菜的投盐量为 $0.5\%\sim2\%$,低于 0.5% 偏淡,高于 2% 偏咸。从营养学角度讲每日食盐摄入量不能超过 6 g。②调制浓厚复合味时,要利用食盐烘托其风味特征,调制清淡味要利用食盐突出原料的本味。③味精与食盐配比得当,能够增添菜肴鲜美的滋味。因此,它们之间的添加量存在一种定量关系。据测定,浓度为 $0.8\%\sim1\%$ 的食盐溶液是人们感到最适口的咸味。在 0.8% 的食盐溶液中,可添加 0.31% 的味精,在 1% 的食盐溶液中,可添加 0.38% 的味精,以求得咸味与鲜味之间的最佳统一。味精是有一定盐分的鲜味调料,在一定程度上也能增加菜肴的咸味。制作清淡菜肴,味精的最低使用量以食盐量(1%)的 10% 为宜;制作浓香菜肴,味精的使用量以增至食盐量的 $20\%\sim30\%$ 为宜。④在上浆、挂糊、腌渍过程中,食盐仅起"码味"的作用,以便于菜肴重复调味。⑤当一道菜肴同时需要调配多种咸味调料时,应根据各调料的食盐率以及投入的量,决定是否需要用盐或用盐量。⑥咸鱼淡肉。鱼类菜咸味可略重些,对于清蒸鱼,食盐过轻,腥味突出,菜无鲜味,本味也差。烧鱼,略重的咸味,能明显增强复合滋味,回味也好。而肉类菜则要求清淡,否则掩盖了肉的鲜美滋味。⑦掌握好放盐的时机。对于需要调色的菜肴,要按照"先定色,后调味"的原则进行,在色调正以后,先尝味,可依据咸味的浓淡决定是否需要放盐。清炒绿色蔬菜尤其是叶菜,要在原料断生后放盐,以防止原料大量吐水。

我国行业标准中的酱油分类

❷ 酱油 酱油是以富含蛋白质的豆类和富含淀粉的谷类及其副产品为主要原料,在微生物酶的催化作用下分解成熟并经浸滤提取的调味汁液。酱油是我国传统的咸味调料,其生产工艺不同,品种有异。

酱油的使用:酱油在菜肴中的添加量主要受两个因素的制约:一是菜肴的咸度,二是菜肴的色泽。一般酱油含盐量为 $16\%\sim20\%$,减盐酱油或低钠酱油在 10% 左右,这样就可以根据酱油含盐量及菜肴咸度的要求确定酱油用量的多少。若只靠酱油中所含的氯化钠来确定菜肴咸度,菜肴的色泽就会过重,所以从菜肴要求的色泽角度出发,在需用酱油的菜肴中,其添加量也应根据菜肴的色泽要求而定。另外,酱油在赋予菜肴咸鲜口味时,还附带了不少水分,在有些菜肴制作或馅心调制时,添加量应加以限制。若菜肴咸度不够,则一般加食盐补味。注意选择和使用优质酱油。要根据菜肴特点使用酱油:不同品种的酱油,其用途不尽相同,深色酱油具有调味调色的双重作用,主要用于烧、焖、锅仔等;浅色酱油如生抽,主要用于凉拌菜;辣酱油具有鲜、辣、香、酸、甜、咸多种味道,可作味碟使用;虾籽酱油、蘑菇酱油鲜度较高,适合调制浅色菜肴;白酱油色白味鲜,是白色或艳菜的首选;蚌汁酱油含有较高的蛋白质和氨基酸(超过黄豆酱油),味鲜美,有特殊香气,可起到上色的作用,适合在烹制鱼虾、肉类菜肴时使用。酱油在加热过程中最显著的变化是糖分减少,酸度增加,颜色加深,并且随加热时间的延长,其变化愈加显著。因此,酱油的使用时机和用量须依据加热时间的长短灵活选择。加热时间长的菜肴,在加热过程中不宜一次将酱油加足,否则,成品色偏重,菜肴带酸味。有些加热时间长的菜肴,最好不用酱油着色,可用其他调料替代,如糖色等。

酱的分类

❸ 酱 酱是以富含蛋白质的豆类和富含淀粉的谷类及其副产品为主要原料,在微生物酶的催化作用下分解成熟的发酵型糊状调料。酱经过发酵具有独特的色、香、味,含有较高的蛋白质、糖、多

肽及人体必需的氨基酸,还含有钠、氯、硫、磷、钙、镁、钾、铁等离子。中医认为酱味咸性寒,有除热解毒之功效,内服可解暑热、内脏郁热及各种药毒、食毒等;外敷可治诸毒虫咬伤。酱是我国传统的咸味调料,因其原料不同,工艺差异,品种有所不同。

酱在烹饪中的功能及应用:酱在烹饪中的功能基本与酱油相同,可赋味、增色、添香、去腥、解腻等。酱的用量首先要根据菜点咸度要求、色泽要求及品种不同来确定;其次,因酱有较大的黏稠度,使用后可使菜品汤汁黏稠或包汁,不需勾芡或少勾芡。酱的含盐量以16%计,其具体投料量要视具体菜品确定。

酱通常以咸味为主,常用的有豆酱、面酱、豆瓣酱、味噌。豆酱以黄豆为原料发酵而成,色泽黄亮,咸鲜,味长略甜,香气足,最著名的是腊八豆。使用前一般先将豆酱加油炒或蒸好,再用于调味,如腊八豆蒸鲩鱼等。面酱,又称甜酱、甜面酱、甜味酱,经面粉加盐发酵制成,呈糊状,色红褐或黄褐,味厚鲜甜。使用前可用宽油小火慢慢熬制,以增加其芳香,常用于酱菜和味碟。如酱鸭、酱乳鸽等。豆瓣酱由面粉和蚕豆或大豆发酵而成,色红褐或棕红,酱香浓,咸口,味鲜醇厚,以四川郫县豆瓣酱较为著名。豆瓣酱不直接入菜调味,使用前先要剁细,用宽油文火慢炒出油出香方可入菜调味,以增加其芳香,也可根据需要掺入辣椒酱炒制。以豆瓣为主调味的菜肴,一般不需再加盐,并且还要加适量糖缓和咸味,有"酱不离姜、酱不离糖"之说。味噌是一种大豆和谷物的发酵制品,也称发酵大豆酱。味咸,多呈膏状,与奶油相似,颜色从奶油白到棕黑色。颜色越深,风味越强烈,主要用于热菜的调味。

此外,还有牛肉酱、虾酱、芝麻酱、花生酱等,通常用来蘸食佐餐,也用于凉菜、热菜的调料。

❹ **豆豉**　豆豉是以黑大豆或黄大豆加酒、姜、花椒等辛香料,经过蒸熟、霉菌发酵制成的调料。豆豉又称豉、香豉、幽菽、康伯,日本称纳豆。豆豉具有近似豆酱般的特有鲜香,鲜味来源于豆粒中的蛋白质,经霉菌、细菌分泌的蛋白酶分解而成的多种氨基酸;香味来源于酒酿和白酒加上酵母菌的作用产生的醇类物质,以及乙醇与发酵中产生的少量有机酸生成的酯类物质。咸味来源于添加的调料。

豆豉的营养及分类

豆豉在烹饪中的功能:豆豉在烹饪中主要起提鲜、增香、赋咸功能,并具有赋色功能。但因整粒豆豉多为黑褐色,添加到菜点中不太美观,所以一般剁(或绞)成茸泥,以便均匀分布于菜点中。

豆豉的应用:豆豉的用量不仅要考虑到菜点的咸度及色泽要求,而且因其具有比较特殊的味道和香气,投量过大会影响原料本味,所以应视菜点的具体要求合理添加。豆豉入肴调味基本都是采用一次性调味方法,鲜豆豉一般要剁成茸泥,干豆豉要泡发后剁成茸泥,然后用于调味。豆豉可与其他调料配合,在加热前腌渍原料,或爆锅后炒豆豉茸再加原料烹制,或将豆豉炒熟后作味碟使用。豆豉可直接食用,也可与葱、姜、辣椒等制成小菜。豆豉偶有用于面点馅料调味,或为佐餐小菜。豆豉入肴调味多与姜、蒜、葱配伍,以达到豉香味浓的效果。

❺ **蔗糖**　蔗糖是以甜菜、甘蔗为原料,经提汁或回溶、清净处理和煮炼结晶制成的糖。蔗糖种类较多,根据其精制程度分为粗糖和分蜜糖两类。粗糖又分为红糖、粗砂糖和白糖;分蜜糖分为白砂糖、粗粒白砂糖、绵白糖和加工糖(冰糖、糖粉、方糖)。红糖是在生产过程中未把糖蜜分离开来,其颜色为棕红或黄色,甜而略带糖蜜味,无异味,无杂质,其总糖含量≥89%。红糖易吸收空气中的水分,长期在室内存放易吸潮结块。白砂糖根据其晶粒粒度大小可分为大粒砂糖、中粒砂糖、小粒砂糖和幼砂糖。白砂糖晶粒干燥松散,洁白,有光泽,味甜,无杂质。蔗糖含量:优级品≥99.75%,一级品≥99.65%,二级品≥99.45%。绵白糖质地绵软,晶粒均匀细小,蔗糖含量≥97.90%。冰糖是以砂糖为原料,经再溶、清净、重结晶而制成的。冰糖有白冰糖和黄冰糖两种。白冰糖色白,呈半透明体,有光泽,表面干燥,蔗糖含量≥98.30%;黄冰糖色金黄,表面干燥,有光泽,蔗糖含量≥98.00%。方糖是以白砂糖为原料加工制成的,色泽洁白,表面光滑,外形规整,晶体均匀,结构紧密无杂质,蔗糖含量≥99.60%。

蔗糖在烹饪中的功能有以下几种。赋味:在食物中添加蔗糖可赋甜味,并能与其他调料组成复合味,同时调节酸味、咸味、苦味的强弱。增色:蔗糖及其他糖类加热到 200 ℃时,开始发生焦糖化反应,产生焦糖(酱色)。若有氨基化合物存在,如蛋白质、肽、氨基酸等,则会发生羰氨反应(美拉德反应),产生黑色素。烹饪中常利用糖的上述反应,在拔丝、琉璃菜肴中炒糖,在焙烤制品、酱、烧、熏等类菜肴中达到金黄-棕褐色效果,使菜点"上色"。调节原料质地:糖具有一定保水作用,在腌渍肉类时,可起到保持肌肉鲜嫩的功能。糖可改善面团的组织形态,使面团外形挺拔,在内部起到骨架作用,使产品有脆感。糖能调节面团面筋的湿润度,增加面团的可塑性。返砂及拔丝:蔗糖在水中溶解后,加热至 113 ℃时,糖液即处在过饱和状态,浓度达到 80%～85%时,会形成细小糖粒,冷却后糖会重新结晶,即返砂现象,利用此现象可制作挂霜菜肴。当将糖液加热到 158～162 ℃时呈琥珀色,是为最佳拔丝升温区间。此糖液在 162～124 ℃降温区间可用于制作拔丝菜肴,冷却后即为琉璃类菜肴。杀菌防腐:高浓度的糖有抑制和杀灭微生物的作用(一般浓度应为 50%～75%),故可用糖渍的方法保存食物。调节发酵速度:在面团中加入适量的糖可以缩短发酵时间,但糖量超过 30%,则会降低发酵速度。

蔗糖在菜点中的使用量主要依据菜点不同味型要求,适量添加。除了纯甜或甜味较重的菜点外,一般北方菜加糖量小低于南方菜,并且北方菜较南方菜用糖的种类少得多。另外,在使用蔗糖时也要考虑糖尿病患者不宜吃糖,可不加或少加,或用糖精、阿斯巴甜等替代。用白糖制作纯甜菜,其甜味浓度控制在 10%～25%范围内最好,这是大众喜爱的甜味浓度。

糖具有提鲜、增加菜肴鲜醇的作用。一些以咸鲜为主且复合味较浓厚的菜肴,通常需要放糖。但放糖的多少一般是根据菜肴含盐量的多少决定的,通常占盐量的 25%,可明显起到提鲜、增加菜肴鲜醇的作用。糖能缓解咸味,通常是在菜偏咸时使用此方法。但需注意两点,一是放糖不能有甜味,二是此方法只适宜于咸味不太重的菜肴。当咸味太重时,用加糖的方法缓解咸味,不仅效果不明显,而且影响风味。白糖中的绵白糖因其细腻,常用于凉拌菜。又因其含少量转化糖,结晶不易析出,所以更适宜制作拔丝菜。

❻ 醋 醋是以粮食为原料酿造成的含醋酸的液态酸味调料,其色泽为琥珀色、红棕色(不包括人工合成醋),酸味柔和,稍有甜味,澄清,浓度适当,无悬浮物、沉淀物,具有特殊香气。一级品总酸含量≥5.00 g/100 mL,二级品总酸含量≥3.50 g/100 mL。

醋的分类

醋在烹饪中的功能如下。①赋味作用:在食物中添加醋可赋酸味及醋香味,并能与其他调味品组成复合味,同时可以调节甜味、咸味、辣味和鲜味的强弱。②增色作用:除白醋外,其他醋均可赋予菜点红棕色或琥珀色。③去异解腻作用:醋可去腥、膻、臊、臭等异味,解除或降低油脂肥腻,促进食欲,提味爽口。④促进原料脆嫩作用:在蔬菜中添加醋,可使原料的脆嫩保持较长时间。醋可使肉类软化,便于成熟。⑤护色作用:醋可以防止果蔬原料切配后变色,以保持原料本色。如将土豆块放入有醋的水中,土豆就不会变褐。⑥保护维生素作用:在菜肴加热时放醋,可以减少维生素 C 的损失。⑦一定的杀菌防腐作用:在食物中添加醋、柠檬酸、丙酸等有机酸,尤其是在高浓度条件下,可抑制甚至杀灭许多种不耐酸的细菌。

醋的使用量:醋在菜点中的添加量无统一规定,行业内也无标准,家庭则更为随意。但在调味时加醋应以适时、适度、适合菜点要求及满足个人喜好为原则。使用食醋,应注意把握以下几个方面。

食醋酸味强度的大小,主要是由所含醋酸量的大小决定的。红醋醋酸含量较高,白醋则含量较低。山西老陈醋醋酸含量为 11%左右,故酸味较浓。镇江香醋醋酸含量为 6%～7%,酸味相对较弱。应用食醋调味时,不可忽视其酸味的强弱。如烧鱼,使用山西老陈醋去腥效果就很显著。然而,食醋质量的优劣又是由制作工艺、使用原料等多种因素决定的,所含醋酸的强弱并不能说明其质量的好坏。在红醋系列中,山西老陈醋色泽黑紫,液体清亮,酸香浓郁,酸中带柔,食之醇厚不涩;镇江香醋酸而不涩,香而微甜。它们均是上品,被广为使用。白醋醋酸含量一般为 3%～4%,酸味单一,无香味,不柔和,质量较差。所以,白醋仅作为制作本色或浅色菜肴调味用。

把握好使用剂量和时机。一般来说,醋的使用量主要是由醋的品质和菜肴质量标准决定的。而使用时机,除了要考虑成品标准外,原料的特点是重要因素。例如红烧鱼,鱼体中含有较重的三甲胺,呈碱性,加热过程中需要加醋来中和。要最大限度地除去腥味,最好采用两次点醋的方法,即鱼块落锅时点一次醋,量要小,防止因加热时间过长呈现酸涩味。加水烧开后再点一次醋,此谓之"浪头点醋"。采用此法处理,鱼腥味可除去90%以上,行业中有暗醋、明醋、底醋之说。

暗醋:一般在加热初期或中期直接将醋加入菜中拌匀,起去腥增香、溶解钙质等作用。

明醋:在菜肴出锅前,将醋从锅边淋入,使菜品醋香浓郁,略带微酸,爆、炒、烹、熘的菜肴多用此法。

底醋:为了保持菜肴的色泽,且达到去腥的目的,将盘底滴入香醋,再将菜肴装入其上,利用醋挥发的香气解腥,此法主要适用于滑炒、滑熘的白色菜品,如炒鱼丝、熘鱼片等。

注意醋与其他调料的综合作用,主要包括两个方面:其一,当食醋用于鱼香味、糖醋味、酸辣味、荔枝味等复合味时,应掌握好醋与其他调料的协调作用,确保各种味型的整体风格与呈味效果;其二,当食醋用于去异增香时,食醋与料酒共热效果显著。可先烹料酒,后点醋,利用料酒渗透力强的特点,先行去异增香。醋与料酒共热能发生酯化反应,使菜肴香气更加浓郁。食醋用于蔬菜调味时,最好使用香醋,这是由香醋的特点决定的。

❼ **味精**　味精又称"味素",学名为谷氨酸钠,是应用最广的鲜味调味品。其主要成分是谷氨酸钠及少量食盐、水分、脂肪、糖、磷、铁等,一般以小麦、大豆等含蛋白质较多的原料经水解法制成,也可采用微生物发酵淀粉原料来制取,或用甜菜、蜂蜜通过化学合成制成。

知识链接
（味精）

味精在烹饪中的功能:味精是中式烹饪中应用最广的鲜味调料,不仅可以增进菜肴本味,促进菜肴产生鲜美滋味,提高食欲。而且还能减少菜肴的某些异味,缓和咸味,减弱苦味。味精在胃酸的作用下形成谷氨酸,是构成蛋白质的基本单位,可参与人体代谢,改进和维持脑机能。

味精的使用:味精的鲜味只有在咸味的基础上才有呈鲜效果。一般来说,味精的用量依盐量而定,清淡菜用量小或不用,浓厚菜用量略大。不能有"味精味",不能掩盖和压抑菜肴的本味。味精呈鲜效果最佳的温度为70～90 ℃,最适宜的投放时间为菜肴起锅之前。味精不耐高温,高温条件下味精会引起部分失水而生成焦谷氨酸钠,不仅无鲜味,还有苦涩味。所以清炸菜肴原料在腌渍时不宜放味精,制糊也不宜放味精。味精在酸性条件下易生成谷氨酸,在碱性条件下则生成谷氨酸二钠,两者都会影响菜肴风味的形成。所以酸碱性较重的菜肴不宜放味精。制作凉拌菜时,应将味精充分溶解后再加入。应注意的是,若菜点原料本身鲜味浓厚或已添加其他鲜味调料,则可以不加或少加味精。不宜把味精当作提鲜的法宝,可以不用味精的要尽可能不用,要尽可能突出原料的自然鲜味。用鲜汤提鲜比用味精更好。

❽ **蚝油**　蚝油即牡蛎油,特点是鲜味浓烈,鲜中带甜,有牡蛎的特殊香气。鲜味成分有琥珀酸钠、谷氨酸钠,甜味成分有牛磺酸、甘氨酸、丙氨酸和脯氨酸等。蚝油的使用主要注意:蚝油应用广泛,凡咸鲜味菜肴均可使用,但应根据菜肴质量标准决定其用量。应避免与酸味料、辣味料、甜味料共用,因为这些调料会掩盖蚝油的鲜味,并有损蚝油的特殊风味。蚝油不宜久煮,否则其香味逃逸。一般在菜肴即将出锅时使用,若不将蚝油加热就直接用于菜肴调味,其呈味效果欠佳。

❾ **干辣椒**　在辣椒调料中,尤以干辣椒使用广泛。干辣椒,又称辣椒干,系朝天椒、线形椒、七星椒、羊角椒的干制品,以朝天椒质量为佳。使用干辣椒调味应注意以下三个方面。

①干辣椒呈辣味的主要成分是辣椒素和二氢辣椒素,味极辣,在口腔中能引起皮肤的烧灼感。应注意使用量,以适口为基准。

②炒制某些蔬菜,只取干辣椒香味,不要辣味,应使用整形干辣椒;用干辣椒调制酸辣味的,应使用干辣椒节。干辣椒先要用小火温油慢慢煸香,呈黄黑色后再与原料一同烹调。用干辣椒调制酸辣味应遵循"以咸味为基础,酸味为主体,辣味助风味"的原则。

③干辣椒呈现红色的主要成分是辣椒红素和辣椒玉红素,呈脂溶性,微溶于热水,不溶于冷水。

Note

95

当油温在 120 ℃时,色素溶出效果最好。因此,用干辣椒制作辣椒油应严格控制油温,以保证辣椒碱在热力作用下慢慢分解,散发出香辣味,并使油呈红色,要防止因油温过高影响辣椒油的质量。

三、调味的基本原理

滋味的调和,关键在于使数种调料之间,以及调料与主配料之间相互作用、协调结合。调味工艺的基本原理主要表现在扩散、渗透、吸附、分解、合成等几个方面,而且在同一调味工艺中,这些方面是密不可分的。

（一）扩散渗透作用

❶ 扩散作用　从物质传递的观点来看,调味的过程实质上就是扩散与渗透的过程,人们巧妙地根据扩散与渗透的原理,使菜肴的口味更加鲜美。例如,在一杯水中加入一定量的食盐,由于食盐的相对密度大于水,沉到了杯底。在刚投入食盐后很短的时间内,杯中表层的水是没有咸味的,说明表层的水没有食盐或食盐的浓度低于呈味的阈值。假如水不加热也不搅拌,表层水的咸味也会逐渐增加,尽管增加的速度较慢。这说明食盐分子从杯底逐渐向水面上转移,这种物质的分子或微粒从高浓度区(杯底)向低浓度区(表层)的传递过程称为扩散。扩散的方向总是从浓度高的区域朝着浓度低的区域进行,而且扩散可以进行到整个体系的浓度相同为止。

在调味工艺中,码味、浸泡、腌渍及长时间的烹饪加热中都涉及扩散作用。调味原料扩散量的大小与其所处环境的浓度差、扩散面积、扩散时间和扩散系数密切相关。

①浓度差:扩散的动力。在调味工艺中,菜肴滋味的形成与呈味物质的扩散有密切关系。由于扩散量与浓度梯度成正比,所以对于味淡的烹饪原料,要增加调味料的用量,以增大与烹饪原料浓度梯度,加大其扩散量。反之,如果要保持原料原来的淡味,则调味料的味道就要淡一些或减少调味料的用量。对于味浓的烹饪原料,也同样要根据成品风味的要求,注意调味料的选择并控制其用量。

②扩散面积:物质的扩散量与其在扩散方向上的面积成正比,在调味工艺中,为了保持菜肴口味的均匀接触或混合,烹调中的翻动或搅拌,一方面是为了控制热量,防止原料的某一部分过热,保证热量的均匀传递;另一方面是为了保证调味能够均匀地向烹饪原料的各面扩散,避免某些部分的口味过浓,而某些部位过淡的不均匀现象。

肉、鱼、蔬菜的腌制,始终伴随着腌制剂向原料的扩散过程,如果不注意腌制原料与腌制剂的均匀接触,制品的口味就不够理想。

③扩散时间:调味原料的扩散是需要时间的。温度高时,由于分子运动速度较快,完成一定扩散量所需的时间较短;温度低时,分子运动的速度很慢,所需的时间比较长。所以原料在加热过程中调味、入味的时间较短,而在加热前或加热后调味、入味的时间则较长。另外,原料越大、越厚,其比表面积(单位质量物质所具有的表面积)越小,通过扩散要使制品入味所需的时间越长。特别是在较低的温度下腌制的整鱼、肉块等,所需的时间更长。

④扩散系数:由于调味原料的扩散量与扩散系数成正比,扩散系数大者,在相同的时间内,扩散量就多;反之,扩散量就少。一般来说,调味料中呈味物质分子越大,扩散系数就越小。几种最常见的水溶性调味料中,盐、醋的扩散速度就远大于糖和味精。扩散系数还与温度有关,温度每升高 1 ℃,各种物质在溶液中的扩散系数平均增加 2.6%,温度升高时,分子运动加快,而水的黏度降低,以至于食盐、蔗糖、醋酸、味精等易从细胞间隙水中通过,扩散速度也随之增大。所以在烹调过程中,在原料添加了调味料后,加热使得原料很快入味。

❷ 渗透作用　渗透作用的实质与扩散作用颇为相似,只不过扩散现象里,扩散的物质是溶质的分子或微粒,而渗透现象进行渗透的物质是溶剂分子,即渗透是溶剂分子从低浓度经半透膜向高浓度溶液扩散的过程。所有烹饪原料的细胞都能渗水,这是在渗透压差影响下发生的现象。在渗透压的影响下,一些调味原料的呈味物质也能渗透,如食盐、酒、糖、醋、酱油等。原料入味实际上是呈味

物质向原料内部的渗透扩散过程。

渗透作用的动力是渗透压,调味液的渗透压越高,调料向原料的扩散力就越大,原料则越容易附上调味料的滋味。据研究,溶液渗透压的大小与其浓度及温度成正比,而渗透过程是需时间的,所以在调味工艺中,适当地掌握调料的用量(即调味液的浓度)、调味时的温度和时间,才能达到调味的目的。

（二）吸附作用

吸附是在一定条件下,一种物质的分子、原子或离子能自动地附着在某种固体或液体表面的现象,或者某物质在界面层中,浓度能自动发生变化的现象。吸附是调味工艺中的普遍现象,勾芡、浇汁、调拌、粘裹,以及撒、蘸等均是原料吸附呈味物质的具体方式。当然,在调味工艺中,吸附与扩散、渗透及火候掌握是密不可分的。

❶ **吸附的两种类型**　根据产生吸附的作用力不同,吸附作用可分为物理吸附和化学吸附两种类型。产生物理吸附的作用力是分子间引力,由于调味原料和菜肴半成品之间普遍存在着分子间引力,所以半成品可以吸附调料而使菜品有味,如在半成品上撒胡椒粉、花椒面、芝麻、葱花等固体调料,或在制作冷菜的最后,拌入香油或淋入调味汁等液体调料等,都属于物理吸附。化学吸附是固体表面的某些基团与吸附质(被吸附的物质)分子形成化学键。比如,淀粉在高温溶液中,直链淀粉分子伸展使极性基团暴露出来,若加入含有极性基团的丙醇、丁醇、戊醇或己醇,直链淀粉分子就能与这些有机化合物通过氢键缔合,失去水溶性而结晶析出。勾芡时淀粉糊化,在吸收水分的同时,把调料的呈味物质牢牢黏附在主、辅料表面的过程,即为化学吸附作用。

❷ **影响吸附量的因素**　吸附量是指单位质量或单位表面积的主、辅料或半成品所吸附的调料的数量。在调味工艺中,影响吸附量的因素主要有调料的浓度、烹饪原料或成品的表面状态、环境温度等。调料的浓度越大,扩散到主、辅料或半成品表面的呈味物质就越多,就有可能吸附更多的呈味物质。当调味的浓度和其他条件一定时,单位面积的吸附量是一定的。如果烹饪原料切得越薄,单位重量所具有的表面积就越大,所吸附的呈味物质也就越多。另外,当其表面比较潮湿且表面的黏性又较大时,调料的吸附作用就较强;当其表面干燥、黏性较小时,吸附作用相对就比较弱。

（三）分解合成作用

在调味工艺中,有些调味方式利用了分解或合成作用。

❶ **分解作用**　一些物质(包括呈味物质)在一定的条件下可发生水解作用,生成具有味感(或味觉质量不同)的新物质。调味工艺中常以此来增加和改善菜肴滋味。例如,动物性原料中的蛋白质,在加热条件下有一部分可发生水解,生成氨基酸,能增加菜肴的鲜美本味。含淀粉丰富的原料,在加热条件下,有一部分会水解,生成麦芽糖等低聚糖,可产生甜味。此外,利用生物的作用,可使原料中某些成分(主要为糖类)分解,生成乳酸,产生一种令人愉快、刺激食欲的酸味,如泡制、腌渍蔬菜等。

❷ **合成作用**　在调味工艺中,合成作用的情况更多。比如在烹制鱼时加入料酒,料酒中的羰基化合物与鱼体的胺类化合物发生合成反应,生成氮代葡萄糖基胺,从而消除异味,达到调味的目的。同样,在烹鱼时加入醋,与鱼体中呈碱性的胺发生中和反应,也可消除异味。

四、调料的作用

中国民间有"开门七件事,柴米油盐酱醋茶",又有"五味调和百味鲜"的说法,足见调料的重要性。

❶ **赋味**　许多原料本身无味或无良好滋味,但添加调料后,可赋予菜肴各种味感,达到烹调的目的。

❷ **除异矫味**　许多原料带有腥、膻、臭、异、臊等不良气味。添加适当调料后,可矫除这些异味,使菜肴达到烹调要求。

③ **确定菜肴的口味**　加入一定调料后,可赋予菜肴特定的味型,如鱼香味型、麻辣味型等。

④ **增添菜肴的香气**　当添加适当调料后,会使菜肴中香气成分得以突出,产生诱人的气味。

⑤ **赋色**　在原料中添加有颜色的调料,会赋予菜肴特定的色泽,从而产生诱人而美观的效果。

⑥ **增添营养成分**　调料中含有种类不一的营养素,放入原料中,可增加菜肴的营养价值。

⑦ **食疗养生**　许多调料含有药用成分,尤其是香辛调料,可起到一定的食疗、养生的作用。

⑧ **杀菌、抑菌、防腐**　许多调料中含有的化学成分,具有杀菌、抑菌、防腐的作用。

⑨ **影响口感**　有些调料可影响烹饪成品的黏稠度和脆嫩程度等。

五、调味的作用与方法

(一)调味的作用

去腥解腻。有些原料具有一些不正常的味道,如牛肉、羊肉、水产品、禽畜内脏等,须借助葱、姜、蒜、酒、糖、盐、香料解除原料中的恶味,冲淡原料中的油腻。冲淡味重的原料:有些原料含有的某一些滋味较重,可通过适当的调味冲淡这种味道。例如:盐加醋、酸加碱、苦加糖。使味淡的原料增味:有些原料滋味很淡,甚至没有什么滋味,如海参、蹄筋等,须加入调料或鲜汤增加滋味。调料除了决定菜肴滋味外,还可以增加菜肴的色彩,使菜肴味道调和适宜,鲜艳美观。

(二)调味的方法

根据烹调加工中原料着味的方式不同,调味方法可分腌渍、分散、热渗、裹浇、黏撒、跟碟等几种方法。腌渍调味法:将调料与菜肴主配料拌和均匀,或者将菜肴主配料浸泡在溶有调料的水中,经过一定时间使其入味的调味方法叫作腌渍调味法。在加热之前进行称为码味(也称基本调味)。腌渍法包括腌制和渍腌两种。前者是指食盐、酱油等咸味调料的腌渍,后者是指用蔗糖、蜂蜜或食醋等的腌渍。根据腌渍时用水与否,可分为干腌渍和湿腌渍两种形式。干腌渍,是用干抹、拌揉的方法,使调料溶解并附着在原料表面,使其进味的方法,常用于码味和某些冷菜的调味。湿腌渍,是将原料浸置于溶有调料的水中腌渍入味的方法,常用于易碎原料的码味,以及一些冷菜的调味和某些热菜的入味。

① **分散调味法**　将调料溶解分散于汤汁状原料中的调味方法叫作分散调味法。其广泛用于水烹菜肴的制作过程,是烩菜、汤菜的主要调味手段,也是其他水烹类菜肴的辅助调味手段。水烹菜肴时,需要利用水的对流来分散调料,常以搅拌和提高水温的方法作辅助。此法用于蓉泥原料的调味,蓉泥原料一般不含大量的自由流动水,仅靠水的对流难以分散调料,而必须采用搅拌的方法将调料和匀。有时,还要把固态调料事先溶解成溶液,再均匀拌和到蓉泥状原料之中。

② **热渗调味法**　在热力的作用下,使调料中的呈味物质渗入到原料内部去的调味方法,称为热渗调味法。此法常与分散调味法和腌制调味法配合使用。水烹过程中的调味,调料必须先分散在汤汁中,再通过原料与汤汁的物质交换,使原料入味。在汽蒸或干热烹制的过程中,一般无法进行调味,所以常需要先将原料腌渍入味,再在烹制中借助热力,使调料成分进一步渗入原料中心。热渗调味需要一定的加热时间,一般加热时间越长,原料入味越充分。烹调工艺中,为使原料充分入味,常采用较低温度、较长时间的制作方法。

③ **裹浇调味法**　将液体状态的调料黏附于原料表面,使其带味的调味方法叫作裹浇调味法。按调料黏附方法的不同可分为裹制法和浇制法两种。裹制法是将调料均匀裹于原料表面的调味法,在菜肴制作中使用较为广泛,可以在原料加热前、加热中或加热后使用。从调味的角度看,上浆、挂糊、勾芡、收汁、拔丝、挂霜等均是裹制法的使用。浇制法是将调料浇散于原料表面的调味法,多用于热菜加热后及冷菜切配装盘后的调味,如脆熘菜、瓤菜等花色工艺菜及一些冷菜的浇汁。浇制法调味不如裹制法均匀。

④ **黏撒调味法**　将固体状态的调料黏附于原料表面的调味方法叫黏撒调味法。其原料黏附于

原料表面的方式和裹浇调味法相似。但是,它用于调味的调料呈固体状态,所以操作方法有一定的区别,黏撒调味法通常是将加热成熟后的原料,置于颗粒或粉末状调料中,使其裹均匀,也可以是将颗粒或粉末状调料投入锅中,翻动原料裹匀,还可以是将原料装盘后,再撒上颗粒或粉末状调料,此法适用于一些热菜和冷菜的调味。

⑤ **跟碟调味法**　将调料盛入小碟或小碗中,随菜一起上席,由用餐者蘸食的调味方法。此法多用于烤、炸、蒸、涮等调味,跟碟上席可以一菜多味(上数种不同滋味的味碟),由食用者根据需要自选蘸食,可以满足多数人的口味要求。

上述各种调味方法,在菜肴的调味中,可以单独使用,更多是根据菜肴的特点将数种方法混合同用。

六、调味的阶段及应用

(一)调味的阶段

❶ **基本调味**　也称加热前的调味,就是原料下锅前,用盐、酱油、绍酒、葱、姜、糖、醋及其他调料拌渍,使原料在加热以前就有一定的基本味道,并解除某些腥邪异味。适用于加热中不宜调味或不能很好入味的烹调方法,如用蒸、炸、烤等烹调方法烹制的菜肴,一般均需原料进行基本调味。有些菜肴(如粉蒸类等)的调味在此阶段可一次完成。调味方法主要有腌渍法、裹拌法等。腌渍有两种形式。一种是长时间腌渍。短则数小时,长则数天,使原料透味,可产生特殊的腌渍风味。另一种是短时间腌渍,只要原料入味即可。此阶段的裹拌调味主要指上浆和挂糊。此外,加工成蓉泥状原料在搅制成蓉胶时,还要用到分散调味法。

❷ **决定性的调味**　又称加热中调味,就是原料入锅后在适当的时机按照菜肴口味的要求,加入各种相宜的调料。主要适用于水烹法加热过程中的调味。常用的调味方法有热渗法、分散法、裹拌法、黏撒法等。其中以热渗法最为常用,所用调料可以一次投入,也可以依一定顺序分次投入。分散法多用于汤菜的调味,在其他的烹制调味中常与热渗法合用。裹拌法,主要用于勾芡、收汁以及挂霜、拔丝等,一般在原料即将受热成熟或即将成菜时进行。黏撒法,常用于即将成菜之前在锅中的调味。

❸ **辅助调味**　就是加热后的调味,有些烹调方法在加热过程中是不能进行调味的,如炸、烤。为了弥补这一个不足,往往在加热后加些辅助调料,如炸菜在装盘后需加椒盐以补助味道。很多冷菜及不适宜加热中调味的菜肴,一般都需要进行辅助调味。此阶段常用的调味方法是浇拌法、黏撒法和跟碟法,有时也用到湿腌渍法,不过只是用于某些卤、煮类菜肴的进一步入味。

值得注意的是,并不是各种菜肴的调味都一定要全部经历上述 3 个阶段,有些菜肴的调味只需要在某一阶段完成,常称为一次性调味。而有些菜肴的调味则需要经历上述 3 个阶段或者其中的某 2 个阶段,一般称为多次性调味。

(二)调味的几项原则

❶ **下料必须恰当**　就是准确掌握调味品的需要品种和用量,了解各种调味品的性质,菜肴的口味。

❷ **适应各地口味**　食用者的口味常随地区、气候和饮食习惯而有所不同,各地也有独特的口味要求。如山西多吃酸;湖南、湖北、四川、云南、贵州等地多喜辣;江苏、浙江等地则好甜;而河北、山东、东北各地多嗜咸;应根据不同情况酌予不同的处理。

❸ **要结合季节的变化**　人们的口味常随着季节的变化而有不同的要求。一般"春酸、夏苦、秋辛、冬咸",因为春天人体感到精神疲劳,酸可以提精神,夏季苦味菜(苦瓜)能解暑,秋天吃辛辣能去凉提热,冬天多吃盐,可以增加人体热量,适应人体的需要。

❹ **要根据原料的不同性质加以恰当处理**　对新鲜的原料要尽量保持其本身的味道,不宜为调

味品所影响;有腥膻味的原料,要酌加去腥解腻的调料;本身无明显滋味的原料,要适当增加滋味。

❺ **重视绿色烹饪,重视烹饪的口味原生性**　在烹调菜肴时,从食材源头入手,寻找和挖掘给菜肴天然增鲜、至嫩的技术要诀,不用过多的复合型调料,选用传统调料,使菜肴本味突出,绿色健康。

七、调料的合理放置

烹调时既要操作迅速,又要准确利落,因此就要求调料放置合理,便于操作,一般放置的次序是:先用的放近,后用的放远;常用的放近,少用的放远;湿的放近,干的放远;有色的放近,无色的放远,同色的间隔。

八、调味训练

通过调味训练,熟练掌握常见风味调味汁调制方法,并熟练运用到热菜烹调中去,并且能够举一反三,进行调味变化。通过调味训练,能够进行调料组配,运用不同调味方法进行调味,准确达到菜肴应该具有的标准化口味。能够根据不同地域风味特点(具有代表性的),准确进行调味。

（一）制订任务人员、内容和制作流程

根据调味工艺要求,小组讨论确定人员分工、原料清单、制作流程。

❶ **人员分工表**　详见二维码。

❷ **工具材料表**　详见二维码。

❸ **工序内容安排表**　详见二维码。

❹ **调味工艺制作流程**

①填报标准菜单(调味品项):按实验教师演示要求,准确记录,并进行填报。

②调料的选择准备:根据标准菜单所列调料,准备。例如酸甜复合味,需要准备:葱、姜、蒜末(比例1:1:3)、番茄酱、红醋、白醋、白糖、老抽(糖色)、水淀粉、色拉油等(糖醋调味浇汁成分的最佳配比范围为糖:醋:淀粉:水=40:16:10:100)。

③复合调味汁调制(以鲁菜酸甜复合调味汁为例):锅置小火上,放底油烧热,下葱、姜、蒜末,煸炒出香后,慢火炒番茄酱,烹白醋、料酒,加糖及适量水(细漏打去葱、姜末),加盐、老抽(糖色)调色,水淀粉勾芡并搅入明油,离火盛出(糖醋菜肴的配比为盐:醋:糖=1:5:15)。

④质量标准:调料投料准确规范(主要是投料量及顺序);明油加入时机准确,成汁光泽明亮;复合调味汁色泽红亮,蒜香浓郁,以甜为主,回口酸香。

（二）地方风味味型菜例训练

❶ **咸鲜味型(主味:咸味;辅味:鲜香)**

实例:卷煎

原料准备:

猪嫩瘦肉300 g,花生油15 g,鸡蛋2个,精盐4.5 g,芝麻油15 g,料酒15 g,鸡精3 g,葱姜汁20 g等。

制作过程:

（1）准备工作:将猪嫩瘦肉剁成碎馅(七分瘦三分肥),放入碗内,加鸡蛋清、料酒、葱姜汁朝一个方向搅拌,15 min左右上劲,再加精盐、鸡精、湿淀粉、芝麻油搅拌均匀成馅;鸡蛋另磕碗内,搅打均匀。将炒勺放中火上,烧热后加入花生油晃匀,至五成热时,倒锅内入鸡蛋,随即将炒勺晃动使蛋液直径为1尺(0.33 m)左右、厚薄均匀的肚包薄饼。再将炒勺翻过朝下,用火嘘一下,取下成蛋皮。将蛋皮饼平铺案板上,把馅均匀摊在蛋皮上,抹平后卷起成蛋卷。

（2）蒸制:将蛋卷放在大盘内,入笼用旺火蒸15 min取出,用洁净白纱布包起,上压重物晾凉即

人员分工表
4-1

工具材料表
4-1

工序内容安
排表4-1

成。食时,切薄片装盘。

特点:色泽黄白艳丽,口感鲜嫩,造型美观。

山东的卷煎可以变成墨鱼卷、鸡腿卷等,色彩艳丽。还可用于展台艺术看盘的制作。

实例:芙蓉鸡片(四川风味,烹调方法:烩)

原料准备:

精盐 8 g,化鸡油 10 g,冷鸡汤 70 g,胡椒粉 0.2 g,味精 1 g,绍酒 10 g,鲜汤 200 g 等。

制作过程:

(1)火腿、香菇分别切成骨牌片状;豌豆苗掐嫩尖苞洗净;鸡脯肉用刀背捶成极细的茸泥,剔净筋络,用刀刃剁数遍,盛入盆内,加冷鸡汤 70 g,溶解成糊状,再加精盐、味精、绍酒、湿淀粉、鸡蛋清充分调匀成清浆糊状。

(2)炒锅置中火上,用油将锅炙光滑,将锅烧至四成热,用汤瓢舀鸡浆入锅,像摊蛋皮一样,将鸡浆摊成薄片,并将摊好的片,漂于鲜汤内,如法制完。

(3)炒锅置旺火上,掺鲜汤 200 g,下味精、胡椒粉、绍酒、精盐、火腿片、香菇片烧沸,用湿淀粉勾薄芡,将鸡片沥干,放入锅内,再下豌豆苗、化鸡油调匀,盛入大盘内即可入席。

特点:色彩多样,色泽明亮,口感鲜嫩。

❷ 酸甜味型(主味:甜,辅味:酸香)

实例:糖醋里脊(山东风味,烹调方法:炸熘)

原料准备:

猪里脊肉 200 g。青豆 10 粒,鸡蛋 1 个,葱、姜末各 5 g,蒜末 30 g,白糖 150 g,醋 150 g,酱油 5 g,清汤 50 g,食用油 10000 g,湿淀粉 150 g 等。

制作过程:

(1)将里脊肉切成长为 3 cm、宽为 1.6 cm、厚度为 0.6 cm 的片状,放碗内。蛋黄、湿淀粉调成蛋黄糊倒在里脊上拌匀。

(2)碗内加上白糖、醋、酱油、清汤、湿淀粉兑成汁。

(3)锅内加食用油烧至五六成热(150 ℃),将挂糊里脊分散下油炸熟捞出;再将锅内热油烧至七八成热(210 ℃),再将里脊下油一促,迅速捞出。

(4)锅内留油烧热,加葱姜蒜末煸炒,倒入兑好的糖醋芡汁,急火淋热油将汁爆起,即倒入炸好的里脊和青豆,迅速颠翻均匀,出锅装盘即成。

特点:芡汁明亮,里脊外焦里嫩,色泽金黄,酸甜适口。

糖醋里脊

实例:锅巴肉片(四川风味,烹调方法:炸熘)

原料准备:

猪精肉 200 g,醋 20 g,白糖 25 g,鲜汤 250 g,精盐 15 g,味精 1 g,湿淀粉 40 g,菜油 1000 g,绍酒 10 g 等。

制作过程:

(1)猪精肉洗净,切成薄片用精盐、湿淀粉拌匀,香菇去蒂一切两半,锅巴用手掰成直径为 4 cm 的块状,加精盐、白糖、醋、味精、绍酒、湿淀粉、鲜汤兑成味汁。

(2)锅置旺火上,下油 100 g 烧至六成热,下肉片快速炒散,下姜片、蒜片、泡辣椒节、香菇、兰片、葱段、绿叶菜心等原料,混合炒匀,烹入味汁,收成较浓稠、带较多汤汁的肉片,盛入大碗内。

（3）在炒肉片的同时，另用锅下油，烧至七成热，下锅巴炸酥脆，捞入大窝盘内，并舀热油 40 g 于窝盘内，随炒好的肉片一并上席，待锅巴在桌上放定后，将肉片连同原汁全部倾倒于锅巴上即成。

山东风味锅巴肉片有的调制番茄口味，色泽比较红亮。

实例：包公酥鱼（安徽风味、烹调方法：焖）

原料准备：

冰糖 50 g，绍酒 100 g，芝麻油 50 g，酱油 250 g，醋 250 g 等。

制作过程：

（1）净鲫鱼沥水后放在盘内，加入酱油 75 g、绍酒 25 g、葱段 10 g、姜片 10 g，腌渍 30 min 左右，藕洗净横切数片备用。

（2）取砂锅 1 只，锅内先垫一层洗净的碎瓷片，放一层藕片、姜片和葱段，再将小鲫鱼一层层地整齐摆好。

（3）将酱油 175 g、醋、绍酒 75 g、冰糖（拍碎）放碗中和匀后倒入锅中，并加芝麻油，用荷叶封上锅口扎紧。

（4）盖上锅盖用旺火烧开后，改用小火焖 5 h 左右。端下锅冷透后，覆扣在大盘里，拣去葱、姜和藕片。食用时取藕片数片放盘中，再将鱼逐层取下装盘，淋上麻油即成。

❸ 咸甜味型（主味：甜咸，辅味：酱香或微辣）

实例：栗子鸡（山东风味，烹调方法：烧）

原料准备：

精盐 5 g，酱油 25 g，甜面酱 15 g，绍酒 25 g，清汤 400 g，白糖 15 g，花椒油 15 g，白油 60 g，花生油 250 g（约耗 10 g）等。

制作过程：

（1）准备工作：将宰好的鸡洗净，用刀剁去嘴、爪、翅尖，从脊背中间劈成两半，再剁成边长为 3 cm 的正方块。栗子洗净，在顶部用刀剁上"十"字刀口（只剁断外壳），放入沸水锅内煮 1 min 捞出，剥去外壳，用温水洗净，劈成两半。

（2）烹调：炒勺放旺火上，加花生油烧至七成热时，放入栗子炸至四边见红色时，倒入漏勺内；炒勺内放入白油 50 g，在中火上烧至六成热时，加甜面酱炒出香味，再放入鸡块、葱、姜煸透，倒入碗内；炒勺内再放入白油、白糖，在小火上炒至血红色时，倒入煸透的鸡块颠炒两下，随即烹入酱油、绍酒、清汤，烧沸后再放入栗子、精盐，加盖煨炖，至鸡八成熟时，将炒勺移至中火上，烧至汤剩 1/3 时，加入绍酒、湿淀粉勾芡淋上花椒油盛入盘内即成。

实例：梁溪脆鳝（江苏风味，烹调方法：炸熘）

原料准备：

绵白糖 100 g，葱末 25 g，姜末 25 g，豆油 1500 g（约耗 150 g），麻油 25 g，绍酒 60 g，精盐 150 g，酱油 40 g 等。

制作过程：

（1）锅内加 2500 g 清水、盐，烧沸，放入活鳝随即盖上锅盖，煮至鳝嘴张开，捞起放入清水漂净。将鳝横放在案板上，鳝腹朝内，一手捏住鳝头，另一手持竹片紧靠下巴处插入，沿脊骨直划至尾，去掉内脏，再沿脊骨两侧划下，去骨取鳝肉，洗净，沥去水。

（2）锅置旺火上烧热，加入豆油，烧至油温约 200 ℃时，放入鳝肉，炸约 3 min 捞出，待油温复升至 200 ℃时，复放鳝肉，炸约 4 min，再用小火炸脆；另取炒锅置旺火上烧热，舀入豆油 25 g，加葱、姜末煸香，加绍酒、酱油、绵白糖烧沸成卤汁，即捞起炸脆的鳝肉，放入卤汁内颠翻，淋麻油出锅装入盘内，成宝塔形，上用姜丝作点缀即成。此菜形态美观，色呈酱褐色，鳝肉松脆香酥，卤汁甜中带咸。

实例:樱桃肉(江苏风味,烹调方法:烧)

原料准备:

精方肉350 g,精制油25 g,冰糖60~70 g,红曲水25 g,绍酒40 g,精盐12~13 g,味精1 g等。

制作过程:

(1) 精方肉刮清洗净,肉皮朝上,用刀直剖成1.3 cm见方的小块。刀深至第一层精肉;再翻过,在精肉面剖3刀,深至第二层精肉。放入锅内,加冷水。用旺火烧沸,焖至肉刚熟取出洗净。

(2) 锅中放垫,加肉汤,放入肉块(皮朝下),加葱节、姜片、绍酒、红曲水、精盐11 g、冰糖30 g,用旺火烧沸上色。盖锅盖用小火焖约1 h,至肉酥烂,再用旺火,加冰糖续烧,收稠卤汁。去葱、姜,去掉肋骨,放在长腰盘中央,皮朝上,浇上原卤汁。

(3) 旺火热锅,加精制油烧热,放入豆苗,加盐煸炒至翠绿色;加入味精炒,起锅拼在肉两旁成绿叶状。

❹ **酸咸味型(主味:酸,辅味:咸)**

实例:醋烹虾段(山东风味,烹调方法:烹)

原料准备:

醋15 g,精盐2.5 g,酱油5 g,绍酒10 g,清汤25 g,湿淀粉40 g,葱姜丝2.5 g,蒜片2 g,花生油750 g(约耗50 g)等。

制作过程:

(1) 准备工作:将对虾洗净,剪去虾枪、爪、尾,剔去虾线,每只虾剁四段(头一段、身三段),用精盐1.5 g、湿淀粉抓匀;清汤、精盐、酱油、绍酒兑成汁,待用。

(2) 烹调:炒勺放中火上,加花生油烧至六成热时,逐块下入虾,拨动使其炸透,将油潷出,炒至勺内留油25 g,放葱姜丝、蒜片炸出香味,随即烹上醋,倒上兑汁,颠翻出勺即成。

实例:宋嫂鱼羹(浙江风味,烹调方法:烩)

原料准备:

活鳜鱼1尾(800 g),米醋25 g,葱段25 g,姜片15 g,姜丝10 g,料酒30 g,精盐3 g,酱油5 g,味精6 g,清鸡汤250 g等。

制作过程:

(1) 鳜鱼初加工片两片、去骨加葱段、姜片、料酒、精盐旺火蒸熟。

(2) 炒锅置旺火烧热,下猪油投入葱段、清汤,加料酒,放笋丝、香菇丝、鱼肉,加酱油、精盐、味精勾芡淋蛋黄液、米醋、熟猪油盛入汤盆,撒上火腿丝、葱姜丝、胡椒粉。

❺ **酸辣味型(主味:酸辣,辅味:鲜香)**

实例:发丝牛百叶(湖南风味,烹调方法:炒)

原料准备:

熟猪油150 g,料酒25 g,精盐5 g,味精2.5 g,米醋20 g,湿淀粉15 g,鸡汤150 g,香油10 g等。

制作过程:

(1) 将生牛百叶分割成5块放入桶内,倒入沸水至浸没牛百叶为度,用木棍不停地搅动3 min,捞出放在案板上,用力搓揉去掉上面的黑膜,用清水漂洗干净,下入冷水锅煮1 h,达到七成熟捞出。

(2) 将牛百叶逐块平铺在砧板上,剔去外壁,切成约5 cm长的细丝,盛入筛子里待用。冬笋切成略短于牛百叶的细丝。韭黄切成2 cm长的段。红辣椒亦切成细丝。

(3) 将牛百叶丝盛入碗中,用米醋、精盐拌匀,用力抓揉去掉腥味,然后用冷水漂洗干净,挤干水。

(4) 取小碗一只,加鸡汤、味精、香油、米醋和湿淀粉调成汁。

（5）炒锅置旺火上，放入熟猪油烧至六成热时，下入冬笋丝和牛百叶丝煸炒出香味，烹料酒，放入红辣椒丝、精盐、味精和韭黄炒一下，再倒入调好的汁快炒几下，出锅即成。

实例：酸辣狗肉（湖南风味，烹调方法：烧）

原料准备：

熟猪油 100 g，料酒 50 g，精盐 5 g，味精 1.5 g，葱 15 g，姜 15 g，醋 15 g，酱油 10 g，桂皮 10 g，湿淀粉 25 g，香油 15 g 等。

制作过程：

（1）将狗肉去骨，用温水浸泡并刮洗干净，下入冷水锅内煮过捞出，用清水洗 2 遍，放入砂锅内，加入拍破的葱、姜、桂皮、干红辣椒、料酒和清水，煮至五成烂时取出，切成长 5 cm、宽 2 cm 的条。将泡菜、冬笋、小红椒切末，青蒜切花，香菜洗净。

（2）炒锅置旺火上，放入熟猪油烧至八成热时下入狗肉爆出香味，烹料酒，加入酱油、精盐和原汤，烧沸后倒在砂锅内，用小火煨至酥烂，收干汁，盛入盘内。

（3）炒锅内放入熟猪油，烧至八成热下入冬笋、泡菜和小红椒末煸几下，倒入狗肉原汤烧沸，放入味精、青蒜，用湿淀粉调稀勾芡，淋入香油和醋，浇盖在狗肉上，周围拼上香菜即成。

实例：湘西酸肉（湖南风味，烹调方法：炒）

原料准备：

酸肉 200 g，肉清汤 200 g，熟花生油 150 g，干红辣椒 30 g，青蒜 40 g，玉米粉 20 g 等。

制作过程：

（1）将黏附在酸肉上的玉米粉扒放在瓷盘里。酸肉切成长 5 cm、宽 3 cm、厚 0.7 cm 的片，干红辣椒切细末，青蒜切成长 3 cm 的小段。

（2）炒锅置旺火上，放入熟花生油烧至六成热，先将酸肉、干红辣椒末下锅煸炒 2 min，当酸肉渗出油时，用手勺扒在锅边，下玉米粉炒成黄色，再与酸肉合并，倒入肉清汤，焖 2 min，待汤汁稍干，放入青蒜炒几下，装入盘中即成。

其他：酸辣鱼皮（湖南风味）、酸辣海参、石锅酸汤鮰鱼、酸汤肥牛等。

❻ 麻辣味型（主味：麻辣，辅味：鲜香）

实例：麻辣鸡（山东风味，烹调方法：煨）

原料准备：

精盐 10 g，酱油 25 g，绍酒 10 g，白糖 20 g，清汤 400 g，葱段 25 g，姜片 10 g，生花椒面 3.5 g，芝麻油 40 g，花生油 1000 g（约耗 50 g）等。

制作过程：

（1）准备工作：将宰好的雏鸡洗净，剁去嘴、爪、翅尖，从脊背中间劈为两片，再剁成 2.4 cm 见方的块，放碗内，加酱油 15 g 渍匀。

（2）烹调：将炒勺放旺火上，加入花生油，烧至八成热时，放入鸡块，炸至呈淡红色时捞出；炒勺放中火上，加入芝麻油、白糖，炒至鸡血红色时，放入清汤、酱油、精盐、绍酒、葱姜烧沸，撇去浮沫，倒入炸过的鸡块，移至微火上煨，待鸡块八成熟时，撒上生花椒面，颠翻均匀，继续用微火煨，至汤将尽时，颠匀出勺即成。

实例：油焖笋尖（四川风味，烹调方法：焖）

原料准备：

酱油 25 g，醋 5 g，精盐 15 g，干辣椒节 40 g，花椒 2 g，菜油 75 g，味精 1 g，白糖 5 g，辣椒油 25 g，香油 5 g，花椒粉 1 g 等。

制作过程:

(1) 选鲜嫩白甲笋尖,切成 10 cm 长的段,洗净,沥干水分,削去下端外皮,保留顶端几片嫩叶,切成四芽瓣,整齐地摆在小盆内,摆一层笋尖,撒一层精盐(摆三层)。锅置于旺火上,下菜油 75 g,烧至六成热,下干辣椒节、花椒炸至浅褐色,将热油、花椒、干辣椒节一并淋在笋尖上,用盘扣紧盖严焖约 5 h。

(2) 将笋尖整齐地摆在盘内(不要原汁),放几段干辣椒节和几粒花椒(炸过的)。酱油、白糖、醋、香油、辣椒油、花椒粉、味精等调料,在碗内充分调匀,淋在笋尖上即成。

实例:干煸牛肉丝(四川风味,烹调方法:干煸)

原料准备:

酱油 10 g,郫县豆瓣酱 30 g,花椒面 2 g,醋 3 g,香油 10 g,绍酒 25 g,味精 1 g,熟菜油 125 g 等。

制作过程:

(1)牛肉洗净,横着肉纹切成 8 cm 的二粗丝,盛入碗内;芹黄摘洗干净,切成长 4 cm 的段;郫县豆瓣酱剁细。

(2) 炒锅置旺火上,下熟菜油(分多次加油)烧至六成热,下干辣椒丝炸呈浅褐色捞出,速下牛肉丝炒煸,将牛肉丝的水分煸干亮油时,下绍酒、姜丝、郫县豆瓣酱炒匀,下酱油、干辣椒丝、芹黄略炒几下,再加香油、味精、醋炒匀起锅上盘,撒上花椒面即可。

其他:椒麻鳝背、麻辣鲜鱿、干煸芸豆、麻辣龙虾、水煮鱼、麻辣香肚等。

❼ **甜香味型(主味:甜,辅味:香)**

实例:蜜汁山药(山东风味,烹调方法:蜜汁)

原料准备:

白糖 200 g,蜂蜜 50 g,桂花酱 10 g,花生油 1000 g(耗 60 g)等。

制作过程:

(1) 准备工作:将山药洗净,放蒸屉蒸透后取出,削去皮,切成滚刀长片。

(2) 烹调:净勺放中火上,倒入花生油,烧至七成热时,放入山药,炸 3~5 min,捞出后,将油倒入油筒。留底油烧热放白糖 50 g,炒至红色,加入开水 200 g,蜂蜜、白糖烧沸,加桂花酱,用漏勺捞出渣,再放微火上,将汁烤浓(约 5 min),倒入山药,颠翻几下,使蜜汁裹满山药,并盛汤盘中,多余蜜汁全部倒入盘内。

实例:琉璃桃仁(山东风味,烹调方法:琉璃)

原料准备:

白糖 150 g,花生油 500 g(约耗 35 g),芝麻油 25 g 等。

制作过程:

(1) 准备工作:将核桃仁放入开水中泡至薄皮发软时,剥去皮,洗净,再放在开水内氽一下捞出,晾干水分。

(2) 烹调:炒勺放在中火上,加花生油,烧至四成热时,将核桃仁放入,炒至漂起时捞出。将炒勺放在中火上,放入芝麻油、白糖,用手勺快速搅炒,待糖溶化冒细沫时,把核桃仁倒入,颠勺翻炒,使糖汁均匀地裹在桃仁上,随即倒在案板上,用筷子逐块拨开,晾凉即成。

实例:冰糖湘莲(湖南风味,烹调方法:蜜汁)

原料准备:

莲子(湘白莲子)200 g,冰糖 300 g,纯碱 15 g,青豆、樱桃、桂圆肉各 40 g 等。

制作过程:

(1) 将莲子和纯碱下入冷水锅烧沸,用洗锅的刷把倾斜搓擦,待莲子皮易于褪去时,将碱水倒掉,换入温水,用双手捧莲子搓擦,再用清水冲洗2次,至将莲子皮洗净为止。然后放冷水将去皮莲子烧沸捞出,装入碗内,用沸水泡上,使碱味全部清除,用牙签从莲子下部将莲心抵出,再用沸水冲洗1次,装入碗内,加入温水,上笼蒸发至软(蒸的时间不宜太久,否则会不成颗粒)。桂圆肉用温水洗净,浸泡5 min,将水滗去,待用。

(2)炒锅置中火上,放入清水500 g,下入冰糖使其溶化,端锅离火,用筛箩去糖渣,再将冰糖水倒回锅内,加青豆、樱桃、桂圆肉,上火煮沸。

(3)将蒸熟的莲子滗去水,盛入大汤碗内,再将煮沸的冰糖水及配料一起倒入汤碗,莲子浮在上面即成。

其他:琉璃白肉、挂霜腰果、蜜汁红果(山楂)、拔丝山药(土豆、葡萄、西瓜等)、蓝莓山药等。

⑧ **怪味味型(咸、甜、麻、辣、酸、鲜、香)**

实例:棒棒鸡丝(四川风味,烹调方法:熟拌)

原料准备:

花椒面1 g,辣椒油35 g,酱油20 g,醋15 g,白糖12 g,精盐2 g,香油5 g,芝麻酱20 g,熟芝麻1 g,味精1 g等。

制作过程:

(1)葱丝用凉开水漂散,入盘垫底;熟鸡脯肉冷却后用小擀面杖轻轻捶松,再用手撕成丝,盖在葱丝面上。

(2)白糖、精盐、味精、酱油、醋、辣椒油、香油、芝麻酱在碗内调匀,淋在鸡丝上面,再撒上熟芝麻、花椒面即成。

实例:怪味花生米(四川风味,烹调方法:炒)

原料准备:

辣椒面10 g,白糖125 g,甜酱15 g,精盐5 g,柠檬酸0.1 g,花椒面3 g,五香粉1 g,清水100 g等。

制作过程:花生米去衣,锅洗净置中火上,掺清水下白糖,用锅铲不停搅动,待水分逐渐蒸发,糖水变浓稠起大泡时,加入甜酱、精盐、辣椒面、花椒面、五香粉及柠檬酸搅均匀后,下花生米,锅端离火口,用锅铲轻轻翻动,使糖汁均匀地附着在花生米上面,待其逐渐冷却收汁,装盘即可。

其他:怪味蚕豆、怪味鸡、怪味鸭掌等。

⑨ **家常味型(主味:咸鲜,辅味:微辣)**

实例:回锅肉(四川风味,烹调方法:熟炒)

原料准备:

酱油5 g,郫县豆瓣酱6 g,白糖5 g,甜酱7 g,混合油25 g,味精1 g等。

制作过程:

(1)猪肉除尽残毛洗净,入锅煮熟捞起,晾凉后切成长7 cm、宽3.5 cm、厚0.4 cm肥瘦相连的薄片。蒜苗择洗干净,用斜刀切成长4 cm的段;郫县豆瓣酱剁细。

(2)锅置中火上,下混合油烧至五成热,下肉片炒至吐油时,下郫县豆瓣酱、甜酱、白糖,并迅速炒均匀,下蒜苗炒断生,再下酱油、味精炒匀起锅装盘即成。

回锅肉

其他:家常豆腐、家常熬鱼等。

⑩ **鱼香味型(鲜甜酸辣)**

实例:鱼香肉丝(四川风味,烹调方法:小炒)

原料准备:

泡椒末 25 g,郫县豆瓣酱 10 g,白糖 25 g,红醋(大红浙醋)20 g,酱油 12 g,鲜汤 20 g,精盐 1 g,味精 2 g,湿淀粉 35 g,绍酒 15 g,辣椒油 30 g,姜米 5 g,蒜米 15 g,熟菜油 500 g 等。

制作过程:

(1) 肥三成瘦七成的猪肉切成二粗丝;木耳、兰片分别切成二粗丝。肉丝用精盐、味精、料酒、湿淀粉拌匀。酱油、白糖、红醋、味精、绍酒、鲜汤、湿淀粉兑成味汁。

(2) 炒锅置旺火上,下熟菜油烧至六成热,下肉丝迅速炒散,下泡椒末、郫县豆瓣酱、姜米、蒜米炒出香味,速将兰片丝、木耳丝入锅炒匀,烹入味汁、下葱花,颠匀起锅上盘即成。

鱼香肉丝可以变化成鱼香肉丁(鱼丁、鱼丝)等。

⑪ **煳辣味型(主味:香辣,辅味:咸鲜回甜)**

实例:宫保鸡丁(四川风味,烹调方法:小炒)

原料准备:

泡椒末 20 g,精盐 3 g,酱油 15 g,干辣椒节 25 g,白醋 10 g,白糖 20 g,味精 3 g,绍酒 10 g,湿淀粉 35 g,鲜汤 25 g,混合油 125 g,笋丁 50 g 等。

制作过程:

(1) 鸡脯肉洗净拍松,用刀尖将肌纤维戳一遍,切成 1.5 cm 见方的丁,盛入碗内用精盐、绍酒、酱油、湿淀粉拌匀;花生米去衣,炸酥晾凉;酱油、白醋、白糖、味精、绍酒、湿淀粉、鲜汤在碗内兑成味汁。

(2) 炒锅置旺火上,下混合油烧至六成热,下泡椒末、干辣椒节炒至棕红色出香,速下笋丁、鸡丁炒散籽,再将姜片、蒜片、葱丁略炒几下,烹入味汁,用汤瓢推炒几下,投入花生米颠匀即可装盘。

⑫ **咸辣味型(主味:咸鲜,辅味:微辣)**

实例:菊花鲈鱼羹(福建风味,烹调方法:煮)

原料准备:

鲜鲈鱼 1 尾(600～800 g),盐 3 g,胡椒粉 1.5 g,味精 2 g,料酒 5 g,生粉 20 g,鲜菇片 30 g,笋片 30 g、叉烧肉片 20 g 等。

制作过程:

(1) 将鲜鲈鱼肉丁、鲜菇片、笋片、叉烧肉片倒入高汤内烧开。

(2) 再加入盐、味精、料酒、胡椒粉,用生粉勾成稀糊状,下蛋清盛入容器内,上面放上菊花即可。

实例:鲃肺汤(江苏风味,烹调方法:炖)

原料准备:

鲃鱼 1 尾,精盐 7.5 g,绍酒 20 g,葱末 15 g,猪油 5 g,胡椒粉 0.3 g,鸡清汤 500 g 等。

制作过程:

(1) 鲃鱼置砧板上,左手拉住鱼腹,右手持刀自腹部下刀,刀刃向外平推,将鱼身滚动,剔去鱼皮,取出肺,去内脏,洗净。然后自颈部下刀,沿脊骨直至尾,取下鱼肉。

(2) 鱼肉放在清水中,拉去白衣黑膜,滤去水,每块鱼肉一分为二;肺一分为二,用精盐轻轻捏一捏,再洗净滤干。

(3) 鱼肉及肺用精盐 2 g、葱末 5 g 拌匀片刻后泡去汁水。

(4) 鸡清汤烧沸,下鱼肉及肺,加绍酒、精盐,待汤再沸,捞出鱼肉及肺放入汤碗中,撇清汤后,投入辅料,熟透捞起,去沫倒入汤碗,淋猪油撒胡椒粉即成。

⑬ 蒜泥味型(主味:辣鲜,辅味:香)

实例:蒜泥白肉(四川风味,烹调方法:熟拌)

原料准备:

带皮猪后腿瘦肉 400 g,酱油 15 g,辣椒油 30 g,精盐 3 g,葱 25 g,姜 20 g,八角 8 g,蒜泥 25 g,四川辣酱 20 g,红香醋 5 g,白糖 4 g,味精 3 g 等。

制作过程:

(1)猪肉洗净,横着肉纹划成二指宽的条,皮不划断,加葱姜块、料酒、八角放入蒸笼内蒸至刚熟时,取出。将猪肉从事先划有刀路处切下,揾干水分,片成长 10 cm、宽 4 cm,肥瘦、皮肉相连的薄片,定入碗中装好。

(2)碗内放四川辣酱,再加白糖、味精、精盐、酱油、红香醋、辣椒油等在碗内调匀,淋于肉上,再淋上稀释过的蒜泥即成。

⑭ 豆瓣味型

实例:豆瓣鲜鱼(四川风味,烹调方法:烧)

原料准备:

鲜鱼 1 尾(700～1000 g),豆瓣 45 g,白糖 20 g,酱油 15 g,醋 15 g,鲜汤 400 g,绍酒 25 g,胡椒粉 1 g,味精 1 g,精盐 7 g,湿淀粉 25 g,菜油 500 g(耗 150 g)等。

制作过程:

(1)鲜鱼经初步加工后,在鱼身两面脊背肉厚处各剞几刀一字花刀,用精盐、绍酒着味,豆瓣剁细。

(2)炒锅置旺火上,下菜油烧至七成热,下鱼将两面微炸一下捞起。锅内留油 120 g,下豆瓣、姜米、蒜米以小火炒至色红味香时,掺入鲜汤,下白糖、酱油、精盐、胡椒粉、绍酒及炸好的鱼在小火上烧至两面熟透,将鱼起于盘内,锅内原汁勾二流芡收汁,待亮汁亮油时,下味精、醋、葱花调匀,将汁淋在鱼上即可上席。

⑮ 烟香味型

实例:樟茶鸭子(四川风味,烹调方法:蒸、炸)

原料准备:

麻鸭 1 只(1500～2500 g),香樟叶 60 g,锯末 250 g,柏树枝 250 g,精盐 25 g,味精 2 g,胡椒粉 2 g,醪糟汁 25 g,绍酒 25 g,花椒粒 25 粒,香油 25 g,菜油 1000 g(耗 50 g),葱酱味碟 2 个。

制作过程:

(1)在鸭颈部横割一刀,放净血,在 75 ℃水温内烫透,煺净毛,在鸭的背面尾部横割一刀,去除内脏清洗干净,用盐、花椒、绍酒、醪糟汁、胡椒粉、味精在鸭的全身内外涂抹均匀,再加姜、葱将其腌渍入味后,用沸水将鸭略烫一下,捞出晒干水分。

(2)将香樟叶、锯末、柏树枝放入熏炉内点燃,上面放一个铁丝网,待青烟冒完呈滚滚白烟时,将鸭放在铁丝网上,让其烟熏,中途将鸭翻个面,当鸭全身熏为黄色时,取出放于蒸碗中,上笼蒸至离骨取出。

(3)炒锅置于旺火上,下油烧至七成热,将鸭放入炸至皮酥捞出,在鸭全身刷上香油,冷却后,斩成均匀的条块,装成全鸭形,随酱味碟、软饼一并入席。

实例:云雾肉(安徽风味,烹调方法:炖)

原料准备:

瘦五花肉 200 g,红糖 15 g,八角 4 g,茴香 10 粒,花椒 5 g,肉汤 500 g,精盐 5 g,酱油 40 g,芝麻油 15 g。

制作过程：

（1）选用四方形五花肉 1 块，用铁叉平着叉入瘦肉层，在炉火上烤焦皮面至起泡时取下。

（2）放在淘米水中浸泡 15 min，刮尽焦皮层，用水洗净，放入砂锅内加入肉汤，用旺火烧开，去浮沫。

（3）将八角、茴香、花椒装入小布袋扎紧袋口和盐、葱、姜（拍松）一起放进砂锅。换小火炖至筷子能穿透肉时，将肉捞出待用。

（4）再用铁锅置火上，放入捣碎的饭锅巴，用茶叶、红糖拌和一起置入碎锅巴中。

（5）上面架上铁丝算子，将肉放在算子上（皮朝上），盖好锅盖。

（6）用旺火烧至冒出浓烟、熏出香味时，将锅端离火烟至烟散尽。然后取出熏好的肉，先切成同样大小 4 块，逐块再切成 0.5～0.6 cm 厚的肉片，整齐地码放在盘中，浇上酱油、醋，淋上芝麻油即成。

⑯ 香糟味型（主味：糟香，辅味：鲜咸）

实例：拉糟鱼块（福建风味，烹调方法：炸）

原料准备：

盐 5 g，白糖 10 g，花椒粉 2 g，红糟 16 g，五香粉 2 g，味精 1 g，葱末、姜末各 2 g，料酒 5 g，香油 5 g。

制作过程：

（1）将鲜鱼洗净，去肉，切成块。

（2）红糟在砧板上用刀剁细放在大碗里，加料酒、白糖、葱末、姜末、五香粉调匀，放入鱼块。

（3）用蛋清和干淀粉制成蛋清浆，将腌渍的鱼块上浆，滑油炸熟即可。

实例：红糟鱼丝（浙江风味，烹调方法：炒）

原料准备：

盐 3 g，味精 2 g，白汤 20 g，红糟 18 g，胡椒粉 0.5 g，葱丝 5 g，姜丝 3 g，料酒 5 g，鸡蛋清 15 g，色拉油 50 g，湿淀粉 15 g。

制作过程：

（1）黑鱼取鱼肉去皮切 9 cm 的丝，加盐、鸡蛋清、料酒、湿淀粉拌匀上浆。

（2）红糟、料酒、盐、味精、胡椒粉、葱姜丝、白汤、湿淀粉放碗中调成芡汁待用。

（3）炒锅置火上，下色拉油四成热放鱼丝，用筷子划散捞出沥油。

（4）锅加底油放葱姜丝，起香放芡汁下入鱼丝翻炒均匀，装盘，绿菜围在四周。

⑰ 其他味型

实例：九转大肠

原料准备：

（1）主料：整大肠 4～5 条。

（2）配料：葱末、姜末、蒜末各 5 g，香菜 10 g。

（3）调料：白糖 60 g，香醋 50 g，黄酒 30 g，盐 4 g，酱油 10 g，白胡椒粉 3 g，花椒粉 5 g，味精 3 g，肉桂粉 0.5 g，砂仁粉 0.5 g，猪大油 25 g，清汤 500 g。

制作过程：

（1）将大肠用盐醋搓洗法里外翻洗几次，以除去黏液和脏腑气，再用冷水将大肠里外漂洗干净。

（2）用肠套肠的方法，大口套小口，一层层地套起来，大体套至八、九层，直至全长缩短到 18 cm，再用竹签固定两端。

九转大肠

（3）将套好的大肠放进冷水锅中，煮 15 min，倒掉锅中热水，再换热水煮 15 min，再换水煮烂，捞出，用冷水过凉后放好。

（4）将熟大肠切成 2.4 cm 长的段，开水氽透后，倒入漏勺控净水分。

（5）用猪大油、白糖炒至糖色深红，再将大肠倒入，颠翻上色，随将大肠拨到锅边，加入葱、姜、蒜煸出香味，烹醋，加上清汤、料酒、白糖、盐，用微火煨燽至汤干汁浓，并出现很多小泡，肠转深红色时，调大火，用手提起锅来回地转动几次，颠翻大肠，再转动锅。这样反复八、九次，待汤快尽时，加白胡椒粉、肉桂粉、砂仁粉，颠翻均匀，撒上花椒粉，摆入盘内，再撒上香菜末即成。

质量要求：色泽红润透亮，甜、酸、咸、香、辣五味俱全，食之软糯，肥而不腻。

实例：五香菊花肉（安徽风味，烹调方法：蒸）

原料准备：

八角 1 个，小茴香 1 g，桂皮 1 g，花椒 1 g，酱油 10 g，精盐 4 g，冰糖 5 g，绍酒 50 g，味精 0.5 g，湿淀粉 10 g，熟猪油 10 g。

制作过程：

（1）猪肉洗净后切成 8 大块，每块均带肉皮，3～4 cm 厚，用刀在每块肉面上剖成直径 0.5 cm 左右的麻布形刀花，刀深至肉皮即可，然后下开水锅稍煮片刻，使刀花受热张开呈菊花状。

（2）鸡蛋皮切成碎末。将八角、小茴香、桂皮、花椒、姜（拍松）装入纱布袋中。

（3）扎紧口。炒锅置旺火上，放入酱油、精盐、冰糖、绍酒和香料袋，烧开。

（4）再放下猪肉翻炒使之沾匀卤汁，将肉取出放在汤碗中，倒入余卤汁，放上香料袋，放笼内蒸至酥烂取出，拣去香料袋，扣在盘中。

（5）原汤汁倒入锅中，加味精用湿淀粉调稀勾芡，淋入熟猪油 10 g，撒上葱末、蛋皮末即成。

实例：麻仁香酥鸭（湖南风味，烹调方法：炸）

原料准备：

麻鸭 1 只(1500～2000 g)花生油 1000 g(实耗 100 g)，火腿 30 g，鸡蛋 30 g，芝麻仁 10 g，料酒 20 g，精盐 6 g，味精 1.5 g，葱 15 g，姜 15 g，白糖 10 g，花椒籽 20 粒，花椒粉 1 g，干淀粉 50 g，香油 15 g。

制作过程：

（1）葱、姜拍破。火腿切米。肥膘肉下入汤锅煮熟捞出，切成细丝。鸡蛋磕在碗内，放入面粉、干淀粉和水制成蛋糊。香菜摘洗干净。

（2）鸭宰杀去净毛，开膛去内脏洗净，用拍破的葱姜、料酒、精盐、白糖、花椒籽腌约 2 h，上笼蒸八成烂取出晾凉，先取下头、翅、脚，鸭身折净骨，将腿、脯肉厚的部分剔下，切成丝，在鸭皮面抹上蛋糊，放在有油的平盘上，将肥膘肉丝和鸭丝放入余下的蛋糊内，加入味精拌匀，铺平在带皮的鸭肉上，下入油锅炸酥呈黄色捞出，用盘装上。

（3）鸡蛋去蛋黄用蛋清，用筷子打起发泡，放入干淀粉调成糊，铺满一层在炸酥的鸭肉上，表面撒芝麻仁和火腿。

（4）将炒锅置旺火上，倒入油烧至六成热时，下入麻仁鸭用温火炸酥，面上浇油淋炸，熟透时滗去油，撒上花椒粉，淋入香油，捞出切成长 5 cm、宽 2 cm 的条，整齐地摆入盘内，将头、翅、脚摆成鸭形，周围拼上香菜即成。

（三）专用复合调味品调配方法及菜例训练

❶ 咸甜适口甜面酱

实例：蒜香辣酱

原料准备：

甜面酱 500 g，蒜 200 g，干辣椒、洋葱、白糖各 50 g，细红辣椒面 25 g，鲜汤 250 g，盐、味精、鸡精、香油、色拉油各适量。

制作过程：

干辣椒去蒂,切节;蒜洗净,拍松剁末;洋葱去皮,切成碎末;细红辣椒面放入碗中,加少许清水搅匀,待用。

制作过程：

（1）炒锅上火,放100 g色拉油烧热,投入洋葱末、蒜末和干辣椒节炒至焦香。

（2）炒好的料盛在电动搅拌器内制成混合蒜泥。

（3）锅中再放25 g色拉油烧至极热,倒在有细红辣椒面的碗内,搅匀,晾凉,待用。

（4）炒锅重上火味,放200 g色拉油烧热,下甜面酱炒至无生酱味。

（5）加鲜汤熬至无水汽。

（6）加入混合蒜泥、油泼辣椒面、白糖、盐、味精、鸡精等,继续熬约3 min,淋香油,搅匀,盛容器内,晾凉存用。

特点及运用:蒜香辣酱是以甜面酱为主,加蒜蓉、洋葱、辣椒等调料而成的一种酱汁。成品具有色泽深红、蒜味浓郁、咸辣香醇的特点。此酱汁既适宜拌制各种凉菜,又适用于爆、煎、烧等类菜肴的调味,也可作炸菜、涮锅的味碟。

（1）炸蒜末和干辣椒节时,要用小火低油温。如火旺油热,极易炸煳;反之,不宜炸焦脆。一般是在低油温时投入原料,边炸边升油温,直至合乎要求。

（2）细红辣椒面内加少量清水,是为了防止冲入热油炸煳而影响红亮的色泽。

（3）要重用蒜,突出蒜香味浓的特点;辣椒的用量应灵活掌握,可微辣、中辣、特辣。

（4）熬酱时要自始至终不停地用手勺推动,以防煳底而影响口味。

实例:蒜辣酱煎牛排

原料准备：

牛柳肉200 g,鸡蛋液50 g,西红柿、黄瓜各少许,盐、味精、料酒、葱姜汁、嫩肉粉、干淀粉、蒜香辣酱、香油、色拉油各适量。

制作过程：

（1）将牛柳肉切成0.3 cm厚的大片,用刀尖在上面戳数个小洞,纳盆,加盐、味精、料酒、葱姜汁、嫩肉粉、鸡蛋液和干淀粉等抓匀浆好。

（2）平底锅上火烧热,舀入一手勺油遍布锅底烧至四成热,摆入浆好的牛柳肉后,反复翻煎至两面焦软熟透时,加蒜香辣酱炒匀,淋香油,起锅装盘。

（3）西红柿切角状,黄瓜切片,摆在盘边做装饰即成。

特点:牛肉焦嫩,酱香带辣。

（1）牛柳肉腌渍时间要够,以达到助嫩和增加底味的作用。

（2）加入酱汁后,务必用小火,以防出现煳味。

实例:肉末辣酱

原料准备：

甜面酱500 g,猪肥膘肉、猪瘦肉各250 g,葱白、生姜、蒜仁、细红辣椒面各50 g,干辣椒、孜然粉各25 g,花椒、八角、桂皮、白芷各15 g,草果、香叶、肉蔻各15 g,盐、味精各适量。

加工准备：

猪肥膘肉、猪瘦肉分别用绞肉机绞成泥;葱白、生姜、蒜仁分别剁成末;干辣椒去蒂,抹去灰分,切短节。

制作过程：

（1）炒锅置中火上,放入猪肥膘肉泥和50 g清水,用手勺不停地摊炒至出油且渣料金黄色时,捞出沥油。

（2）投入花椒、八角、桂皮、白芷、草果、香叶、肉蔻等，炸香捞出。

（3）下干辣椒节炸成棕红色。

（4）放猪瘦肉泥炒熟。

（5）放入甜面酱炒至无生酱味。

（6）加入捞出的渣料、葱白末、姜末、蒜末、细红辣椒面、孜然粉、盐和味精等，续炒约 2 min 至诸料融合。

（7）盛容器内，晾凉后存用。

特点及运用：肉末辣酱是在用香料炒好的肉末内加甜面酱等炒制而成的一种酱汁。成品具有酱红油亮、香味浓郁、咸鲜微辣的特点。该酱汁适宜运用于烧、蒸、炒、拌等方法烹制河海鲜、异味重的动物原料，以及各种素食类原料。也可直接作面条的浇卤用。

（1）化猪肥膘肉时，需加适量清水。这样可使炼出的油清亮，渣料金黄。

（2）炸香料时需用小火，目的是让香料的香味成分缓缓析出。

（3）炒制时自始至终都要不停地推动，以免煳底而影响色味。

（4）熬制酱汁时切不可加水。否则，成品味道不好，且不易存放。

实例：肉酱炒蚬子

原料准备：

蚬子 1000 g，嫩韭菜 150 g，肉末辣酱 100 g，葱节、姜片、料酒各 10 g，香油、熟花生油各适量。

制作过程：

（1）蚬子放入清水盆中，滴入几滴油，饿养 3～4 h，待其泥沙吐净，捞出，用刷子把外壳洗净，沥水；韭菜洗净，切成小段。

（2）炒锅上火入油，放姜片、葱节炸香，下蚬子翻炒至壳张开时，烹料酒，纳肉末辣酱和嫩韭菜翻炒均匀，淋香油，起锅装盘。

特点：蚬肉鲜嫩，连壳同炒，原汁原味。

（1）因连壳同炒，故必须将贝壳表面用小刷子刷洗干净。否则，影响口感。

（2）在炒制时，不张口或微开口的是死蚬子，应拣出不用。

实例：香辣酱卤汁

原料准备：

甜面酱 500 g，香辣酱、豆瓣酱各 150 g，猪骨、鸡骨各 250 g，花椒、八角、桂皮各 15 g，香叶、白芷、草果、肉蔻各 15 g，葱结、姜片各 25 g，朝天干椒 50 g，盐、味精、色拉油各适量。

制作过程：

（1）将猪骨、鸡骨氽水后，放在不锈钢锅里，注入 4000 g 清水，上旺火烧开后，撇去浮沫。

（2）加入葱结、姜片和朝天干椒。将花椒、八角、桂皮、香叶、白芷、草果、肉蔻放入纱布内，制成一个香料包，放入锅中，改用小火煮约 1 h 至出香辣味。

（3）离火，过滤去渣，成香辣卤汁，待用。

（4）炒锅上火炙热，放色拉油烧热，下甜面酱炒出酱香味。

（5）下剁细的豆瓣酱和香辣酱炒出红油。

（6）倒入香辣卤汁，加盐、味精调好口味，熬约 5 min，出锅存用。

特点及运用：香辣酱卤汁是在炒好的甜面酱中加入事先熬好的香辣卤汁制成的一种卤汁。成品具有色泽褐红、咸香带辣、酱味十足的特点。此卤汁除可作各种荤素烧菜外，还可用于烹制荤素卤菜和腌制一些素菜原料。

（1）炒酱时，要有足够的底油，用中火，并用手勺不停地推动酱料，以免酱汁粘锅，影响色泽和风味。

(2) 辣味的程度,可根据食用者的接受程度施加,喜食辣者多放,不喜食辣者少放。

(3) 应视汤色的深浅而补加酱油,以免卤汁色淡而使成菜色泽欠佳。

实例:辣酱卤烧花鲢

原料准备:

新鲜花鲢鱼 1 段(约 250 g)。

调料:葱花、香菜、香油各 5 g,色拉油 50 g,香辣酱卤汁、水淀粉各适量,盐、料酒、干淀粉各少许。

制作过程:

(1) 将花鲢鱼洗净,在两侧剖上一字花刀,抹匀盐、料酒和干淀粉,腌约 5 min。

(2) 平底炒锅上中火,放 40 g 色拉油烧热,纳花鲢鱼煎至两面焦黄时,加入香辣酱卤汁,沸后烧约 10 min 至熟入味,铲出装盘。

(3) 锅中汤汁内勾水淀粉,搅匀,浇在鱼上,随后撒葱花、香菜,浇上烧至极热的色拉油和香油,即成。

特点:鱼肉细嫩,酱香微辣。

(1) 花鲢鱼用盐腌一下,煎制时不会粘底,且烧制时完整不碎。

(2) 煎鱼时油要热,使其外表快速形成一个外壳。若油温低,鱼皮易破损。

实例:烧肉酱汁

原料准备:

带皮猪五花肉 500 g,甜面酱 500 g,葱段、姜片各 10 g,十三香料包 1 个,老抽、白糖、盐、味精各适量,香油、色拉油各适量。

加工准备:

(1) 将带皮猪五花肉皮上的残毛污物刮洗干净,投入到沸水锅中氽透捞出。

(2) 稍晾,切成 1 cm 见方的块。

制作过程:

(1) 炒锅上火,放 50 g 色拉油烧热,下白糖炒成血红色。

(2) 投入肉块翻炒至吐油上色。

(3) 加清水、葱段、姜片、老抽和十三香料包,用小火炖约 1 h。

(4) 调入盐、味精,续炖约 10 min 离火。

(5) 拣出葱段、姜片,把带皮猪五花肉块捞出在电动搅拌器内打成泥状,待用。

(6) 150 g 油烧热,下甜面酱炒至无生酱味,入肉泥和原汁熬匀,加盐、味精和香油调匀即成。

特点及运用:烧肉酱汁是用制好的红烧肉与甜面酱配合而成的一种酱汁。成品具有油润褐亮、香味浓郁、味道咸鲜的特点。此酱汁适宜运用拌、炒、烧和蒸等法烹制各种素料和河海鲜原料。

(1) 应选用肥瘦兼有、皮薄的五花肉,且烧制时间要够,以保证能打成均匀的泥状。

(2) 烧肉原汁和面酱熬至融为一体时方可出锅,味道才美。

(3) 如嫌制作红烧肉麻烦,可在超市购买罐装的红烧肉,既方便又省时,且味道也不错。

实例:烧肉酱拌墨鱼仔

原料准备:

冰冻墨鱼仔 400 g,油菜心 6 棵,料酒、葱姜汁各少许,烧肉酱汁适量。

制作过程:

(1) 将墨鱼仔自然解冻后,撕净表层黑膜,洗涤干净,纵切为二;油菜心洗净,顺长一切两半。均待用。

(2) 锅内加清水、料酒、葱姜汁,上旺火烧沸,投入墨鱼仔氽至断生,捞出用凉开水过凉,沥干水分,装盘中间。

（3）油菜心也用沸水烫熟,围在墨鱼仔旁,淋上烧肉酱汁,即成。

特点:脆嫩,鲜香。

（1）墨鱼仔最好自然解冻。如用热水化冻,则影响口感。

（2）原料必须控净水分后再装盘。否则,浇上酱汁后会减弱口味。

实例:八宝面酱

原料准备:

甜面酱 500 g,水发冬菇、清水笋尖各 50 g,酱瓜、榨菜各 50 g,松子仁 25 g,色拉油 200 g,香油 20 g,砂仁粉、沙姜粉、生抽王各适量,盐、味精、白糖、葱花、姜米、蒜末各适量。

加工准备:

（1）将水发冬菇、清水笋尖用开水焯透后,切成细粒。

（2）酱瓜、榨菜也分别切成细粒。

（3）松子仁用温油炸至金黄焦脆,压碎。

制作过程:

（1）净锅上火炙热,注色拉油烧至六成热时,下葱花、姜米、蒜末炸香。

（2）放甜面酱炒至无生酱味。

（3）续放冬菇粒、笋尖粒、酱瓜粒、榨菜粒炒一会儿。

（4）加 200 g 清水,熬至黏稠。

（5）加入砂仁粉、沙姜粉,并调入生抽王、盐、白糖和味精成咸香口味。

（6）放松子仁末和香油,推搅均匀。

（7）盛出后晾凉存用。

特点及运用:八宝面酱是在炒熟的甜面酱内加入笋尖、冬菇、松子仁、酱瓜等数种富有特殊香味的原料调配而成的一种酱汁,此酱汁用姜量稍多,行业中有"酱不离姜"之说。成品具有色泽褐亮、口感丰富、酱香浓郁、味道鲜香醇厚的特点。此酱适用于家禽、家畜的内脏及牛、羊肉腥膻味比较大的原料,多用于炒、爆、蒸、拌等烹调技法。

（1）各种原料必须切成细米粒状。否则,口感不佳。

（2）水发冬菇和清水笋尖一定要用开水焯透,以去除一些酸涩味。

（3）白糖提鲜、增味,用量以成品尝不出甜味为度;砂仁粉、沙姜粉增香,用量宜少。

（4）加入清水(如有条件,可用肉骨汤、鸡汤)后,一定要熬至无水汽时,才可下调料调味。这样,口味才浓醇。

实例:八宝酱爆肉片

原料:带皮猪肥瘦肉 200 g,青、红柿椒各半只。

调料:八宝面酱 75 g,葱花、姜米各 5 g,色拉油 50 g,盐、味精、鲜汤、水淀粉、香油各少许。

制作过程:

（1）将带皮猪肥瘦肉皮上的残毛污物刮洗干净,切成厚 0.2 cm、2 cm 见方的片;青、红柿椒去籽除筋,切成小块。

（2）炒锅上火,放色拉油烧热,炸香葱花、姜米,下肉片翻炒至断生,再下青、红柿椒块略炒,加八宝面酱、鲜汤,并调入盐、味精,待翻炒至熟透入味时,淋水淀粉和香油,翻匀装盘。

特点:质感筋道,香而不腻,酱味浓郁。

（1）选用带皮猪肥瘦肉以猪脊背上、肋条下或坐臀肉为佳。其他部位的肉不宜做此菜。

（2）要旺火、热油,快速翻炒,一气呵成,并且味汁以紧裹原料为好。

实例:海味面酱

原料准备:

甜面酱 500 g,咸海鲜酱、沙茶酱各 50 g,柱候酱、排骨酱各 50 g,虾酱、虾籽各 25 g,葱节、姜片各 10 g,色拉油 200 g,盐、味精、香油、料酒各适量。

制作工艺:

(1) 将咸海鲜酱、沙茶酱、柱候酱、排骨酱和虾酱放在一起,用筷子充分搅拌均匀。

(2) 虾籽用少许料酒泡 10 min。

制作过程:

(1) 炒锅上火炙热,放色拉油烧至五成热,炸香葱节、姜片捞出。

(2) 下虾籽略炸。

(3) 入甜面酱,熬出酱香味。

(4) 加 200 g 清水烧滚。

(5) 加调好的混合酱、盐、味精,尝好咸鲜口。

(6) 盛在容器内,淋香油,存用。

特点及运用:海味面酱是以甜面酱为主,加入咸海鲜酱、沙茶酱、排骨酱、柱候酱和虾酱等料调兑而成的一种酱汁。具有色泽褐红、酱香怡人、味道咸香、海味浓郁、口感细腻的特点。此酱汁多作炸菜、可食生料的蘸碟,也可在运用炒、爆等法烹制菜肴时用于调味和拌制各种荤素凉菜。

(1) 为了突出海味浓郁的特点,所用海鲜酱料不能少于甜面酱的一半。使用前,应将其合在一起充分搅匀。

(2) 诸料入锅混合后,应用手勺不停地搅动,以防酱料粘底,出现煳味。

(3) 因所用酱料均含有盐分,故应试味后再酌情放盐。

(4) 熬好的酱汁呈半流体状,以能均匀裹在原料上为好。

(5) 盛器内不能有生水。否则,不但影响口味,而且易使酱汁腐败变质。

实例:海味酱酥豆角

原料准备:

嫩豆角 200 g,鸡蛋清 2 个,海味面酱 1 小碟,面粉、干淀粉各 25 g,盐、酱油各少许,色拉油适量。

制作过程:

(1) 将嫩豆角两头及筋去除,投入到沸水锅中烫一下,捞出沥汁,趁热加少许盐拌匀;鸡蛋清搅打起泡后,加面粉、干淀粉、色拉油(20 g)、少许盐及数滴酱油调匀成酥糊。

(2) 炒锅上火,注色拉油烧至六成热时,把豆角拍上一层干淀粉后挂匀酥糊,下油锅中炸成金黄色,捞出沥油,装盘,随海味面酱碟上桌,佐食。

特点:酥脆,清香。

(1) 因豆角表面光滑,故挂糊前应拍上一层干粉,并抖掉余粉。

(2) 油温勿高,否则,成品色泽发暗不亮,达不到金黄油润的效果。

❷ **满口留香芝麻酱**

实例:怪味麻酱汁

原料准备:

芝麻酱 500 g,火锅底料 1 袋(约 150 g),香椿芽、郫县豆瓣酱、鲜青尖椒各 50 g,泡野山椒、酥花仁碎各 50 g,豆豉、熟芝麻各 50 g,泡红椒、生姜各 25 g,蒜仁 20 g,松花蛋 5 个,臭豆腐、豆腐乳各 5 块,熟花生油 100 g,红油 200 g,盐、白糖、红醋、鸡精各适量,味精、香油各适量。

加工准备:

(1) 香椿芽用沸水略烫,捞出来晾,挤干水分后剁成碎末;鲜青尖椒、泡野山椒、泡红椒分别去蒂

115

除籽再和在一起剁成细末;松花蛋剥壳洗净,切成绿豆大小的丁。

(2)臭豆腐、豆腐乳分别用刀压成细泥;郫县豆瓣酱、豆豉分别剁末;生姜刨皮洗净,与蒜仁一起剁成末。

制作过程:

(1)净锅置旺火上,加入1250 g清水烧沸,放入火锅底料。

(2)待熬至出味后,打净料渣。

(3)把芝麻酱、臭豆腐泥、腐乳泥、蒜末、姜末、松花蛋丁和豆豉共纳一碗,边注入火锅红汤,边顺一个方向搅拌。

(4)搅拌至呈稀糊状时,再加入鲜青尖椒和香椿芽末搅匀。

(5)净锅上火,入熟花生油烧热,投入泡红椒末、泡野山椒末和郫县豆瓣酱炒香出色,随即离火。

(6)晾凉后倒进调好的芝麻酱糊,调入盐、味精、鸡精、白糖、红醋等,再放进香油、红油和酥花仁碎、熟芝麻,充分搅拌均匀后,即成。

特点及运用:本酱以芝麻酱为主,用火锅底料熬好的汤汁搅成糊状后,再加入松花蛋、豆腐乳、香椿芽、豆豉等十余种调料配制而成,具有奇香鲜辣、微酸回甜、略带麻香的特点。此酱汁适宜作拌菜、滑炒菜、炸菜、烧菜的调味。

(1)火锅红汤熬好后,一定要将汤中的料渣除净。

(2)用火锅红汤调芝麻酱时应分次加入。如一次性加入,既不容易搅打上劲,也不容易调匀。

实例:怪味芹香鱼

原料准备:

嫩芹菜叶150 g,鲜草鱼一尾(约重650 g),化猪油、熟花生油各25 g,怪味麻酱汁75 g,葱段、姜片、盐、味精、料酒各适量。

制作过程:

(1)将鲜草鱼宰杀洗净,在其两侧剞上一字刀口,投入到沸水锅中氽一下,捞在盛有凉水的盆中,洗去黏膜,揾干水分;嫩芹菜叶洗净,用手揪成段。

(2)炒锅上火,放化猪油烧热,下入姜片、葱段炸香,烹料酒,加清水,沸后纳鱼,中火炖至鱼肉熟且汤汁白时,加盐、味精调味,撒入嫩芹菜叶略炖,起锅倒在汤盆内,淋怪味麻酱汁,浇上极热的熟花生油,即成。

特点:鱼肉鲜嫩,芹香味浓。

(1)草鱼必须用开水烫一下,以去净黑膜和黏膜,使汤汁洁白。

(2)嫩芹菜叶应最后放入,以突出其碧绿的色泽及清香的味道。

实例:酸辣麻酱汁

原料准备:

芝麻酱500 g,桂林辣酱200 g,红醋200 g,白糖100 g,蒜蓉150 g,盐、味精、香油各适量。

制作过程:

(1)把芝麻酱盛入小盆,先分次加入适量清水,边加边用竹筷顺一个方向搅拌成稀糊状。

(2)再分次加入红醋拌匀。

(3)加入剁细的桂林辣酱、白糖、盐、味精和香油。

(4)搅拌均匀后,用保鲜膜封好口,随用随取。

(5)食用时,将蒜蓉调入到调好的酸辣麻酱汁内。

(6)搅匀即成。

特点及运用:这是用芝麻酱配以桂林辣酱、红醋、蒜蓉等调制的一种涮锅味汁,具有咸酸鲜香、微辣回甜的特点。该酱汁既可用于涮锅的蘸食,还可作炖菜的淋汁和拌制各种凉菜。

(1) 加料时，所用水和红醋应分次加入。否则，芝麻酱稀薄或稀稠不匀，质量不佳。

(2) 加入各料后，要用力充分搅打均匀，使各料充分融合，味道美妙。

(3) 蒜蓉最好在食用时再与芝麻酱混匀，以体现蒜味浓郁的特点。

实例：酸菜炖牛腩

原料准备：

牛腩 600 g，酸菜 150 g，葱段、姜片、老抽、生抽、盐、味精、鲜汤、酸辣麻酱汁各适量，十三香粉、料酒、胡椒粉各少许，色拉油 100 g，香菜段 5 g。

制作过程：

(1) 牛腩切成方块，同凉水入锅中，煮约 3 min 捞出，纳高压锅内，加清水，放葱段、姜片、老抽、生抽、盐、味精、十三香粉、料酒和胡椒粉，上火压至软烂。

(2) 锅入 65 g 色拉油烧热，下姜片、葱段炸香，入切碎的酸菜炒干，加鲜汤，加盐、味精、胡椒粉，用中火炖至出酸味时，把酸菜捞在汤盆内，接着把牛腩略煮，再捞在酸菜上。之后，倒入汤汁，把酱汁淋在牛腩上，再浇上 35 g 烧热的色拉油，撒香菜段，即成。

特点：牛腩酥烂，咸鲜微辣。

(1) 必须将酸菜煸干水汽且出酸味，再加鲜汤。

(2) 牛腩压制时间要足，以达到酥烂的口感。

实例：双椒麻酱汁

原料准备：

芝麻酱 250 g，泡椒蓉 150 g，泡野山椒蓉 100 g，姜末 25 g，韭菜泥 50 g，花生油 100 g，盐、味精、香油各适量。

制作过程：

(1) 芝麻酱纳盆，分次加入热水，顺一个方向搅拌成稀糊状。

(2) 加入姜末、韭菜泥、盐、味精拌匀。

(3) 净锅上火，入花生油烧热，投入泡椒蓉和泡野山椒蓉，煵至油红且酥香时，离火晾凉。

(4) 倒入调好的芝麻酱糊里，再淋入香油，搅匀即成。

特点及运用：这是用泡椒蓉、泡野山椒蓉与芝麻酱一同调制而成的味汁，具有咸鲜香辣、泡椒味浓的特点。此酱汁适宜作涮锅的蘸碟、炖菜的淋汁和拌制各种荤素凉菜之用。

(1) 泡椒和泡野山椒需要剁成极细的蓉。否则，口味和口感均不佳。

(2) 一定要用足量的热底油把泡椒蓉和泡野山椒蓉炒香出色，成品泡椒味才浓。

实例：双椒麻酱凤翅

原料准备：

肉鸡翅 5 个，水发香菇、清水笋尖、鲜平菇各 75 g，葱段、姜片、盐、味精、胡椒粉、酱油、熟花生油各适量，香菜段少许，双椒麻酱汁、色拉油各 75 g，八角 2 枚。

制作过程：

(1) 将肉鸡翅上的绒毛除净，顺关节剁成小块；水发香菇去蒂，切块；清水笋尖切薄片；鲜平菇去根，洗净，撕成条。将上述原料均投入到水锅中汆透，捞出沥水。

(2) 炒锅上火，放 50 g 色拉油烧热，下葱段、姜片、八角炸香，纳汆过水的原料煸炒至水汽干时，加清水，用中火炖至八成熟时，加入 50 g 双椒麻酱汁、酱油、味精、胡椒粉、盐等，炖至软烂，起锅盛汤盆内，接着淋入剩余的双椒麻酱汁，并浇上烧热的 25 g 熟花生油，撒上香菜段，即成。

特点：翅肉香嫩，味鲜微辣。

(1) 务必用足量的底油和原料煸干水汽再加汤炖制。否则，成菜口味不佳。

(2) 双椒麻酱汁应分两次投放，最后浇入的油一定要烧热。这样，双椒麻酱味才突出。

实例:奇香麻酱汁

原料准备:

芝麻酱500 g,臭豆腐、臭冬瓜各10 g,臭苋菜梗5段,生姜25 g,盐、味精、鸡精、香油各适量。

加工准备:

臭豆腐用刀压成细泥;臭冬瓜、臭苋菜梗分别切成细粒;生姜洗净,切成细末。

制作过程:

芝麻酱纳入小盆,分次加入清水,边加边顺一个方向搅拌,至稀糊状时,加入臭豆腐泥、臭冬瓜粒、臭苋菜梗粒、姜末,调入盐、味精、鸡精和香油,充分搅拌均匀后,即成。

特点及运用:这是用芝麻酱与"越臭越香"的臭豆腐、臭冬瓜、臭苋菜梗等调制而成的一种酱汁,它具有味道奇香的特点。该味汁除了用于涮锅的味碟外,还可拌制腥味较重的畜禽内脏。

(1)"三臭"的用量不能少于芝麻酱用量的1/3,但也不要加得太多,以免压了芝麻酱的香醇味。

(2)所有原料加入后一定要充分搅拌均匀。

实例:奇香海味豆腐

原料准备:

豆腐500 g,水发海参、水发鱿鱼各50 g,鲜虾仁25 g,清水香菇、清水笋尖各25 g,葱花,姜米,盐,味精,干淀粉,鲜汤,奇香麻酱汁各适量,香菜段5 g,化猪油、熟花生各25 g。

制作过程:

(1)豆腐切成长方块焯透;海参、鱿鱼、香菇、笋尖切片,焯水;虾仁用少许盐、味精、干淀粉拌匀上浆。

(2)净锅上火,放化猪油烧热,入葱花、姜米炸香,加入鲜汤,纳豆腐片、海参、鱿鱼、香菇和笋片,调入盐、味精,沸后去浮沫,用中火炖入味,把原料捞在汤盆内。接着把虾仁放汤中汆熟,捞在豆腐上。随后把汤汁倒在汤盆内,先淋上奇香麻酱汁,再浇上烧至极热的花生油,撒香菜段,即成。

特点:汤汁乳白,口感丰富,海鲜味浓。

(1)底油烧得不要太热,以免把细小的葱、姜炸糊。

(2)虾仁最后放入,才能保证有滑嫩的质感。

实例:花生麻酱汁

原料准备:

芝麻酱、花生酱各50 g,熟花生碎25 g,熟芝麻10 g,红油20 g,热鸡汤250 g,盐、味精、酱油、白糖各适量。

制作过程:

(1)芝麻酱纳入小盆内,分次加入热鸡汤用筷子顺一个方向搅拌成稀糊状。

(2)加入花生酱搅打均匀。

(3)将盐、味精、酱油和白糖加入到芝麻酱内。

(4)充分搅拌均匀后,再加红油、熟花生碎和熟芝麻搅匀,即成。

特点及运用:这是在打散的芝麻酱内加入花生酱、熟花生碎、熟芝麻、红油等调配而成的一种酱汁。成品具有味香、微辣、带脆的特点。该酱汁除适宜拌制各种凉菜外,还可作涮锅的味碟、炖菜的淋汁和一些蒸菜的调味。

(1)为突出混合酱中花生酱的美味,其用量应与芝麻酱相同。

(2)加入花生碎,是为了增加香味和脆感,故用量勿多。

实例:涮金针肥牛

原料准备:

肥牛肉 200 g,金针菜 75 g,盐、味精、料酒、淀粉、嫩肉粉、葱末、姜末、牛肉汤各适量,花生麻酱汁 1 小碗,色拉油 75 g,郫县豆瓣酱 50 g,泡辣椒 5 只。

制作过程:

(1) 肥牛肉切成薄片,加盐、嫩肉粉、料酒、味精、淀粉拌匀浆好,再用少量色拉油拌匀,入冰箱冷藏;金针菜用温水泡涨,去根,再用沸水汆透,捞出沥水;泡辣椒剁蓉;均备用。

(2) 炒锅放色拉油烧热,下葱末、姜末、郫县豆瓣酱和泡辣椒蓉煸香出色,加牛肉汤、盐、味精,沸后放金针菜煮入味,捞出装入锅仔。再下肥牛肉片煮至断生,连汤倒在锅仔内,然后置酒精炉上,随麻酱汁上桌,佐食。

特点:牛肉肥嫩,香辣味美,汤汁滚烫。

(1) 金针菜须用沸水汆透,以去除涩味。

(2) 肥牛肉煮至八成熟,即倒入锅仔内,以便让它再次受热,口感软嫩。

❸ **鲜香醇浓鲜汤汁**

实例:美味红烧汁

原料准备:

猪骨头 750 g,罐头扣肉 1 听,番茄酱 150 g,白糖 50 g,色拉油 3 g,生抽、老抽、辣椒油、盐、味精各适量。

制作过程:

(1) 扣肉从盒中取出,放在电动搅拌器内打成泥。

(2) 将猪骨头洗净,放在不锈钢锅中,旺火烧开,去浮沫。

(3) 改中火煮约 1 h,过滤即得骨头汤。

(4) 炒锅上火,放色拉油烧热,下番茄酱炒至无酸涩味。

(5) 加肉骨头汤和扣肉泥,煮滚一会儿。

(6) 加入老抽、白糖、盐、生抽、辣椒油和味精,熬制诸料融合在一起时,盛出存用。

酱料特点及运用:这是在用扣肉泥熬好的骨头汤中,加入番茄酱、生抽、老抽、辣椒油、白糖等原料调制的一款美味红烧汁。成品具有色泽红亮、咸鲜醇厚的特点。

运用:此汤汁适宜烧制河海鲜、异味重的动物原料。

(1) 在汤的基础上,炒番茄酱时加入香辣酱和豆瓣酱,即成"辣味红烧汁"。但两者均含盐,应减少盐的用量。

(2) 此红烧汁用番茄酱和老抽调色,较单用一种调料色泽更红亮,但要掌握用量。若番茄酱过多,成品发黑。

(3) 加入白糖是为了中和番茄酱的酸味,加入量以成品尝不出甜味或略有甜味为度。

(4) 加生抽和辣椒油的目的均是提鲜,故两者均应最后放。

(5) 此红烧汁因加有番茄酱,故最好当天用完。即使在冬天,也只能存放三至四天,否则,红烧汁会发酵,影响口味。

实例:红烧酿虎皮椒

原料准备:

鲜青尖椒 10 只,猪肥瘦肉 150 g,盐 3 g,味精 2 g,姜末 8 g,香油 20 g,面粉 250 g,水淀粉 20 g,色拉油 1500 g,美味红烧汁 25 g。

制作过程:

(1)猪肥瘦肉剁烂成泥,加盐、味精、姜末和香油调匀成肉馅;青尖椒洗净,切去蒂部,用筷子捅出籽瓤,内壁撒少许面粉,填入肉馅,做成酿尖椒生坯。

(2)炒锅上火,注色拉油烧至六成热时,下入酿好的尖椒炸成虎皮色倒出沥油;锅留适量底油复上火位,炸香葱末,加美味红烧汁,纳炸好的尖椒,略烧入味,勾水淀粉,淋香油,翻匀,整齐装盘。

特点:脆嫩,咸香,清辣。

(1)尖椒内壁撒些面粉,受热时可把肉馅粘牢。否则,烧制时肉馅易脱离尖椒。

(2)油温必须热,才能把尖椒表皮炸上色。

实例:奶味鲜汤汁

原料准备:

鸡汤 1000 g,鲜牛奶 500 g,洋葱、牛油各 100 g,盐、味精、鸡粉各适量。

加工准备:

洋葱剥去外皮,切成小方丁。

制作过程:

(1)炒锅上火,放牛油烧热,下洋葱丁炸至金黄色。

(2)加入鸡汤、鲜牛奶,滚沸一会,加盐、味精、鸡粉等调好咸鲜味,离火,出锅盛容器内,存用。

酱料特点及运用:此味汁主要用鸡汤加鲜牛奶、盐、味精等调兑而成。具有色泽白、味咸鲜醇、奶味浓郁、制法简单的特点。此味汁主要用于以白烧、白扒、滑炒、滑溜等法烹制水产、禽畜及部分蔬菜类菜肴的调味。

(1)调兑此汤汁时最好用牛油,因其咸香。其他油亦可,但成品口味不及牛油好。

(2)要用温油把洋葱慢慢炸黄,其香味才能溢出。千万不要炸煳,否则会影响奶白的色泽。

(3)要选用新鲜、醇正、浓度高的牛奶,以保证成品有奶味浓郁的特点。

(4)所用锅愈净愈好,最好用不锈钢精锅,以确保汤汁奶白的效果。

实例:奶汁银鳕鱼

原料准备:

银鳕鱼肉 1 块(约 250 g),水发香菇 45 g,胡萝卜 75 g,盐 4 g,味精 3 g,料酒 20 g,干淀粉 50 g,水淀粉 30 g,香油 15 g,食用油 45 g,奶味鲜汤汁 100 g。

制作过程:

(1)银鳕鱼肉洗净,切成 0.5 cm 厚的长方片,加盐、味精、料酒、干淀粉拌匀后,再加食用油拌和;水发香菇、胡萝卜分别切长片,待用。

(2)取一个盘子,按鱼片、香菇、鱼片、胡萝卜的顺序在盘中排成两排,上笼用中火蒸约 10 min 至刚熟取出。

(3)在蒸制的同时,锅内放奶味鲜汤汁,沸后勾水淀粉,淋香油,起锅浇在蒸好的鱼上即成。

特点:形美色艳,鱼片滑嫩,奶味咸鲜。

(1)鱼片内加干淀粉,可使成品口感滑嫩,但千万不要太多。

(2)蒸制时间以鱼肉刚熟为好。若时间过长,则鱼肉不嫩。

实例:椒油鲜汤汁

原料准备:

保鲜青花椒 50 g,鲜花椒油 25 g,熟花生油 75 g,牛肉鲜汤 250 g,盐、味精、鸡精、生抽各适量。

加工准备:保鲜青花椒择去丫枝,分成小朵。

制作过程:

(1)牛肉鲜汤放在小盆内,加入鲜花椒油、盐、味精、鸡精、生抽调匀待用。

(2)炒锅上火,放熟花生油烧至七八成熟时,下入保鲜青花椒炝出香味。

(3)迅速倒入调好味的牛肉鲜汤,搅匀即成。

酱料特点及运用:此味汁是用现代新产品保鲜青花椒和鲜花椒油,加在调味的牛肉鲜汤中兑制而成,具有汤汁鲜香、椒香扑鼻的要求。

(1)加入生抽起提鲜作用,用量适可而止。

(2)油一定要烧至极热,否则,保鲜青花椒味不易炝出,成品便达不到椒香扑鼻的要求。

实例:椒汁蛋黄鸭卷

原料准备:

鸭腿 2 只,咸鸭蛋黄 6 个,姜片 15 g,葱节 25 g,盐 2 g,味精 3 g,酱油 10 g,料酒 25 g,胡椒粉 0.8 g,椒油鲜汤汁 150 g。

制作过程:

(1)将鸭腿上的骨头剔去并展开成一大片,用刀尖在肉面排剁一遍,加姜片、葱节、盐、味精、酱油、料酒和胡椒粉等拌匀,腌约数小时。

(2)取一块净纱布铺在案板上,放一只腌好的鸭腿,接着在一端放 3 个咸鸭蛋黄,卷起成卷,用纱布包紧捆好,即成蛋黄鸭卷生坯。依法把另一只鸭腿做好,上笼蒸熟,整齐地装在窝盘中,注入椒油鲜汤汁,即成。

特点:形美,肉嫩,咸香。

(1)包扎时,也可用包粽子的马莲叶,使成品有股叶的清香味。

(2)必须晾凉后再改刀,趁热切是切不成卷的。

实例:豉油香汤汁

原料准备:

豆豉鲮鱼罐头 1 听,白酱油 1000 g,鱼露 200 g,葱白、生姜各 50 g,洋葱 100 g,芹菜 75 g,香油 25 g,色拉油 150 g,盐 1 g,味精、鸡精、鲜汤各适量,白糖、胡椒粉各少许。

加工准备:

豆豉鲮鱼从罐中取出,剁细;葱白、芹菜分别切节;洋葱剥去外皮,切块;生姜刨皮洗净,切片。

制作过程:

(1)炒锅上火炙热,放色拉油烧热,先下葱节。姜片、洋葱、芹菜炸香,再入豆豉鲮鱼炒香,加入鲜汤烧滚一会,除去渣料。

(2)加鱼露、白酱油、盐、味精、鸡精、胡椒粉、白糖等调好口味,略熬放香油,盛出备用。

酱料特点及运用:此汤汁是用豆豉鲮鱼、白酱油、鱼露等与鲜汤调兑而成的,具有味道鲜醇、豉味浓郁、咸香可口的特点。适宜作熘、烧等制法的调味料或煎、蒸类菜品的浇汁。

(1)一定要将锅烧至极热,再下油炒豆豉鲮鱼。否则,易抓锅底而出现煳味。

(2)要用足量的底油把豆豉鲮鱼炒香,成品豉香味才浓。

(3)加入鲜汤后,要用中小火熬至出豉香味,才可加其他调料。

(4)汤汁熬好后,需用密漏勺滤去渣料。

实例:豉香煎银鳕鱼

原料准备:

鳕鱼肉 450 g,鸡蛋 2 个,面粉 150 g,葱姜汁、盐、味精、料酒、胡椒粉各适量,香菜叶、西红柿片各少许,豉油香汤汁 75 g,色拉油 150 g。

制作过程:

(1)将鳕鱼肉切成长 3.5 cm、宽 2.5 cm、厚 0.5 cm 的片,再顺长在鱼片中间划两刀,纳盆内,依次加入盐、味精、料酒、葱姜汁、胡椒粉拌匀腌约 5 min;鸡蛋磕入碗中,加少许盐、味精及面粉调匀成蛋糊。

(2)锅置中火上,入色拉油,将腌好的鳕鱼片拍干面粉,再挂匀蛋糊,排放在平底锅中,煎至两面焦黄且九成熟时,淋入豉油香汤汁,续煎至汁尽原料熟透后,铲出装盘,用香菜叶、西红柿片稍加点缀即成。

特点:金黄软嫩,豉香味鲜。

(1) 鳕鱼肉上划两刀,不但在受热时不卷曲变形,而且更容易成熟和入味。

(2) 鳕鱼肉拍粉是为了均匀地拖匀鸡蛋糊。但不能过厚,以免失去鱼肉的鲜嫩。

实例:豉香煎里脊

原料准备:

猪里脊 200 g,鸡蛋 3 个,豉油香汤汁 100 g,盐 2 g,味精 3 g,料酒 10 g,干淀粉 35 g,色拉油 350 g,香菜叶 10 g。

制作过程:

(1) 把猪里脊上的一层筋膜除净,顶刀切成厚 0.5 cm 的金钱片,用刀面拍松,纳盆,加入盐、味精、料酒、干淀粉和鸡蛋液等拌匀浆好,待用。

(2) 平底锅上火炙热,舀入一手勺色拉油遍布锅底,逐片排入里脊片煎至两面焦黄且刚熟时,滗去余油,加入豉油香汤汁,翻煎至汁少时,铲出装盘,点缀香菜叶,即成。

特点:油润,软嫩,鲜香。

(1) 猪里脊肉是猪身上最嫩的一条肉,数量有限,如无,可用猪通脊肉或生臀上的瘦肉代之。

(2) 里脊片腌味时加盐量越少越好,以免加入汤汁成菜后味咸。

实例:泰酱腐乳汤汁

原料准备:

豆腐乳 1 瓶,泰国鸡酱 1 瓶,葱白、蒜仁各 50 g,生姜 25 g,香油 50 g,色拉油 150 g,鲜汤 2500 g,盐、味精、鸡精、胡椒粉各适量,白糖 5 g。

加工准备:

葱白切碎末;生姜去皮切末;蒜仁入钵,捣成细蓉;豆腐乳压成极细的泥。均待用。

制作过程:

(1) 炒锅上火,放色拉油烧热,投入葱末、姜末和蒜蓉炸香。

(2) 入泰国鸡酱和豆腐乳泥煸炒一会儿。

(3) 加鲜汤烧沸,调入盐、味精、鸡精、白糖、胡椒粉等,待诸料融合在一起时,加香油搅匀,盛出存用。

酱料特点及运用:泰酱腐乳汤汁是以泰国鸡酱、豆腐乳为主要原料,加鲜汤、葱白、生姜等辅料调配而成的一款酱汁。成品具有色泽淡红、咸香微辣、味道奇香的特点。此汤汁适宜于烹制滑溜、滑炒、烧和蒸菜的调味。

(1) 色拉油不能烧得过热,以免把细小的葱姜蒜炸煳,影响汤汁的色泽。

(2) 泰国鸡酱和腐乳泥要用足量的底油煸香,成品味才鲜醇。

(3) 各料混合后,应用中火熬一会,以保证诸料充分融合。

(4) 加入白糖是为调和诸味,用量以尝不出甜味为度。

实例:泰酱腐乳烧鱼头

原料准备:

鲢鱼头 1 个(约 500 g),姜片、葱节各 5 g,料酒 10 g,盐 3 g,色拉油 50 g,泰酱腐乳汤汁适量,水淀粉、香油、香菜叶各少许。

制作过程:

(1) 鲢鱼头去鳞鳃,从下颌部进刀砍开成两半,但不砍断开,洗净,用盐、料酒、姜片和葱节腌渍 10 min,拣出葱、姜不用。

（2）炒锅上火，注色拉油烧至六七成热时，纳鱼头煎至两面微黄，加入泰酱腐乳汤汁，加盖用中火烧至熟透，用水淀粉勾芡，淋香油，铲出装盘，周边饰以香菜叶，即成。

特点：咸香，味浓。

（1）鱼头经过腌渍和油煎步骤，烧制后味道才美。

（2）此汤汁有黏性，烧制时用小火，且用手勺不时地推动，以防煳锅底。

实例：红油鲜汤汁

原料准备：

红油 200 g，鲜汤 500 g，香油 50 g，干辣椒 100 g，盐、味精、白糖、酱油、白芝麻各适量。

加工准备：

白芝麻拣净杂质，入炒锅内用小火焙黄出香，盛出；香油入炒锅内烧热，放洗净的干辣椒炸至焦脆，倒在钵内，捣烂成蓉。

制作过程：

将鲜汤入小盆，依次加入辣椒蓉、红油、盐、味精、白糖、酱油、白芝麻和炸辣椒的香油，充分搅拌均匀，即成。

酱料特点及运用：此味汁是在传统的红油基础上增加了鲜汤的用量，使成品为半汤汁，具有色泽红亮、滋润油香、咸鲜香辣的特点。此汁适宜拌制各种荤素半汤凉菜。其方法是把可食的生料、成料或熟料刀工后装在窝盘内，加入汤汁，用量以淹没原料的一半为好。

（1）此味汁应重放红油和辣椒，若放得少，红油味不突出。反之，则油腻不爽口。红油与汤汁的比例为 1：2 或 1：1。

（2）白糖不宜过多，加入量以尝不出甜味为度；酱油也要少用，否则，色泽发黑。

（3）在此味的基础上增加花椒粉，可调成麻辣味，不过白糖要少放一些。

实例：红油鲜汤鱼片

原料准备：

净黑鱼肉 150 g，水发木耳 75 g，嫩笋尖 50 g，鸡蛋清 1 个，盐、料酒、葱姜汁、干淀粉、香菜叶各少许，红油鲜汤汁 200 g。

制作过程：

（1）净黑鱼肉切成厚约 0.3 cm 的大片，加料酒、葱姜汁、盐、鸡蛋清和干淀粉拌匀上浆；水发木耳拣净杂质，个大的撕开；笋尖按自然状切薄片。

（2）锅内放清水，加少许盐烧开，纳木耳和笋片烫熟，捞出过凉，挤干水分，铺在窝盘内垫底；同时，上浆的鱼片亦入开水锅中烫熟，捞出投凉，沥净汁水，覆盖其上，倒入红油鲜汤汁，点缀香菜叶，即成。

特点：色雅，滑嫩，香辣。

（1）鱼片切得不能太薄，否则，容易断碎，形状不美。

（2）烫鱼片时火要旺，水要宽，刚熟即迅速捞出，否则，鱼片质感不佳。

实例：翡翠蛋黄汁

原料准备：

韭花泥 1 瓶，咸蛋黄 10 个，嫩香椿、香菜各 150 g，青尖椒 60 g，小青葱、嫩蒜苗各 50 g，鲜汤 1000 g，盐、味精、鸡粉、香油各适量。

加工准备：

（1）香椿择洗净，用沸水略烫，过凉，挤干水分；青尖椒去蒂、籽及筋。

（2）香菜、小青葱、蒜苗均洗净，控尽水分。咸蛋黄放在案板上用刀压成极细的泥，待用。

制作过程:

(1)将香椿、青尖椒、香菜、青葱、蒜苗分别切碎,共纳电动搅拌器内打成蓉,倒在小盆内,加入韭花泥、咸蛋黄泥拌匀。

(2)加鲜汤,加盐、味精、鸡粉、香油等充分搅匀,即成。

酱料特点及运用:此味汁是将香椿、香菜和青尖椒打成蓉,同韭花泥、咸蛋黄泥合在一起,加鲜汤调配而成,具有色泽翠绿、咸鲜微辣、味道奇香的特点。此汤汁适宜作各种凉菜的蘸碟,或作熘炒类菜品的调味剂。

(1)为了使成品色泽达到碧绿的效果,所选用的绿色原料均要新鲜、色艳。

(2)香椿一定要选取鲜嫩的,且用开水稍烫,但烫的时间不能太长。这样香椿才会保持碧绿的色泽,香味浓郁。

(3)青尖椒的用量不要太大,成品刚透出辣味即好。

(4)咸蛋黄需压成极细的泥,才能与汤汁均匀地融合在一起。

(5)此汤汁做好后宜当天用完。否则,香味和色泽均会受到影响。

实例:翡翠三虾豆腐

原料准备:

嫩豆腐400 g,鲜虾仁20 g,虾籽10 g,虾脑15 g,料酒、水淀粉、香油各少许,色拉油40 g,翡翠蛋黄汁15 g。

制作过程:

(1)将虾仁洗净,从背部片开,挑去虾线;虾籽用料酒略泡,去杂质;嫩豆腐切成1 cm见方的小丁。

(2)砂锅上火,放色拉油烧热,纳虾籽、虾脑炸香,烹料酒,加翡翠蛋黄汁,加豆腐,待烧至入味时,续放虾仁略烧,勾水淀粉,淋香油,拌匀,装窝盘内即成。

特点:虾香浓郁,入口滑嫩。

(1)烧豆腐时,要用小火慢烧。这样可避免豆腐破碎,影响成菜的色泽和美观。

(2)虾籽、虾脑需用热油炸香,成菜虾香味才浓;虾仁最后放,才能保证质嫩不老。

实例:小米椒味汁

原料准备:

新鲜小米椒100 g,蒜仁25 g,葱白20 g,矿泉水250 g,美极鲜味汁、酱油各少许,姜汁、香醋各少许,盐、味精各适量。

制作过程:

(1)将蒜仁放入钵内,加少许盐捣烂成细泥;葱白切葱颗;新鲜小米椒去蒂洗净,剁成蓉或切成圈形。

(2)把蒜泥放在大碗内,先加矿泉水搅散,再依次加入小米椒蓉、葱颗、美极鲜味汁、酱油、盐、味精、姜汁、香醋等搅匀,即成。

酱料特点及运用:这是以小米椒为主,加蒜仁、葱白、美极鲜味汁、矿泉水等调配成的一种味汁,具有咸鲜、清爽、特辣等特点,食之令人咂嘴吐舌。此味汁主要用于荤类原料的蘸碟。方法是将改刀的原料装在盘中,注入味汁或将味汁上桌蘸食。

(1)此味汁中小米椒定辣味,用量可根据食者的口味确定,可特辣、中辣。

(2)调味时,特辣比中辣用盐量稍多,否则就会出现只有辣味的"干辣"感觉。

(3)加入香醋起增鲜作用,不可太多,只需数滴。

(4)此味汁不加任何油脂,这样味才纯。为了保证味汁清爽、香辣的口感,最好用矿泉水或凉开水。

实例:小米椒带鱼

原料准备:

中带鱼 450 g,姜片 10 g,葱节 25 g,料酒 20 g,盐 3 g,酱油 8 g,小米椒味汁 120 g,色拉油 1400 g。

制作过程:

(1)将中带鱼去头、尾,剖腹去内脏,洗净,斩成 5 cm 长的段,纳盆,加入姜片、葱节、料酒、盐和少许酱油拌匀腌约 10 min。

(2)炒锅上火,注入色拉油烧至六成热时,投入带鱼段炸至外焦内熟时,捞出沥油;晾凉,装在窝盘中,灌入小米椒味汁,即成。

特点:外焦里嫩,清香带辣。

(1)腌带鱼时,加入的酱油勿多,以免油炸后色泽发黑。

(2)带鱼不拍粉挂糊,故炸制时油温应高些,待其表面快速受热凝结,再转中火炸制。

❹ 香辣诱人豆瓣酱

实例:麻辣火锅酱

原料准备:

郫县豆瓣酱、朝天干辣椒各 1000 g,优质豆豉 100 g,花椒粉 75 g,精炼牛油 250 g,熟花生油、鲜汤各 500 g,香料包 25 g,盐、味精、青花椒、葱白、生姜各适量。

制作过程:

(1)郫县豆瓣酱剁细,优质豆豉剁细,葱白、生姜分别切片。朝天干辣椒去蒂、洗净,入水锅中煮软,捞出沥水,用搅拌机搅成蓉。青花椒剁成蓉放入小盆内,注烧至极热的熟花生油 250 g,待用。

(2)净炒锅置火上,放入 250 g 熟花生油和精炼牛油烧热。下入香料包和葱片、姜片炸出香味,捞出料渣。投入辣椒蓉和郫县豆瓣酱,用中火不停地翻炒至油红出香,下豆豉蓉和花椒粉略炒。加入鲜汤烧沸,改小火,推炒至无水蒸气且酱料不粘锅,酥香。熬好的酱料盛盆内,加入盐、味精拌匀即成。

酱料特点及运用:这是用朝天干辣椒、郫县豆瓣酱与花椒粉等多种香料调配而成的一种酱料,成品具有色泽红亮、麻辣香味浓郁的特点。此酱汁适宜于水煮菜、烧菜及汤锅菜的调制。

(1)应选用色泽鲜红、香味醇浓、咸味适中的正宗郫县豆瓣酱;朝天干辣椒也要选无虫蛀、无霉烂、色艳味正的。

(2)制酱料时,锅要热好,底油要足,并用手勺不时地推动酱料,以免酱汁粘锅,影响色泽和风味。

(3)加入鲜汤量要适度,且必须炒至无水蒸气时才可出锅。这样,可延长存放时间,不容易变质。

(4)香科包用香叶、花椒、八角、白芷、苹果和豆蔻制成。

实例:麻辣鳝花

原料准备:

净鳝鱼肉 400 g,青笋 200 g,麻辣火锅酱 75 g,葱花 15 g,姜米 5 g,蒜米 25 g,盐 3 g,白糖 8 g,鲜汤 350 g,香油 10 g,熟花生油 100 g,水淀粉 25 g。

制作过程:

(1)鳝鱼肉面交叉剞上深至皮的十字花刀,然后切成 7 cm 长的段,入沸水锅中汆至卷曲,捞出冲洗干净;青笋削去外皮,切成 5 cm 长、筷子粗的条,放入加有盐的沸水锅中焯至断生,捞出放窝盘中垫底。

(2)炒锅上火,放熟花生油烧热,下姜米、蒜米炸香,入鳝鱼肉爆炒几下,加麻辣火锅酱、鲜汤、盐、味精、白糖,盖上盖,焖约 10 min 至鳝鱼肉熟透入味时,勾水淀粉,淋香油,搅匀,出锅盛在盘中笋条上,撒葱花即成。

特点:鳝鱼肉嫩香,味道麻辣。

(1) 鳝鱼肉剞花刀应深浅一致,刀距均匀,使成形美观。

(2) 底油用量要足,成品香味才浓。

实例:飘香豆瓣酱

原料准备:

郫县豆瓣酱 1 袋(约 1250 g),番茄酱 200 g,香辣牛肉酱 2 小瓶,豆豉鲅鱼 2 听,白糖 100 g,色拉油 300 g,葱花、姜米、蒜米各 50 g,青尖椒末、香菜末各 25 g,猪骨 500 g,鸡骨架 250 g,香料包 1 个,盐、味精、鸡精各适量。

烹调准备:

(1) 猪骨、鸡骨架汆水后入砂锅内,加清水 3000 g,旺火烧沸后撇去浮沫。

(2) 放入香料包,改小火熬至汁浓且出香味时离火,过滤去渣待用。

(3) 同时,将郫县豆瓣酱、香辣牛肉酱和豆豉鲅鱼分别剁细。

制作过程:

(1) 锅入油烧热,下郫县豆瓣酱、番茄酱、香辣牛肉酱和豆豉鲅鱼炒香出色。

(2) 加入事先熬好的卤水 1500 g 及白糖和盐,用小火熬至酱稠出油时离火。

(3) 另一炒锅上火,加入油烧热,接着下葱花、姜米、蒜米、青尖椒末和香菜末等调料炸。

(4) 再下剩余的郫县豆瓣酱炒酥出色,加味精、鸡精调匀,与熬好的酱汁和匀。

(5) 盛在容器内,备用。

酱料特点及运用:这是以郫县豆瓣酱为主,加入番茄酱、香辣牛肉酱、豆豉鲅鱼等和白卤水调制而成的一种特色酱。成品具有红亮油润、香辣带甜的特点。此酱汁适宜在制作烧菜、蒸菜、炖菜时运用,也可作为炸、涮、烤菜的味碟使用。

特别要掌握好白糖、番茄酱与郫县豆瓣酱的比例。加番茄酱的目的是增加成品红亮的色泽,加白糖是为了中和番茄酱的酸味,加入量以成品微有甜味为度。三者的比例为 1:2:1.2。炒(熬)酱时,要有足够的底油、用中火,并用手勺不时地推动酱料,以免酱汁粘锅,影响色泽和风味。

实例:纸包鳕鱼

原料准备:

银鳕鱼肉 250 g,水发香菇 55 g,飘香豆瓣酱 75 g,化猪油 25 g,红油 15 g,锡纸 10 张,料酒 15 g,葱姜汁 25 g,胡椒粉 0.3 g,鸡精 4 g,盐 3 g,色拉油 900 g。

制作过程:

(1) 银鳕鱼肉切成 0.5 cm 厚的片(共 10 份),纳盆,先加料酒、葱姜汁、胡椒粉、盐、鸡精等拌匀腌约 5 min,水发香菇去蒂,在表面切"米"字刀口,焯水后挤干水分,同飘香豆瓣酱、化猪油放在银鳕鱼肉内拌匀。

(2) 取一张锡纸铺平,放上一片银鳕鱼肉和一片香菇,放少许酱汁和红油,包成长方形。逐一包完,投入到烧至五六成热的油锅中炸制熟透时,捞出沥油,装盘。

特点:鱼肉烫嫩,香菇滑爽,香味四溢。

实例:麻辣香豉酱

原料准备:

优质豆瓣酱 250 g,豆豉 150 g,辣椒粉 80 g,麻椒粉 35 g,姜、蒜各 35 g,玫瑰露酒 50 g,白糖 10 g,鲜汤 300 g,色拉油 150 g,盐、味精、鸡精、葱花各适量。

加工准备：

（1）优质豆瓣酱、豆豉分别剁成蓉。

（2）姜、蒜分别剁成末。

制作过程：

（1）净炒锅置火上，放色拉油烧热，炸香姜末、蒜末。

（2）放入优质豆瓣酱和辣椒粉炒出红油。

（3）下豆豉蓉、麻椒粉略炒，烹入玫瑰露酒，加鲜汤熬至黏稠。

（4）加白糖、盐、味精、鸡精、葱花调味。

酱料特点及运用：这是用优质豆瓣酱、豆豉，加辣椒粉、麻椒粉等料调配而成的一种复合酱。成品具有色泽红亮、麻辣鲜香、豆豉味浓的特点。此酱汁适宜作白灼、炸类菜肴的蘸酱，也可用于炒、烧、蒸等类菜肴的调味。

（1）必须用足量的热底油把优质豆瓣酱等料炒香出色，以保证酱色油润。

（2）此酱注重麻辣，辣椒粉、麻椒粉用量要足。

实例：木耳炒鸡

原料准备：

鸡脯肉 1 块（约 150 g），胡萝卜、水发木耳各 50 g，鸡蛋清 1 个，麻辣香豉酱 50 g，湿淀粉 15 g，盐、味精、料酒、葱姜汁、香油、色拉油各适量，葱花、姜米、蒜片、酱油各少许。

制作过程：

（1）鸡脯肉剔净筋膜，切成柳叶形薄片，纳碗，加入盐、味精、料酒、酱油、葱姜汁、鸡蛋清和湿淀粉拌匀浆好；胡萝卜去皮，切菱形片；水发木耳拣净杂质，个大的撕开，用开水烫一下。

（2）砂锅上火烧热，放色拉油烧至六成热时，炸香葱花、姜米、蒜片，下胡萝卜片略炒，再下鸡脯肉片炒散至断生，纳木耳和麻辣香豉酱翻炒入味，淋香油，出锅。

特点：色艳，鲜嫩，味香。

（1）胡萝卜不要用水焯，以免营养素流失。

（2）鸡脯肉上浆不可太厚，油温不能太热。否则，在炒制时极易黏结成团。

实例：酸梅豆瓣酱

原料准备：

酸梅酱 250 g，豆瓣酱 200 g，干辣椒 150 g，海鲜酱 75 g，番茄酱 50 g，白糖 70 g，香葱、蒜仁、姜各 25 g，色拉油 200 g，鲜汤适量。

加工准备：

豆瓣酱置菜板上剁细；干辣椒去蒂，切短节；香葱、蒜仁、姜分别剁成碎末。

制作过程：

（1）炒锅上火，放色拉油烧热，下香葱末、蒜末、姜末和干辣椒节炸香。

（2）放番茄酱、豆瓣酱炒出色味。

（3）加入鲜汤，加酸梅酱、海鲜酱、白糖，推匀。

（4）用小火熬浓，即盛出备用。

酱料特点及运用：这是用酸梅酱与豆瓣酱、海鲜酱等原料调制而成的一种复合特色酱。成品具有酱汁色泽红亮、酸辣微甜、鲜香醇厚的特点。此酱适宜焦熘、滑炒等类菜肴调味时使用，也可作炒菜的味碟。

（1）番茄酱一定要用热底油煸炒一下，以去除其酸涩味。

（2）应根据味汁的酸度酌情加糖，调出酸甜可口的口味。

实例:酸梅豆瓣螺片

原料准备:

鲜活海螺 1000 g,西蓝花 100 g,盐 2 g,味精 1 g,料酒 10 g,嫩肉粉 0.4 g,干淀粉 50 g,葱姜汁 25 g,香油 15 g,色拉油 75 g,酸梅豆瓣酱 35 g。

制作过程:

(1) 将海螺用铁锤破壳,取净肉用少许盐揉搓一会,再用温水洗去黏液,沥净水分,片成厚约 0.3 cm 的片,纳盆,加盐、料酒、葱姜汁、嫩肉粉和干淀粉等拌匀浆好;西蓝花分成小朵,入加有油的沸水锅中焯熟,捞出沥水,加盐、味精和香油拌味,花柄朝内顺盘边摆一圈,备用。

(2) 锅入色拉油烧至五成热时,下螺肉片滑至断生,倒出沥油;锅留适量底油,入酸梅豆瓣酱炒透,倒进过油的螺肉片颠翻均匀,淋香油,出锅装盘,即成。

特点:色泽红亮,螺肉脆嫩,酸甜带辣。

(1) 螺肉去净黏液,便于刀工处理,且要求改刀的螺肉片厚薄均匀。

(2) 螺肉片过油的油温忌高。

实例:海鲜红烧酱

原料准备:

郫县豆瓣酱、红油尖椒酱各 200 g,海鲜酱、蚝油各 100 g,熟花生油 200 g,酱油(生抽)20 g,料酒 20 g,白糖 8 g,味精 3 g,鸡精 5 g,葱花、姜米、蒜末各 10 g。

加工准备:

(1) 郫县豆瓣酱、红油尖椒酱分别剁成细蓉。

(2) 混合均匀,待用。

制作过程:

(1) 净锅置火上烧热,放入熟花生油烧至六成热时,下葱花、姜米、蒜末炸香。

(2) 下混合酱炒出红油。

(3) 烹入料酒,加海鲜酱、蚝油、酱油、白糖、味精、鸡精等。

(4) 用小火炒浓稠,即盛出备用。

酱料特点及运用:这是用郫县豆瓣酱、红油尖椒酱、海鲜酱、蚝油等料调配而成的一种复合酱料。成品具有红润油亮、味道鲜美、香辣浓郁的特点。此酱主要适宜各种烧菜的调味,也可用于蒸、炒菜的调味。

(1) 必须先将锅炙热,再下足量的底油炒酱。否则,酱料容易粘锅。

(2) 因所用原料均含有盐分,故调味时不需加盐,或酌情加盐。

实例:粉蒸鲜辣羊排

原料准备:嫩羊排 650 g,海鲜红烧酱 75 g,葱段、姜片各 10 g,香菜段 5 g,熟花生油 40 g,蒸肉米粉 50 g,盐、味精、料酒、孜然粉、茴香粉、嫩肉粉各少许。

制作过程:

(1) 羊排洗净,顺骨缝逐根划开,再剁成长 4 cm 的段,用清水浸泡数小时以去除血污,沥干水分,纳盆,加料酒、葱段、姜片、盐、味精、孜然粉、茴香粉和嫩肉粉等拌匀腌约 20 min。

(2) 把腌好的羊排内加入蒸肉米粉、海鲜红烧酱和熟花生油,拌匀装盘。然后上笼用旺火蒸约 1.5 h 至软烂,取出,撒上香菜段,浇上极热的花生油,即成。

特点:羊排脱骨软烂,鲜辣香醇。

(1) 羊排一定要用清水浸泡,以去除血污和异味。但腌味前必须控净水分。

(2) 加入蒸肉米粉后再加极热的花生油,可使成菜互不粘连,油润明亮。

实例:醪糟豆瓣酱

原料准备:

郫县豆瓣酱500 g,优质豆豉、牛油各250 g,醪糟500 g,朝天干辣椒200 g,花椒75 g,老姜50 g,葱白、蒜仁各30 g,盐、味精、香油各适量。

加工准备:

(1) 郫县豆瓣酱剁细;优质豆豉剁细;朝天干辣椒去蒂,切短节;老姜刨皮洗净,拍松;蒜仁拍碎;葱白切末。

(2) 炒锅上火,放100 g牛油烧热,下朝天干辣椒节和花椒炸至焦脆且棕红时,入钵捣成细末;老姜、葱白和蒜仁纳搅拌器内搅成细蓉。

制作过程:

炒锅重上火,放牛油烧热,投入葱、姜、蒜蓉炸香,纳郫县豆瓣酱和优质豆豉炒出红油,再放醪糟和捣成末的朝天干辣椒、花椒,调入盐、味精和香油,用手勺推炒均匀,出锅盛在不锈钢容器内,随用随取。

酱料特点及运用:这是用郫县豆瓣酱加醪糟、优质豆豉、辣椒、牛油等多种调料复合制成的一种酱汁。成品具有色红油亮、香辣咸鲜、酒味浓郁的特点。此酱汁适宜运用炖、烧、爆炒、蒸等法烹制菜肴的调味。

(1) 操作时需用小火、低油温。目的是既让各种原料的香味成分缓缓析出,又不容易炸煳。

(2) 投入各料后,应用手勺不停地推动,以免煳底而影响风味。

(3) 烹制时切不可加水。否则,成品味道不好,且不易存放。

实例:香辣豆腐煲

原料准备:豆腐600 g,水发木耳50 g,蒜苗50 g,醪糟豆瓣酱100 g,姜末5 g,熟花生油75 g,盐、味精、鸡精、生抽、蚝油、肉骨头汤各适量,水淀粉少许。

制作过程:

(1) 豆腐切成长4 cm、宽2.5 cm、厚约0.3 cm的骨牌片;水发木耳拣净杂质,个大的撕开;蒜苗洗净,切寸段。

(2) 炒锅上火烧热,放熟花生油烧至七成热时,纳入豆腐煎至两面焦黄时,倒在砂锅内,接着加入肉骨头汤,放木耳、醪糟豆瓣酱、姜末、盐、味精、鸡精、生抽、蚝油等,加盖,用小火炖至入味,勾水淀粉,放蒜苗段,即成。

特点:豆腐细嫩软滑,汤汁香辣滚烫。

(1) 豆腐用热油煎后再炖,不易破碎。

(2) 炖制时最好用肉骨头汤,成菜才肥腴。

实例:牛肉豆瓣酱

原料准备:

优质豆瓣酱、香辣牛肉酱各200 g,牛肉精粉40 g,洋葱、大蒜各50 g,生姜20 g,鲜汤500 g,香油50 g,色拉油100 g,盐、味精、鸡精各适量,牛肉香精、五香粉各少许。

加工准备:

(1) 优质豆瓣酱、香辣牛肉酱分别剁细。

(2) 洋葱、大蒜、生姜分别去外皮,切成米粒状。

制作过程:

(1) 炒锅上火烧热,放色拉油烧至六成热时,先投入洋葱粒、大蒜粒和生姜粒炸香。

(2) 入剁细的优质豆瓣酱和香辣牛肉酱炒出红油。

（3）加鲜汤、牛肉精粉、牛肉香精和五香粉等熬至诸料融和在一起时,再加盐、味精和鸡精调好口味。

（4）放香油搅匀,出锅盛于容器内,备用。

酱料特点及运用:这是用优质豆瓣酱、香辣牛肉酱、牛肉精粉、牛肉香精等原料调配而成的一种酱汁。成品具有红润油亮、鲜辣咸香的特点,并有牛肉的鲜香风味。此酱汁适宜炒、烧、蒸、炖、拌等法烹制素菜及河海鲜菜肴时的调味。

（1）必须用合适的油温将洋葱等料炸至金黄且出香味。

（2）底油用量不能太少,以避免酱料粘锅底和炒不出红油。

（3）加入各种调料后要用小火熬至融和,风味才浓。加入牛肉精粉和牛肉香精使成品有浓郁的牛肉风味,也可省去不用。

（4）熬制时需用手勺不时地推动,以防止酱料煳底而影响质量。

（5）此酱汁在阴凉处可存放一周。

实例:牛肉豆瓣酱田螺

原料准备:

田螺 250 g,猪五花肉、竹笋各 50 g,青、红柿椒各 25 g,牛肉豆瓣酱 100 g,盐、味精、鸡精、料酒、姜片、葱节、蒜片、鲜汤、香油、熟花生油、水淀粉各适量。

制作过程:

（1）刚买回来的田螺放在清水中饿养 1 天,剪去螺壳尖部,洗净沥水;猪五花肉、竹笋、青柿椒、红柿椒分别切成 1 cm 见方的丁。

（2）锅洗净置旺火上,放熟花生油烧热,下肉丁、笋丁及姜片、葱节、蒜片煸炒一会,再下入田螺爆炒,随即加牛肉豆瓣酱,青、红柿椒丁炒至油红时,烹料酒,加鲜汤、盐、味精、鸡精,爆炒至汁稠时,勾水淀粉,淋香油,翻匀装盘。

特点:螺肉鲜美,牛肉酱香,略带辣味。

（1）田螺用清水喂养,以吐尽污泥,去除土腥味。

（2）加入猪五花肉,是为了增加成菜香味,去除异味,用量勿多。

实例:海味豆瓣酱

原料准备:

优质豆瓣酱 200 g,咸味海鲜酱、鱼露、蚝油各 50 g,虾油、虾米各 25 g,生姜、葱各 20 g,鲜汤 300 g,美极鲜酱油、生抽、盐各适量,味精、鸡精、香油、色拉油各适量。

制作过程:

（1）优质豆瓣酱剁细;虾米拣净杂质,放在小盆内,加入鲜汤泡软,捞出。

（2）虾米同去皮的生姜和葱白一起放在电动搅拌器内绞成细蓉,盛出待用。

（3）炒锅上火炙热,放色拉油烧至五成热时,投入混合虾蓉炒香。放剁细的优质豆瓣酱炒出红油,加泡虾米的鲜汤略熬,依次加入咸味海鲜酱、鱼露、蚝油、虾油、美极鲜酱油、生抽、盐、味精和鸡精等搅拌均匀,略熬。

（4）加香油,出锅盛容器内,存用。

酱料特点及运用:这是用优质豆瓣酱加咸味海鲜酱、鱼露、蚝油、虾油、虾米等多种海鲜原料复合制成的一种酱汁。成品具有褐红油亮、香鲜味浓、略带辣味的特点。此酱汁适宜爆、炒、烧、蒸等法烹制菜肴时调味,还可制作水煮类菜式。

（1）要用小火熬制酱料,以避免煳锅底而影响口味。

（2）加入各种原料后,熬至诸料混匀即可出锅,以保持鲜香味浓的特点。

实例：海味豆瓣回锅肉

原料准备：

带皮五花肉 400 g，精面馍 1 个，青柿椒 60 g，海味豆瓣酱 100 g，八角 3 枚，色拉油 500 g，葱段、姜片、葱末、蒜末、料酒、香油各适量，花椒 4 g。

制作过程：

（1）把五花肉皮上的残毛污物洗净，放入有料酒、葱段、姜片、花椒、八角的水锅中煮至断生，捞出晾凉，切成大薄片；精面馍撕去表皮，切成长 3.5 cm，宽 2 cm，厚 0.3 cm 的骨牌片；青柿椒切成菱形小块。

（2）净锅上火注色拉油烧至五成热时，放馍片炸至金黄酥脆，倒出沥油；锅随适量底油复置火位，炸香葱末、蒜末，下五花肉片煸炒至卷曲且出油时，放料酒，加青柿椒块和海味豆瓣酱略炒，再加上馍片颠翻，使酱汁裹匀原料，淋香油，出锅装盘。

特点：色泽红亮，肉香不腻，馍酥爽口，鲜醇辣香。

（1）应选用皮薄的硬五花肉，煮至断生即可。

（2）以馍片、青柿椒作配料，好吃又好看。

❺ 酸甜爽口果味酱

实例：甜辣橘酱

原料准备：橘子 500 g，白砂糖 125 g，米酒 100 g，鲜红辣椒 150 g，盐少许。

制作过程：

（1）橘子洗净沥水，剥皮去籽。将橘皮放在锅中，加清水淹没煮 10 min，把水倒掉。

（2）再加清水和 25 g 白砂糖，以小火煮至烂熟，捞出沥水，放凉备用。

（3）鲜红辣椒去蒂、籽，洗净沥水，切小节，同橘肉、橘皮一起放入电动搅拌器内，加米酒打成稀泥状。

（4）倒在不锈钢锅中，加白砂糖和盐，煮开，盛容器内存用。

酱料特点及运用：这是用橘肉、白砂糖、鲜红辣椒等调配而成的一种酱汁。成品具有色泽黄亮、味甜尝辣、香味浓郁的特点。此酱汁适宜炒、熘、爆之类菜肴的调味，也可作炸菜、凉菜和一些生食原料的味碟。

（1）须选用成熟且颜色漂亮的扁圆金橘。此橘酸味足，香气浓。过熟或椭圆形金橘风味稍差，只适合生吃。

（2）橘皮和橘肉上的白色筋络一定要除净，否则，成品有苦涩味。另外，橘皮一定要用糖水煮至烂熟，否则，制成的酱也会有苦涩味。

（3）制作时勿加水，否则易变质。若嫌橘酱太浓稠，可加点米酒稀释。这样香味更足，也不易发酵变质。

实例：橘香鱼条

原料准备：

净黑鱼肉 150 g，鸡蛋 1 个，料酒、葱姜汁、盐、葱花、蒜末、甜辣橘酱、色拉油各适量，水淀粉、香油各少许，面粉、干淀粉各 15 g。

制作过程：

（1）将净黑鱼肉切成长 4 cm、0.5 cm 见方的条，清洗两遍，挤干水分，纳小盆内，加料酒、葱姜汁、盐、鸡蛋液、面粉和干淀粉抓匀，使鱼条均匀地挂一层糊。

（2）炒锅置中火上，注入色拉油烧至六成热时，逐一下入挂糊的鱼条浸炸，待鱼条焦脆金黄且内部已熟时，倒漏勺内沥油。

（3）锅内留适量底油复置火位,炸香葱花,蒜末,放甜辣橘酱,加入清水待滚沸后淋入水淀粉,搅匀,倒入炸好的鱼条,速翻匀,淋香油,出锅装盘。

特点:外焦里嫩,甜辣微酸。

（1）要选用肉质结实,富有弹性的黑鱼肉或草鱼肉、鲷鱼肉等。刀工前必须剔净细小碎刺。

（2）鱼条挂糊不要太厚,以免吃不出鲜嫩的口感。

实例:柠檬葡萄酒汁

原料准备:

鲜柠檬 1000 g,白醋 200 g,白糖 150 g,葡萄酒 200 g,盐少许。

加工准备:

（1）鲜柠檬洗净,放在热水锅中泡约 10 min,取出沥干。

（2）切成小块。

（3）放在榨汁机内榨取汁液。

制作过程:

（1）净不锈钢锅置小火上,放入柠檬汁、白糖、盐和葡萄酒。

（2）待熬至白糖化开,加入白醋调至酸甜口味,即可盛出备用。

酱料特点及运用:这是用新鲜柠檬汁,加白醋、白糖和葡萄酒等调配而成的一种柠檬汁。成品除具有酸甜的口味和柠檬的清香,还有浓浓的酒香。此味汁适宜煎菜和焦熘菜的调味。

（1）柠檬皮较厚,很难将其汁水榨干。故应先把柠檬皮用热水烫软。

（2）因柠檬汁含糖量高,故必须用小火熬制,否则易煳锅。

（3）调汁时加少量盐,可使酸甜味更加醇正。

（4）熬制时间以各料刚充分融和为好。若时间过长,柠檬汁会过酸,且葡萄酒香味会挥发过多,香味不浓。

实例:柠汁煎鳕鱼

原料准备:银鳕鱼肉 300 g,鸡蛋 2 个,面粉 100 g,西红柿少许,柠檬葡萄酒汁 75 g,色拉油 100 g,香菜叶少许,盐、味精、料酒、葱姜汁、胡椒粉各适量。

制作过程:

（1）银鳕鱼肉切成长 5 cm,宽 3 cm,厚 0.5 cm 的长方片,再顺长在其中间划三刀,纳盆,依次加入盐、味精、料酒、葱姜汁和胡椒粉等拌匀腌约 5 min;鸡蛋磕入碗内,加少许盐和面粉调匀成全蛋糊,待用。

（2）平底锅置中火上,烧热后放色拉油遍布锅底。银鳕鱼片先拍匀面粉,抖掉余粉,再挂匀蛋糊。摆放在平底锅中,加盖,煎至底面焦黄色时,翻面。再煎至另一面呈焦黄色且九成熟时,淋入柠檬葡萄酒汁,加盖,续煎至汁尽时,铲出装盘。

（3）点缀香菜叶和西红柿,即成。

特点:金黄油润,焦香软嫩,酒香味浓。

（1）煎制时应用中小火。如火大,会外焦黑而内不熟;反之,不易煎上色且失水过多。

（2）淋入的汁水不要太多,否则会使表面的蛋糊变得稀软,甚至脱落。

❻ 酸辣开胃泡椒汁

实例:泡椒鲮鱼味汁

原料准备:

泡辣椒 500 g,豆豉鲮鱼罐头 4 听,葱白 100 g,生姜 75 g,熟花生油 150 g,盐、味精、鸡粉、鲜汤、香油各适量,白糖少许。

加工准备：

泡辣椒去蒂,剁成细蓉;豆豉鲮鱼罐头打开,取出鲮鱼切成小丁,豆豉剁细蓉;葱白切碎花;生姜刨皮洗净,切米。

制作过程：

（1）炒锅内放熟花生油上中火烧热,下葱花、姜米和泡椒蓉煸香出色。

（2）续下豆豉鲮鱼略炒,盛容器内。

（3）加鲜汤、盐、味精、鸡粉、白糖和香油,调匀即成。

酱料特点及运用:豆豉鲮鱼罐头是国家级金牌食品,它纤维多而嫩,水分少而鲜,肉色白而亮,与泡辣椒调配成一种泡椒鲮鱼味汁,有香、鲜、辣、豆豉味浓的特点。此味汁适宜在拌制凉菜、蒸菜、炒菜、炸烹菜中运用。

（1）泡辣椒、豆豉鲮鱼必须剁成细蓉,并用足量的底油炒制,成品才色艳味香。

（2）加入白糖起调节口味作用,其用量以尝不出甜味为度。

实例:泡椒鲮鱼鸡丝

原料准备:鸡脯肉 150 g,嫩笋尖 50 g,青椒 1 个,鸡蛋清 1 个,泡椒鲮鱼味汁 100 g,干细淀粉 15 g,水淀粉少许,盐、味精、葱丝、姜丝、香油、色拉油各适量。

制作过程：

（1）将鸡脯肉上的筋膜除净,先切成薄片,再切成火柴梗细丝,与鸡蛋清、干细淀粉、盐、味精拌匀上浆;嫩笋尖切细丝,焯水;青椒去筋络,切细丝。

（2）滑锅上火,注入色拉油烧至四五成热,分散下入上浆的鸡丝滑熟,倒漏勺内沥油;锅随底油复置火位,爆香葱丝,下笋丝、青椒丝略炒,倒入鸡丝和泡椒鲮鱼味汁翻炒均匀,勾入水淀粉,淋香油,出锅装盘。

特点:鸡丝滑嫩,咸鲜微辣,别具风味。

鸡丝滑嫩,上浆时要轻轻抓拌。若用力过重过猛,则会抓碎鸡丝,降低质量。

实例:泡椒豉香汁

原料准备：

泡辣椒、老干妈豆豉各 200 g,五香米粉 100 g,五香粉 10 g,生姜、蒜仁各 50 g,盐 5 g,味精 5 g,鸡精 10 g,料酒 50 g,鲜汤 600 g,泡椒油 100 g,烹调油 50 g。

加工准备：

泡辣椒去蒂、籽,剁成蓉;老干妈豆豉剁碎;生姜去皮洗净,切米;蒜仁入钵,捣烂成蓉。

制作过程：

（1）五香米粉入小盆内,加入鲜汤自然漫透。

（2）净炒锅置中火上,放烹调油烧热,下泡椒蓉和老干妈豆豉煸香,烹料酒,离火,晾凉。

（3）依次加入姜米、蒜蓉、五香粉、盐、味精、鸡精和泡椒油,充分搅拌均匀。

（4）倒在有米粉汁的小盆内,再次搅匀,即好。

酱料特点及运用:此味汁是由老干妈豆豉、五香米粉、五香粉加泡辣椒等料调配而成的,具有黑红油亮、咸鲜香辣的特点。此味汁适宜多种烹调方法成菜。如炸菜的味碟,可与过油的原料爆炒成菜;还可与原料拌味蒸制等。

（1）五香米粉应提前加鲜汤,让其自然浸透,效果才好。

（2）泡辣椒和老干妈豆豉一定要用热油煸香,风味才浓。

（3）五香粉起提鲜作用,不可多用,以免掩盖豆豉的香味。

实例:椒豉南瓜腊肉

原料准备:老南瓜 400 g,老腊肉 200 g,泡椒豉香汁 150 g,姜末 5 g,鲜汤 200 g,泡椒油 25 g,色拉油 500 g,花椒数粒,盐、鸡精各少许,水淀粉、豌豆苗各适量。

制作过程:

(1)老腊肉蒸熟,切长约 5 cm、宽约 0.3 cm 的片;老南瓜切与老腊肉大小相当的片;投至七八成热的色拉油中略炸,捞起沥油。锅留底油下姜末、花椒炸香,加入鲜汤,放入南瓜片,鸡精、盐炒匀,待用。

(2)两片南瓜片夹一片老腊肉,浇味汁,旺火蒸半小时至软烂,翻扣在深边圆盘中,将蒸汁倒入锅中,勾水淀粉,淋泡椒油,浇在原料上,围上点缀豌豆苗,上桌。

特点:形态饱满,口感软烂,椒豉味浓。

(1)炸南瓜片是为定形,炒是为了增鲜入味。火候适宜,才会造型美观。

(2)用旺火蒸制,口感软烂为好。

(四)菜例训练

实例:秘制牛肉酱

原料准备:

红油 150 g,酱牛肉粒 100 g,老干妈辣酱 50 g,甜面酱、排骨酱各 10 g,蚝油 8 g,保卫尔牛肉汁 15 g,剁椒末 20 g,圆葱末 18 g,西芹末、干葱末各 5 g,姜汁 2 g,糖 6 g,白芝麻 3 g,芝麻油 4 g,上汤 400 g。

制作过程:

用小火熬制 8 min 而成。

实例:酸甜傻瓜浇汁

原料准备:

李锦记泰式甜辣酱 100 g,番茄酱 25 g,冰花梅酱 10 g,盐 3 g,味精 2 g,鸡粉 4 g,蜂蜜 5 g。

制作过程:

将所有原料调和均匀即成。

代表菜品:酱淋脆皮南极冰藻。

实例:傻瓜虾酱汁

原料准备:李锦记幼滑虾酱 10 g,蚝油、鸡粉各 6 g,盐 3 g,花生油 50 g,高汤 400 g。

制作过程:

净锅上火,下入花生油烧热后,下入李锦记幼滑虾酱炒香,再下入剩余原料,一边加热,一边搅拌均匀即可。

代表菜品:卷饼小海鲜配养生汤。

实例:酸汤汁

原料准备:潮州泡菜、泡小米椒、泡酸姜、剁辣椒、番茄。

制作过程:为了更好地体现酸料的风味,在熬制过程中,酸料也不是一次性添加的。首先,要炒香潮州泡菜、泡小米椒、泡酸姜、剁辣椒,加入清汤长时间熬煮,出锅前几分钟,再加入新鲜的番茄,这样番茄清爽的酸味才能保持得非常完美。

用途:酸汤黄骨鱼。

实例:烧腊酱料

(1)猪盐。

原料准备:细盐 2 份,细砂糖 1 份,五香粉、沙姜粉、玉桂粉、甘草粉各 0.01 份。

制作过程:

12 kg 细盐,6 kg 砂糖,一起拌匀。加入适量的剩余调料拌匀,至盐糖稍微变色即成(逐次少量加入)。

用途:烧猪、烧麻皮猪、烤乳猪的腌渍调料。

(2) 鸭盐。

原料准备:细盐 1 份,细砂糖 2 份,五香粉、沙茶粉、甘草粉、玉桂粉各 0.01 份,蒜粉、姜粉各 0.1份。

制作过程:

细盐 6 kg,细砂糖 12 kg。加入剩余调料拌匀,至盐糖稍微变色则可。

用途:烧鸭、烧鹅的腌渍用料,每只约 2.5 kg 的光鸭需用 1 杯(约 80 g)。

(3) 叉烧盐。

原料准备:盐 1 份,细砂糖 4 份。五香粉、沙茶粉、蒜粉、甘草粉、玉桂粉各 0.01 份。

制作过程:

盐 6 kg,细砂糖 24 kg。加入五香粉、沙茶粉、甘草粉、蒜粉各适量,拌匀,至颜色略变黄褐色即成。

用途:叉烧肉的腌渍用料。

实例:烧腊生酱

原料准备:

海鲜酱(2300 g 装)4 罐,磨豉酱(2300 g 装)3 罐,芝麻酱(2300 g 装)2 罐,南乳酱(20 件装)2 瓶,葱蓉 1800 g,蒜蓉 1800 g,细砂糖 18 kg。

制作过程:

先将大盆盛着 18 kg 细砂糖,倒入芝麻酱 2 罐及南乳酱 2 瓶,用手擦散与砂糖混合,将其余的酱料加入搅匀,再将葱蓉和蒜蓉倒入和匀,用不锈钢桶储存供给各样烧腊使用。

用途:烧肉、烧排骨的腌渍用料。

实例:中猪糖水

原料准备:

白醋 4.2 kg,粟米糖浆 600 g,浙醋 300 g,双蒸酒 300 kg,柠檬 5 个(榨汁)。

制法:将以上调料加清水 4.2 kg 混合后装好,每次用多少倒多少,用剩的不可以倒回坛子里。

用途:刷在 25～30 kg 的猪表面的脆皮水。

实例:小猪糖水

制法一:用中猪糖水稀释至 50% 浓度,装坛即成。

制法二:醋 3 kg,浙醋 300 g,辣酱油 80 g 混合搅匀,装坛即成。

用途:25 kg 以下的乳猪的脆皮水。

实例:外卖甜酱

原料准备:

磨豉酱 4500 g,芝麻酱 350 g,海鲜酱 2250 g,南乳酱 5 瓶,蒜蓉 80 g,葱蓉 160 g,生油 600 g,砂糖 1800 g,上汤 800 g。

制作过程:

将蒜蓉、葱蓉用生油爆香,加入各类酱料,铲至纯滑,下砂糖 1800 g,上汤 300 g,铲至纯滑即成。

用途:各类烧腊熟制品的蘸料。

实例:油剁椒

原料准备:

新鲜小米椒 50 kg,菜籽油 10 kg。

制作过程:

(1) 新鲜小米椒 50 kg,去蒂、洗净、剁碎待用。

(2) 锅入菜籽油 10 kg 烧至三成热,下辣椒碎小火熬约 20 min,边熬边搅拌,使辣椒中的水蒸气充分挥发,待锅内没有气泡冒出时关火,晾凉。

(3) 晾好的油辣椒倒入坛子中,加盖,倒入坛沿水隔绝空气,置于阴凉处发酵,3 个月后即可使用。发酵好的油剁椒须放冰箱冷藏。

制作关键:一定要把水分熬干,待锅内不再有气泡冒出后方能停火,否则辣椒在发酵时容易霉变。

任务评价表
4-1

任务评价

对不同的复合调味汁调制过程进行自我评价、小组评价、教师点评,总结经验,查找不足,分析原因,制订改进措施。任务评价表详见二维码。

任务总结

成功经验及存在不足、努力方向。

任务二 调香工艺

任务描述

一、工作情境描述

在菜肴制作过程中,香味调配工艺(又称调香工艺)对菜肴风味的影响是仅次于调味工艺的技术。通过调香工艺,可以消除和掩盖某些原料的腥膻异味,如鱼类的腥味需要用食醋、黄酒等来消除,并用葱、姜等来掩盖,也可配合和突出原料的自然香气,此外,调香工艺还是确定和构成不同菜肴风味特点的因素之一。本任务要求调香小组配合制作。

二、工作流程、活动

根据工作计划,组织"调香"项目训练,使味汁达到应有的质量标准。工作现场保持整洁,小组成员配合有序,节约原料,操作符合安全规程。

❶ **明确接受工作任务**　工作任务表详见二维码。

❷ **认识或分析调香工艺**

引导问题 1:什么是调香工艺? 调香的目的与方法是什么?

引导问题 2:调香工艺的阶段和层次是什么?

引导问题 3:调香工艺的基本原理是什么?

工作任务表
4-2

Note

通过调香训练,掌握常见原料加工调香方法,并熟练运用到热菜烹调中去,提高菜肴质量。

香味调配工艺也就是调香工艺,是指运用各种呈香调料和调制手段,在调制过程,使菜肴获得令人愉快的香气的工艺过程,因此也被称为调香技术。因为不同的菜肴具有不同的香型,除了原料的自然香气之外,很多是用呈香调料调和而成的。如以姜、蒜、醋、辣椒等构成的鱼香,八角、桂皮、丁香等构成的五香等。

调香工艺是菜肴风味调配工艺中一项独立于调味、调色和调质工艺的十分重要的基本技术。尽管有时调香与调味、调色或调质交融为一体,但并不是说调香可由调味、调色或调质来包容代替。调香工艺具有自己的原理和方法。

一、香的种类和呈香物质

(一)香的种类

据初步估计,有气味的物质有 40 万种之多,由它们组合成的气味的种类更是难以计数。食物中的各种呈香物质都含量甚微、易挥发、易变化,给深入研究带来了不少麻烦。为了便于烹调实践,将烹饪原料的天然香气及其在烹调加工中产生的主要香气简述如下。

❶ 原料的天然香气　原料的天然香气,是指在烹调加热前原料自身固有的香气。主要有以下几种。

(1)辛香:一类有刺激性的植物性天然香气,如葱香、蒜香、花椒香、胡椒香、八角香、桂皮香、香菜香、芹菜香等。

(2)清香:一类清新宜人的植物性天然香气,如芝麻香、果仁香、果香、花香、叶香、青菜香、菌香等。

(3)乳香:一类动物性天然香气,包括牛奶及其制品的天然香气,以及其他类似香气,如奶粉、奶油等香气。

(4)腥膻异香:一种动物性天然气味,如鱼腥气、牛脂香、羊脂香、鸡油香、各种食用油的香气等。

❷ 原料在烹调加工中产生的主要香气　原料在烹调加工中产生的香气,有酱香、酸香、酒香、腌腊香、烟熏香、加热香等。

(1)酱香:酱品类的香气,如酱油香、豆瓣香、面酱香、腐乳香等。

(2)酸香:包括以醋酸为代表的香气(如各种食醋香)和以乳酸为代表的香气(如泡菜香、腌菜香等)。

(3)酒香:以酒精为代表,各种酒精发酵制品的香气,如南酒香、米酒香、白酒香等。

(4)腌腊香:经腌制的鸡、鸭、鱼、肉等所带有的香气,如火腿香、腊香、香肠香、风鸡香、板鸭香等。

(5)烟熏香:某些物质受热生烟产生的香气,如茶叶烟香、樟叶烟香、糖烟香、油烟香等。

(6)加热香:某些原料本身没有什么香味,经加热可产生特有的香气,如煮肉香、烤肉香、煎炸香等。各种菜肴的香气,一般都是由上述各种香气以一定的种类、数量和比例,用一定的方式调和而成的。

(二)呈香物质

菜肴的香气是由多种挥发性的香味物质组成的。香味物质因为能在食品中产生香气,因此也称为呈香物质。菜肴的香气是通过扩散进入鼻腔而被我们直接闻到并感知到的。在咀嚼食品时,有些呈香物质的蒸汽进入鼻咽部并与呼出的气体一起通过鼻小孔进入鼻腔,食用者因此也能闻到香气。

食物中的香气成分,按其化学结构分,几乎每类化合物都有。简单的无机物如硫化氢和氨,脂肪族有机物如醇、醚、醛、酮、羰酸、酯等,大量的萜类化合物,硫醇和硫醚及若干种杂环化合物,都是呈香物质的常见成分。而且任何一种食物的香气,其呈香物质的成分都不是单一的。近代色谱技术的发展,某些组成极其复杂、含量极少的成分,也能被一一鉴定识别。

二、调香的目的与方法

(一)调香的目的

菜肴调香要考虑卫生、安全等因素。中餐厨师几乎都不使用各种合成食用香精。他们所用调料都是天然的香辛调料原型或其粉碎品,如胡椒、花椒、桂皮、茴香、豆蔻、薄荷等,其中用得较多的是生姜、大蒜、葱和芫荽(又称香菜)等。随着近代风味科学的发展,在许多烹调加工或预加工中,调香和调味技术已经占有一定的比例。

对于一个优秀的厨师来说,除了能调制出味美可口的味道,还应该掌握必要的调香技术。要能得心应手地进行香气的调配,厨师必须具备一些必需的调香知识,借鉴中医理论中的"君臣佐使",并且经常注意积累自己的经验。调料的香气基本上是由四种成分组成。第一种成分叫香基或主香剂,是赋予特征香气的绝对必要成分,它的气味形成调和香料香气的主体和轮廓;第二种成分叫调和剂,具有调和效果,可使香气浓郁;第三种成分叫矫香剂,又叫修饰剂(或变调剂),它是一种使用少量即可奏效的暗香成分,可使香气更加"美妙";第四种成分叫定香剂,它的作用是使全体香料紧密结合在一起,并且使香气的挥发速度保持一致,总是以同样的速度散发出香气。

一种香料在其散发香气的全过程中,大体上要经过以下三步。第一步,香料在空气中挥发,到达鼻腔,通过神经传到大脑产生嗅觉。最初几分钟闻到的那部分香气叫作头香或顶香,例如米饭的顶香便是硫化氢、氨和乙醛。头香是香气给人的第一印象,所以一定要选好。第二步,头香过去之后是一股丰盛的香气,叫做中段香韵,又叫体香,按时间来说可以持续数小时,许多醛类和香辛料都能达到这种效果。第三步,体香之后叫尾香或残香,一般能持续数日之久,主要是一些挥发性比较弱的成分。

我们知道,菜肴的调香目的在于激发其正常的风味效果,其中最主要的作用就是通过人的嗅觉系统,把菜肴最美好的印象传递给大脑,以达到增强食欲的作用。为了避免不良气味的影响,整个调香技术的目的应包括以下几个方面。

(1)使那些好闻的气味得到充分发挥,用调香的方法增强其挥发性能。

(2)掩盖那些不好闻的气味。

(3)加入其他的呈香物质,使香气的格调改变。

(4)矫正某些有异味的挥发性物质(如硫化氢、氨等),在一定量的范围内,用多种成分恰当组合,使气味变得芬芳怡人。

(5)稀释某些由于浓度太大而使气味异常的物质,使其浓度在一定的阈值,最终使气味变得优雅温馨。

与西餐相比,中餐厨师对菜肴的调香,没有具体、详细、规范的方法,张起钧先生在他的《烹调原理》一书中用"加、缀、拢、浸、熏"五个字做了概括。加——把有香味的东西加在菜肴里,使这道菜肴变得有香味。例如有些人炖肉加大料、茴香、八角等。缀——把有香味的东西放在菜肴里。但加是把香味融合到整个菜肴里,缀则是香味仍在香料本身,未与整个菜肴相混,不过是个点缀而已。例如在许多菜肴或汤上撒点香菜,放点葱花,甚至有人把汤端在桌上时,撒点茉莉花等都是此类。拢——把菜肴用有香气的东西包拢起来,然后加热,使这香气从四面八方透入菜肴中。我们无以名之,特称其为拢。例如荷叶肉,就是用荷叶把米粉肉包起来蒸,使荷叶香透入肉中,清香宜人,又如用竹筒蒸肉。浸——将有香味的食材,放在菜肴之中,使其香气四溢浸入菜肴中。例如红油浸腰花。熏——用有香味的气体熏食物。例如湖南的烟熏腊肉。

（二）调香的方法

调香的方法,主要是指利用调料来消除和掩盖原料异味,配合和突出原料香气,调和并形成菜肴风味的操作手段。其种类较多,主要有以下几种。

❶ 抑臭调香法　指运用一定的调料和适当的手段,消除、减弱或掩盖原料带有的不良气味,同时突出并赋予原料香气。其具体操作方式主要有以下几种:一种是将有异味的原料经一定处理后,酌加调料(如食盐、食醋、料酒、生姜、香葱等),拌匀或抹匀后腌渍一段时间(动物内脏常用揉洗的方法),使调料中的有关成分吸附于原料表面,渗透到原料之中,与其异味成分充分作用,再通过焯水、过油或正式烹制,使异味成分得以挥发除去,此法使用范围很广,兼有入味、增香、助色的作用,在调香工艺中经常使用。另一种是在原料烹制的过程中,加入某些调料(如食盐、料酒、香葱、胡椒、花椒、大蒜等)同烹,以除去原料异味,并增加菜肴香气。此法适于调制异味较轻的原料及作为前一种方法的补充。还有一种是在原料烹调成菜后,加入带有浓香气味的调料(主要为香葱、蒜泥、胡椒粉、花椒粉、小磨香油等),以掩盖原料的轻微异味,此法还是补充调香、构成菜肴风味的手段。民间有"水产多用姜,下货多用蒜"之说。

❷ 加热调香法　就是借助热力的作用使调料的香气大量挥发,并与原料的本香、热香相交融,形成浓郁香气的调香方法。调料中呈香物质在加热时迅速挥发出来,可溶解在汤汁中,或渗入到原料中,或吸附在原料表面,或直接从菜肴中散发出来,从而使菜肴带有香气。此法在调香工艺中运用广,几乎各种菜肴都离不了它。加热调香法有几种具体操作形式:一是炝锅助香,加热使调料香气挥发,并被油吸附,以利菜肴调香;二是加热入香,在煮制、炸制、烤制、蒸制时,通过热力使香气向原料内层渗透;三是热力促香,在菜肴起锅前或起锅后,趁热淋浇或粘撒呈香调料,或者将菜肴倒入烧红的铁板内,借助热力来产生浓香;四是醋化增香,在较高温度下,促进醇和酸的酯化,以增加菜肴香气。广义上,加热调香法还应包括原料本身受热变化形成的香气。

❸ 封闭调香法　属于加热调香法的一种辅助手段。调香时,呈香物质受热挥发,大量的呈香物质在烹制过程中散失掉了,存留在菜肴中的只是一小部分,加热时间越长,散失越严重。为了防止香气在烹制过程中严重散失,将原料在封闭条件下加热,临吃时启开,可获得非常浓郁的香气,这就是封闭调香法。烹调加工中常用的封闭调香手段有以下几种。容器密封,如加盖并封口烹制的汽锅炖、瓦罐煨、竹筒烤等;泥土密封,如制作叫花鸡等;纸包密封,如制作纸包鸡、纸包虾等;面层密封,制作菜肴时可用面粉代替泥土密封;浆糊密封,上浆挂糊除了具有调味、增嫩等作用外,还具有封闭调香的功能;原料密封,如荷包鱼、八宝鸭、烤鸭等。

❹ 烟熏调香法　一种特殊的调香方法,常以樟木屑、花生壳、茶叶、谷草、柏树叶、锅巴屑、食糖等作为熏料,把熏料加热至冒浓烟,产生浓烈的烟香气味,使烟香物质与被熏原料接触,并吸附在原料表面,有一部分还会渗入到原料中,使原料带有较浓的烟熏味。烟熏,有冷熏和热熏两种,冷熏温度不超过 22 ℃,所需时间较长,但烟熏气味渗入较深,比较浓厚;热熏温度一般在 80 ℃ 左右,所需时间较短,烟熏气味仅限于原料表面。烹调加工常用的是热熏,如制作樟茶鸭等。按熏制时原料的生熟与否,烟熏还有生熏与熟熏之分。

三、调香工艺的阶段和层次

菜肴的调香工艺也分原料加热前的调香、原料加热中的调香和原料加热后的调香三个阶段。各阶段的调香作用及方法有所不同,从而使菜肴的香呈现出层次感。

（一）调香工艺的阶段

❶ 原料加热前的调香　原料在加热前多采用腌渍的方法来调香，有时也采用生熏法，其作用有两个：一是清除原料异味，二是给予原料一定的香气。其中前者是主要的。

❷ 原料加热中的调香　此阶段是确定菜肴香型的主要阶段，可根据需要采用加热调香的各种方法。其作用有两个：一是原料受热变化生成香气，二是用调料补充并调和香气。水烹过程中的调香，可以在加热中加入香料。汽烹过程中的调香，则需要在蒸制前用香料腌渍一下，也可以将香料置于原料之上一起加热。干热烹制的调香，主要是原料自身受热变化生成香气。

原料加热过程中的调香，香料的投放时机很重要。一般香气挥发性较强的，如香葱、胡椒粉、花椒粉、小磨麻油等，需要在菜肴起锅前放入，才能保证浓香。香气挥发性较差的，如生姜、干辣椒、花椒粒、八角、桂皮等，需要在加热开始就投入，有足够时间使其香气挥发出来，并渗入到原料之中，此外，还可以根据用途的不同灵活掌握。

❸ 原料加热后的调香　原料在加工后常采用的调香方法是在菜肴盛装时或装后淋小磨麻油，或者撒一些香葱、香菜、蒜泥、胡椒粉、花椒粉等，或者将香料置于菜肴上，继而淋以热油，或者跟味碟随菜肴上桌。调香主要是补充菜肴香气之不足或者完善菜肴风味。

（二）调香工艺的层次

从闻到菜肴香气开始，到菜肴入口咀嚼，最后经咽喉吞入，都可以感觉到香的存在。我们可以依此顺序，将一份菜肴中的香划分为三个层次。

❶ 先入之香　先入之香是第一层次的香，即菜肴一上桌，还未入口就闻到的香气，它是由菜肴中一些呈香物质构成。主要为加热后的调香所确定。先入之香的浓淡，在香料种类确定之后，主要取决于香料用量多少和菜肴温度的高低。用量越多，温度越高，香气就越浓；反之，用量越少，温度越低，香气则越淡。一般热菜的香气比冷菜要浓。

❷ 入口之香　入口之香为第二层次的香，即菜肴入口之后，还未咀嚼之前，人们所感到的菜肴之香。它是香气和香味的综合，其香气较先入之香更浓，除未入口就闻到的香气外，还有呈香物质从口腔进入鼻腔的香气。有汤汁菜肴的入口之香，主要由炝锅或中途加入香料时溶解于汤汁的呈香物质和主、配料中溶出的呈香物质所构成。对于无汤汁的菜肴，则主要由原料表面带有的（包括吸附的）各种呈香物质构成。不论热菜和冷菜香气都应比较浓郁，因为它是菜肴香韵的关键。

❸ 咀嚼之香　咀嚼之香为第三层次的香，即在咀嚼过程中感觉到的香味。它一般由菜肴原料的本香和热香物质，以及渗入到原料内的其他呈香物质（包括调料和其他主、配料的呈香物质）所构成，其中以原料的本香和热香为主。咀嚼之香，对菜肴的味感影响较大，自身又受着菜肴质地的影响，是香、味、质三者融为一体的感觉。它的好坏，与原料的新鲜度和异味的清除程度密切相关。

对香进行层次划分，可从菜肴呈香的角度，更进一步地认识菜肴的调香。菜肴中的香虽然存在三个层次，但是在食用时，它们之间并没有绝对的界线，而是彼此交错、重叠，并连续平滑过渡的。在调香时，根据原料的性状和菜肴的要求，正确选用香料，合理运用调香方法，并与调味和烹制默契配合，才能使菜肴的香味协调统一，富于层次感。层次感强的菜肴，才能充分兴奋食用者的嗅觉神经，使食用者感觉到菜肴香气的自然、和谐，在物质享受的同时得到美好的精神享受。

四、调香工艺的基本原理

（一）调料调香的原理

调料调香的基本原理比较复杂，调料的种类很多，性质各异，在调香时的作用机制也不尽相同。

❶ 挥发增香　凡呈香物质都具有一定的挥发性，在空气中达到一定浓度（阈值）时，才能够刺激人们的嗅觉。浓度越大，其香气就越浓。但浓度过大，不仅不香，反而变臭。加热后可促进呈香物质

的挥发,增加其香气。有的调料如小磨香油等,所含的呈香物质挥发性较强,在常温下即可呈现浓郁的香气,可直接用于冷菜的调香。有些调料如姜、蒜等,所含的呈香物质挥发性较弱,在常温下呈现的气味并不雅,通常需要加热来改变其化学结构。还有些调料如辣椒、胡椒粒、花椒粒等,所含呈香物质只有在一定温度下才具有挥发性,一般需将其斩(或碾)碎,再通过加热促使其产生香气。烹调加工中,成菜后趁热撒上葱花、胡椒粉、花椒粉等或者淋浇热油,均是挥发增香原理的应用。

❷ **吸附带香**　调料在加热中可挥发出大量的呈香物质。这些呈香物质中部分可被油脂及原料表面所吸附,达到使菜肴带有其香气的目的。应用吸附带香原理的调香,主要有如下两种形式。一是炝锅,即用少量的热油煸炒葱、姜、蒜等。炝锅时,调料中挥发出的呈香物质,一部分挥发掉了,而另一部分则被油脂所吸附,当下入原料烹炒时,吸附了呈香物质的油脂便裹附于原料表面,使菜肴带香。二是熏制,即将樟木屑、花生壳、茶叶、柏树叶等作为熏料,加热使熏料冒浓烟。熏烟中带有大量的呈香物质。其中一部分会被吸附到熏制的原料表面,从而使菜肴带有烟熏的香气。

❸ **扩散入香**　呈香物质多具有脂溶性,因此能够被油脂吸附。炝锅后,吸附有呈香物质的油脂,在较长时间的熏制过程中可渗透到原料的内部去,使其具有香味。水烹时,直接将调料加入,呈香物质便会以油作为载体,从调料中逐渐扩散到汤汁,同时也渗透到原料之中,使其入香。蓉胶制品的调香,也常是先将葱、姜等拍松,用水浸泡让其呈香物质溶出,再用含有呈香物质的水来调制蓉胶,这样制作的蓉胶类菜肴,闻葱、姜之香,不见葱、姜之物。多种原料混合烹制,各种原料的香气也依此原理相互扩散、交融。

❹ **酯化生香**　在一定条件下,醇分子中的羟基和有机酸分子中的羧基之间发生的脱水缩合反应,其产物为酯。调香中发生的主要是食醋中的醋酸与南酒中的乙醇(酒精)之间的酯化,生成的乙酸乙酯具有香气。当然,使用食醋和南酒调香所形成的香气,也包括食醋和南酒本身带有的香气。

❺ **中和除腥**　鱼是常用的烹饪原料,但其带有令人不愉快的腥气,尤其是新鲜度下降的鱼。消除其腥气是鱼类菜肴调香的内容之一。常用的除腥法是加入食醋,因为鱼腥成分中多为弱碱性物质,当与醋酸接触时便会发生中和反应,生成盐类,可使腥气大为减弱。但单纯的中和除腥往往效果不够理想,实际操作时常常还要加南酒辅助,南酒中的酒精可降低鱼腥成分的气体分压,其剩余腥气可在加热时挥发除去。

❻ **掩盖异味**　有些带有腥、膻、臊等异味的原料,有时用摘除异味部分或焯水、过油、中和等方法也难以消除其异味,而必须采用浓香的调料来予以掩盖,以压抑原料的异味。辛香料的气味对于抑制肉类特有的异味效果比较明显,常用的有葱、姜、蒜、胡椒、花椒、辣椒、八角、桂皮、丁香等,食醋、南酒、酱油等也可作为辅助。鱼腥的掩盖主要用食醋、南酒、香葱、生姜等。

（二）热变生香的原理

很多菜肴原料,在烹制过程中都会产生一些生料所没有的香气,如烧炒蔬菜之香、烹煮肉品之香、油炸菜肴之香、焙烤制品之香等。这些香气与调料香气相配合,是形成菜肴风味的重要途径。其生香机制主要为一些香气前体的氧化还原、受热分解以及焦糖化作用和羰氨及其中间产物的降解等。

❶ **烧炒蔬菜香的形成**　烧炒各种蔬菜时,都会有不同量的多种呈香物质生成,如甲硫醇、乙醛、乙硫醚、丙硫醇、甲醇、硫化氢等。不同的蔬菜所生成的呈香物质的组成不同,故而产生的热香不同。十字花科蔬菜和各种植物种子以二甲硫醚较多,一般由甲硫基丙氨酸等分解所得。葱、蒜类以丙硫醇占优,通常由二丙硫醚还原而成。加热适度,蔬菜才能形成特有的风味,如果加热时间过长,呈香物质则大量挥发,会减弱蔬菜的热香气味。

❷ **烹煮肉品香的形成**　畜禽肉经炖煮、烧、烤会产生美好的香气,这是由多种羰基化合物、醇、呋喃、吡嗪、含硫化合物等组成的。其前体为水溶性抽提物中含有的氨基酸、肽、核酸、糖类、脂类等。它们在加热进程中生成多种呈香物质,构成加热肉的香气。其生香途径主要有三个:脂肪的自动氧

化、水解、脱水及脱羧等反应;糖和氨基化合物的羰氨反应等;羰氨反应及斯特雷克尔降解反应的中间产物之间的相互反应。不同的肉类产生的各种热香中,其主体成分除羰基化合物之外,还有一些含硫化合物及含侧链的 C_9—C_{10} 不饱和脂肪酸,因此,热香特别。鸡肉热香主要由羰基化合物和含硫化合物构成,尤其是后者常使鸡肉汤具有轻微的含硫化合物的气味。

③ **油炸菜肴香的形成** 用油煎、炸制成的菜肴,除了具有松脆的口感之外,还会具有独特的诱人香气。其香气的形成,除了原料成分在高温下的各种变化之外,还有煎炸油本身的自动氧化、水解、分解的作用。油脂变化的产物主要为多种羰基化合物,这些产物自身可构成菜肴的煎炸香气,同时也可与原料中的氨基化合物反应,生成多种其他的呈香物质,以形成煎炸菜肴之香。用不同的油脂煎炸同一原料可获得不同的香气,这主要与各油脂的脂肪酸组成不同和所含风味成分不同有关。

④ **焙烤制品香的形成** 焙烤制品的香气主要是由在加热过程中,原料表面发生的羰氨反应、焦糖化作用,以及油脂氧化分解和一些含硫化合物的分解等,所生成的各种呈香物质综合而成,主要与吡嗪化合物有关。不同的原料,化学组成不同,所形成的焙烤香气便有所不同。例如,花生经焙烤产生的香气中,除了羰基化合物之外,还发现五种吡嗪化合物及 N-甲基吡咯;而芝麻在焙烤中产生的香气成分主要是吡嗪化合物和含硫化合物。

五、菜肴香气的意义

① **激发食用者的食欲** 我们接触食物时,首先刺激我们的是菜肴的香气、外观和色泽。菜肴甚至可以在人们的视野之外,以其特有的香气诱人食欲。古语"闻香下马,知味停车",正是描述了扑鼻而来的酒香令过往的游客想起了昔日美酒的香气和滋味,而无心继续行进,不由自主地下马停车。福建名菜"佛跳墙"因选料精良,烹制考究,香气扑鼻,极为诱人,"坛启荤香飘四邻,佛闻弃禅跳墙来"就是对它最好的评价。这些都说明了菜肴香气对刺激人们食欲所发挥的巨大作用。

② **判断植物性菜肴的成熟度** 有些原料(如水果等)是否具有其应有的香气及香气浓淡的程度,是判断其是否成熟的一个重要指标。刚采收的植物性原料,如果不具备它应有的香气,说明还没有达到应有的成熟度,或者说品质不佳。

③ **判断菜肴的加工质量** 烹制菜肴的香气情况十分复杂,这是因所采用的原料、辅料、调料等不同,加工方式和工艺条件的不同所致。许多加工食材具备某种香气,如果它没有形成这种香气,则说明其原、辅料或在加工过程中存在问题。酒、茶和菜肴的香气,与其感官质量具有极为密切的关系。例如,"酱爆鸡丁"烹调时要求把酱炒得香而不焦,若炒得欠火则有生酱气味,炒得过火则可能有焦煳气味。

④ **判断菜肴的卫生安全性和保质期** 如果菜肴遭受微生物的严重污染和其他有害生物的侵袭,其原有的香气必然消失;如果菜肴超过了保存期,其香气也会消失。当然菜肴香气的消失也有可能是其他的因素造成的。

六、调香训练

根据调香工艺要求,小组讨论确定人员分工、工具材料、工序内容安排。
① **人员分工** 人员分工表详见二维码。
② **工具材料** 工具材料表详见二维码。
③ **工序内容安排** 工序内容安排详见二维码。

人员分工表 4-2

工具材料表 4-2

工序内容安排 4-2

任务评价

对调香训练过程进行自我评价、小组评价、教师点评,总结经验,查找不足,分析原因,制订改进措施。任务评价表详见二维码。

任务评价表
4-2

任务总结

成功经验及存在不足、努力方向。

任务三　调色工艺

任务目标

通过调色训练,掌握常见代表性菜肴的调色方法,并熟练运用到热菜烹调或菜肴制品加工中去,提高菜肴质量。

任务方案

一、工作情境描述

中式烹调讲究色、香、味、形、器、质、养,早在《论语》中记载了我国伟大的思想家和教育家孔子的饮食要求:色恶,不食。色泽是烹调中很重要的一项感官指标,一款菜肴的色泽首先进入食用者的视觉感官,故而进一步影响到其饮食心理和饮食活动。掌握正确的调色方法,运用相应的原料和调料进行调色,可使菜肴达到诱人食欲的目的。

二、工作流程、活动

根据工作计划,组织不同的菜肴调色项目训练,使菜肴的色泽符合质量标准。工作现场保持整洁,小组成员配合有序,节约原料、调料,操作符合安全规程。

❶ **明确接受工作任务**　工作任务表详见二维码。

❷ **认识或分析调色工艺**

引导问题1:什么是调色? 菜肴色泽的来源是什么?

引导问题2:调色的基本原则是什么?

引导问题3:调色的方法及原理是什么?

工作任务表
4-3

任务实施

通过对调色的概念、菜肴色泽的来源、调色的基本原则、调色的方法及原理的学习,了解菜肴调色工艺的相关概念和菜肴色泽的来源,理解菜肴调色的基本原则,掌握调色的具体方法和相关原理。

一、调色的概念

色泽属于视觉范畴,先于味和质的出现,最先映入食用者的眼帘。色泽与饮食的关系建立在条件反射的基础上,良好的色泽搭配,自然触发食用者对菜肴的联想,仿佛醇香之味溢于口鼻,故而食欲大增。色泽是烹调中很重要的一项感官指标,食品原料应该具有本身新鲜的颜色。菜肴制作过程中,其所用原料色泽搭配是否恰当,会影响到宴席及菜肴品质的高低。成品菜肴应该呈现诱人食欲的正常颜色,从而使人们产生正常的饮食欲望,得到饮食满足。

烹饪中的调色,广义指菜肴色泽的调配和菜肴中各原料间的色泽搭配。调色工艺是指运用各种有色调料和调配手段,调配菜肴色彩,增加菜肴光泽,使菜肴色泽美观的过程。调色是风味调配工艺之一,它与调味和调香并存,也有其特有的要求和操作方法。从科学角度讲,有光才有色,色的本质是光。色只是物体对于各种颜色的光反射或吸收的选择能力的表现,并非物体本身具有的颜色。为了方便生活、启发智慧和易于研究,人们通常把这种现象称为物体本身的固有色。人眼能辨别出一百五十多种不同的颜色。

色彩分为无色彩系和有色彩系。无色彩系是指黑、白、灰色系列,色度学上称之为黑白系列,在色立体上是用一条垂直轴表示的。无色彩系没有色相和纯度,只有明暗变化,明度越高,越接近白色;反之亦然。按照一定的变化规律,无色彩系可以排成由白色渐变到浅灰、中灰、深灰到黑色的一个系列。有色彩系是指无色彩系以外的各种颜色,是光谱上呈现出的红、橙、黄、绿、青、蓝、紫,再加上它们之间若干种调和出来的色彩。色彩的三要素,即色调、明度和饱和度。有色彩系表现很复杂,从而反映出各种物体颜色色彩的差异。

光源色的色调取决于光源的光谱组成对人眼刺激的感知,而物体色的色调则取决于照射光源的光谱成分和物体本身对照射光的反射和透射情况。所以,光线好坏直接影响餐厅和菜肴的色泽,合理的搭配能使它们起到互补色的作用。

明度是反映物体被光照射的明亮程度。物体表面的反射比越高,物体的明亮程度也就越高。对色彩光源来说,它的明亮程度越高,人眼的感知就越亮。各种颜色的明度不同,每种纯色都有与其相应的明度,黄色明度最高,蓝紫色最低,红绿色为中间明度。

饱和度是色彩的纯洁性,可见光谱中的各种单色光是最饱和的颜色,如常见的红、橙、黄、绿、青、蓝、紫。物体色的饱和度取决于物体表面对光反射的选择性。只要配合恰当和谐,就会给人以视觉美感。

二、菜肴色泽的来源

调色工艺是运用呈色原料进行调配,使食用者通过视觉对菜肴色彩感知的一门艺术,对于艺术品的色彩和造型,在构思、塑造工艺、表现手法、意境处理等方面都有严格的要求,只有这样才能使调色工艺达到全社会所要求的艺术标准。在我们生活环境中,充满着各种各样的色彩,大自然本身就是一个充满色彩的世界。所有一切色彩的来源与人类生活都有着密切的联系。菜肴的色泽主要来源于五个方面:①原料本身色泽的呈现;②通过加热形成的色泽;③调料调配菜肴的色泽;④天然色素和人工合成色素着色;⑤其他方面菜肴色泽来源。

(一)原料本身色泽的呈现

烹饪菜肴大多数因含有呈色物质而显出颜色,烹饪原料自身固有的颜色,是没有经过任何加工处理的自身色彩。尤其是蔬菜的颜色和水果的颜色相对较多,蔬菜中的色素和呈色前体物质主要存在于像叶绿体和其他有色体等蔬菜的细胞质包含物中,同时较少溶解在脂肪液滴以及原生质和液泡内。

在植物性原料中,有叶绿素、类胡萝卜素、黄酮类色素、花色苷类色素、脂类化合物、单宁和其他类色素,这些色彩正是菜肴原料自然美的体现。肉及肉制品的色泽主要是由肌红蛋白及其衍生物决定的。

原料本身的自然色泽,即原料的本色。菜肴原料大都带有比较鲜艳、纯正的色泽,在加工时需要予以保持或者通过调配使其更加鲜亮。菜肴色泽给人的味觉联系及内涵能够引起不同的感觉,有冷暖感、重量感、距离感、运动感、涨缩感。很多菜肴的色彩与味觉都有着密切的联系。

❶ 红色 红色是所有色彩中色调最暖的一种颜色,容易使人产生热烈兴奋的感觉。红色可促使人的味觉产生鲜明浓厚的香醇、甜美的感受。红色给人以兴奋、热烈、喜庆的感觉,使人联想到香味、甜味而引起食欲,是我国传统习惯上用来表示吉祥的颜色。红色的原料有火腿、香肠、午餐肉、腊

肉（瘦）、红萝卜、红辣椒、番茄等。

❷ **黄色**　黄色明度很高，具有光明、辉煌、轻松、柔和的感觉，黄色寓意富贵神圣、黄金满堂。品味美味的同时，也寄予了对生活美好的愿望。黄色的原料有蛋黄、各种油炸食品、嫩姜、韭黄、黄花菜、菠萝等。

❸ **绿色**　绿色给人以生机勃勃、清新、鲜嫩、明媚、自然的感觉，代表着春天、青春、生命、希望、和平。绿色给人以清新爽口，淡雅平和的感觉。特别在炎热的夏季能给人带来凉爽、解除心中烦躁。绿色搭配在暖色浓厚的菜肴中，给人以清爽、醒目、宁静的感觉。绿色的原料有各种绿叶菜、黄瓜、青椒、蒜薹、蒜苗、四季豆等。

❹ **橙色**　橙色给人以明亮、华丽、健康、向上、兴奋、愉快的感觉。因橙色色彩鲜亮故经常作为点睛之笔。橙色的原料有胡萝卜、南瓜等。

❺ **其他颜色**　如红菜薹、红苋菜、紫茄子、紫豆角、紫菜、肝、肾、鸡（鸭）胗等的紫红色原料；白萝卜、绿豆芽、莲藕、竹笋、银耳、鸡（鸭）脯肉、鱼白肉等的白色原料；香菇、海参、黑木耳、海带等的黑色或深褐色原料等。一盘精美的菜肴，要注重烹饪原料色彩选择。配菜时，不仅要考虑营养、口感搭配，还要将色彩运用得当。即使最普通的菜肴原料，也可达到色彩鲜艳、对比和谐、形象美观、诱人食欲的效果。如"五彩鸡丝"中，鸡丝雪白，韭黄嫩黄，椒丝碧绿大红，甘笋赤橙，豆芽晶莹，加上料头的香菇丝，实在是色彩缤纷，给人以美好的享受。如今，随着生活物质的日益丰富，人们在选择菜肴时，也逐渐意识到要最大限度保持和体现出烹饪菜肴原料固有的天然色彩。

（二）通过加热形成的色泽

加热形成的色泽，即在烹制过程中，原料表面发生色变所呈现的一种新的色泽。加热引起原料色变的主要原因是原料本身所含色素的变化及糖类、蛋白质等的焦糖化反应及美拉德反应等。

很多原料在加热时都会变色，其中有些是根据菜肴色泽要求选择的，如鸡蛋清加热由透明变成不透明的白色。这是因为几乎所有的蛋白质在加热时都会发生变性，然后开始凝固。通常情况下，蛋白质热变性的温度在45～50 ℃，55 ℃时变性加快并开始凝固，生鸡蛋煮熟的过程就是蛋白质先变性后凝固的两个过程。在制作含蛋类的菜肴时，注意鸡蛋加入时的温度，使之凝固成为我们需要的蛋白色和蛋黄色。蒸煮虾蟹时，虾蟹外壳由青色变成橘红色。当虾和螃蟹经过高温加热的时候，原来的色素受到破坏而分解，只有红色素尚存。虾青素其实是一种红色的类胡萝卜素，加热后可与蛋白质脱离，呈现出其原有的红色。炸、烤制原料时将糖类调料涂抹于菜肴原料表面，经高温处理可产生鲜艳的颜色，这是因为糖类调料中所含的糖类物质在高温作用下主要发生焦糖化反应，生成焦糖色素，使制品表面呈现出金黄、褐红的颜色。

也有一些色泽是烹饪时需要避免出现的，如绿色蔬菜由于加热时间过长变成黄褐色；原料过度加热而变黑色等。对于具体的菜肴，可根据其色泽要求，通过一定的火候与调色手段的配合，控制原料的色变。

（三）调料调配菜肴的色泽

调料也称调味料，通常指在饮食烹饪和食品加工中广泛应用的，用于调和滋味和气味，并具有去腥、除膻、解腻、增香、增鲜等作用的食品加工辅料或添加剂。调料种类繁多，它不仅能赋予菜肴一定的滋味、气味和质感，还能改善或改变菜肴的色泽。

在烹饪菜肴的过程中，尤其是烹饪异味重的动物性原料时，一般在烹饪之前都要经过预先去味或腌制的过程，在这一过程中要使用如酱油、醋、黄酒等有色调料进行预处理。同时这也成了原料的着色过程。

调料调配菜肴色泽包括两个方面：一方面是用有色调料调配色泽。各种有色调料直接调配菜肴色泽，对菜肴色泽的形成和转换有着直接的作用，在烹饪中应用非常广泛。操作时可以用一种调料以浓度大小控制颜色深浅，也可以用多种调料以一定比例配合，调配出菜肴色泽。为了使菜肴原料很好上色,可以在调色之前,先将菜肴原料过油或煸炒,以减少原料表层的含水量,增强有色调料及色素的吸附能力。常见的有色调料:酱油(可调配褐黄、褐红等色)、红醋(参与调配褐色)、酱品(用于调配褐红色)、糖色(用于调配较酱油鲜亮的红色)、番茄酱及红乳汁(用于调配鲜红色)、蛋黄(用于调配黄色)、蛋清(用于调配白色)、绿叶菜汁(用于调配绿色)、油脂(可增加菜肴光泽)等。另一方面是利用调料在受热时的变化来调配色泽。调料与火候的配合也是菜肴调色的重要手段。如红烧类、酱爆类、爆炒类菜肴等都需要采用兑色法,以一定浓度、一定比例对菜肴的颜色进行调配。常见的兑色调料:酱油、红醋、沙司、酱类调料、红糟等。如烤鸭时在鸭表皮上涂以饴糖,可形成鲜亮的枣红色;炸制的畜禽及鱼肉,码味时放入红醋,所形成的色泽会格外红润,这些都是利用了调料在加热时的变化或与原料成分的相互作用、相互影响,通过改变主料的基本色相而产生新的复合色泽。

(四)天然色素和人工合成色素着色

烹饪中较为常用的着色剂主要包括天然色素和人工合成色素,其中天然色素分为以下几类:植物色素,如叶绿素、类胡萝卜素、花青素等;动物色素,如肌肉中的血红素,虾壳中的虾红素;微生物色素,如红曲色素。烹饪中常见的有叶绿素、类胡萝卜素、红曲色素等。人工合成色素具有色泽鲜艳、化学性质稳定、着色力强的特点,但这类色素对人体有害,因此需要严格控制使用量。在烹饪中允许使用的人工合成色素主要包括苋菜红、胭脂红、日落黄、柠檬黄、靛蓝等。

(五)其他方面菜肴色泽来源

通过物理和化学反应来调色或调节环境、气氛也是改变菜肴色泽的途径。如今,有不少人对分子烹饪非常好奇,分子烹饪是一门把化学和物理原理运用在烹饪中的科学。某种程度上,这一名词已经被推广为具有描述创新性的烹饪风格和成为创新前卫,懂得结合前沿科技,甚至心理学的烹饪的代名词。例如在分子烹饪中,一些水果(桃、梨和苹果)细胞之间会有一层空气,经过真空抽气机的处理把水果细胞里的空气抽出,通过重新注入新的口味(香槟味或香草味)和色泽,这样会使水果完全改变本身的味道和颜色。

新风格的烹饪挑战,关键在于熟练并创造性地应用材料、设备和工艺,这些都融合应用了分子烹饪学的原理。现代厨师探索成分组成时需熟悉食品理化性质。同时,他们结合传统实验室和高新设备来创作,当艺术、创造性以及愉悦的热爱融聚一体,新风格开拓者便创造出令人惊喜、着迷甚至震撼的佳作。

虽然餐饮界曾经认为分子烹饪很神秘,让部分美食改变了本来的面目,但也因为这些新元素的加入,扩展了厨师们的创意领域,让他们能创造出许多有趣的美食,将不可能变为可能。

另外,现代烹调的盛器使用博采众长,东西南北为我所用,不拘一格,所谓美食美器,相互辉映,相得益彰。现代使用的盛器,除了传统的圆形、长圆形的陶瓷盘碟器皿外,还广泛采用船形碟、鱼形碟、树叶形和各式浅窝器皿。有晶莹剔透的玻璃材质盛器;有各款铁板类盛器;竹子也用于制作竹编盛器,如竹筒烧、竹筒蒸、竹筒炖等;木材也用于制作刺身船、寿司筒、木筒桑拿等;一些瓜果类烹饪原料也被用作菜肴的盛器,如冬瓜盅、哈密瓜船、椰子盅、南瓜盅、菠萝船等;还有一些淀粉含量较高的植物性烹饪原料,如芋头、大米制作的精美的芋巢、米盏,既可为菜肴原料又可当盛器,妙不可言。从美学的角度上讲,不同色泽的盛器,对盛装菜肴色泽会有影响。在盛器的背景色下,菜肴的色彩会发生美化,这也是菜肴调色。

三、调色的基本原则

烹饪调色首先要遵守法律法规,符合食用要求,要遵守厨师的行为规范和职业道德;其次要根据原料的性质、烹调方法和菜肴的味型加入调料,这些调料扩散到汤汁中,吸附在原料上,形成一定的色泽。为了调制好菜肴的色泽,在实施调色工艺时应掌握以下基本原则。

（一）遵守国家的法律、法规，遵循行业职业道德

在调色过程中，要遵纪守法、讲究厨师行业职业道德，遵守《中华人民共和国食品安全法》等法律法规，严禁使用未经允许的食品着色剂。我国对在食品中添加合成色素也有严格的限制：凡是肉类及其加工品、鱼类及其加工品、调料（如醋、酱油、腐乳等）、水果及其制品、乳类及乳制品、婴儿食品、饼干、糕点都不能使用人工合成色素。只有汽水、冷饮食品、糖果、配制酒和果汁露可以少量使用，一般不得超过1/10000。我国批准使用的食用合成色素有苋菜红、胭脂红、柠檬黄、日落黄、靛蓝和亮蓝等，它们没有任何营养价值，对人体健康也没有任何帮助，能不食用就尽量不要食用。对于无毒无害的天然的色素，在正常情况下应该优先使用；对于人工合成色素，要严格控制其使用量，保证食用的安全性。

（二）尽量保护原料鲜艳本色，突出菜肴原料本色

蔬菜的鲜艳本色代表原料新鲜，调色时应尽可能予以保护。如炒绿色叶菜，旺火，快炒，断生成熟即可。烹制时间要短，不宜加盖烹制，要尽量不用深色调料和改变绿色的酸性调料。调色的主要目的是赋予菜肴色泽，而并不是所有的菜肴都需要赋色。大多数情况下，如果菜肴原料味淡或是有异味的动物性原料，需要使用有色的重味调料达到调而盖之的目的。烹饪菜肴调色应突出其本色，恢复菜肴原料自然的色彩。

（三）注意辅助原料不足之色，掩盖原料不良之色

有些原料的本色作菜肴之色显得不够鲜艳，应加以辅助调色。如香菇，烹调时加适量酱油或蚝油来辅助，其深褐色就会变得格外鲜艳夺目。有些原料受热变化后色泽也需要用相应的有色调料辅助。如干烧菜肴中加入适量糖色或番茄酱，可增色。

有些原料成菜的色泽不太美观，如畜肉受热形成浅灰褐色，需要在上浆、挂糊时加入蛋液，加深色调料等掩盖原料的不良之色。

（四）根据菜肴成品色泽标准，注重色、香、味的配合

在调色前，首先要对成菜的标准色泽有所了解，根据菜肴成品色泽标准在调色过程中正确选用调料，以符合原料的性质、烹调方法和基本味型。

菜肴的调色必须注意色彩、香气和味道的配合，因为色泽能够使人产生丰富的联想，从而与香气和味道发生一定的联系。注重色泽带来的感官体会，如红色使人感到鲜甜甘美，浓香宜人，能激起食欲；黄色使人感到甜美、香酥，能激起食欲；柠檬黄给人以酸甜的印象，能激起食欲；绿色使人感到清淡，香气清新，能激起食欲；褐色使人味感强烈，香气浓郁，能激起食欲；白色使人感到滋味清淡而平和，香气清新而纯洁；黑色有糊苦之感，难激起食欲；紫色使人感到香醇咸鲜，一般难激起食欲。

（五）先调色再调味，长时间加热的菜肴要分次调色

添加调料时，要遵循先调色后调味的基本程序。这是因为绝大多数调料既能调色也能调味，若先调味再调色，势必使菜肴口味变化不定，难以掌握。

烹制需要长时间加热的菜肴时，要注意运用分次调色的方法。因为菜肴（如红烧肉等）汤汁在加热过程中会逐渐减少，颜色会自动加深，如酱油在长时间加热时会发生糖分减少、酸度增加、颜色加深的现象。若一开始就将色调好，菜肴成熟时，色泽必会过深，故在开始调色阶段只宜调至七八成，在成菜前，再来一次定色调制，使成菜色泽深浅适宜。

（六）丰富各种菜肴的色泽，促进原料的热变之色

很多菜肴的调色不是单纯考虑原料的本色，而是根据菜肴的色泽要求和色泽与食欲的关系，用有色调料来调配，以使菜肴的色彩变化更为丰富。同一种原料可以调配出多种不同的色调，如肉类菜肴就可有洁白、淡黄、金黄、褐红等色，这是使菜肴色泽丰富的关键。

当菜肴原料受高温作用如炸、煎、烤等，表面会发生褐变，可呈现出漂亮的色泽。要使原料的褐

变达到菜肴的色泽要求,除了严格控制火候之外,有时还要加一些适当的调料,以促进其褐变的产生。如炸制菜肴在码味时,需要加一些红醋、酱油等。

(七)符合人的生理需要和营养需要,防止原料呈现变质的颜色

调色要符合人们的生理需要,因时而异。同一菜肴因季节不同,其色泽深浅要适度调整,冬季宜深,夏天宜浅。菜肴色泽的调配,还要符合营养需求,通过烹调发生了一系列的理化反应,应最大限度地保护营养成分不流失。

菜肴色彩鲜艳会让人感觉到原料特别新鲜。菜肴调色时,如果将绿色蔬菜调配成黄色,红色肉类调配成绿色,则会让人感觉到原料发生了腐败变质,难以下咽。调色时应避免形成原料的腐败变质之色,以免影响视觉感官。

四、调色的方法及原理

调色常用的方法有保色法、变色法、调和法和浸渍法四种。

(一)保色法

保色,即保持菜肴色泽。保色法就是用有关调料来保持原料本色和突出原料本色的调色方法。此法多适用于颜色纯正鲜亮的原料的调色,下面对蔬菜、肉类和虾蟹类烹饪原料的保色做介绍。

❶ **蔬菜原料的保色** 蔬菜的绿色来自其所含的叶绿素。叶绿素与类胡萝卜素等色素共存,在热和酸的共同作用下或者在热、光和氧气的作用下,叶绿素的绿色极易消退,从而使类胡萝卜素的颜色显现出来,蔬菜由绿变黄,呈现出枯败之色。保护蔬菜鲜艳的绿色,一般可采用以下调色方法。

(1)加油保色:借助附着在蔬菜表面的油膜,隔绝空气中氧气,达到防止蔬菜氧化变色的目的。如蔬菜焯水时,焯水锅中滴入几滴食用油,油会包裹在蔬菜的周围,在一定程度上阻止了水和蔬菜的接触,减少了水溶性物质的溢出,还减少了空气、光线、温度对蔬菜的氧化作用,使其在一定时间内不会变色。不过,此法还不能阻止蔬菜组织中所含酶的作用,因此只能在一定时间内有效,时间稍长仍会变色。如扒油菜,在油菜焯水时滴入食用油,成菜后油菜不易变色。

(2)加碱保色:绿叶蔬菜利用叶绿素在碱性条件下,水解生成性质稳定、颜色亮绿的叶绿酸盐,来达到保持蔬菜绿色的目的。在碱性条件下,烹饪加热时所用的媒介(如水等),pH 值为 6.8~7.8,中性或稍偏碱性,叶绿素较稳定。我们可以利用这个原理,在烹饪过程中采用氽水法,提高 pH 值来保护鲜艳的绿色,但碱性不宜过高,否则对维生素 C 有破坏作用,同时氽水时间不宜太长,否则将丧失水溶性维生素。鲜笋在切配后需要焯水并加适量碱,因为鲜笋含有大量的草酸,会影响人体对钙质的吸收,所以要在炒之前用开水焯 3 min,使鲜笋中的大部分草酸分解,这样可以除去涩味,提高口感。鲜笋含有黄酮或者橙酮类化合物,加碱后黄酮或者橙酮与碱反应可形成查耳酮结构,显现出自身应有的黄色或者橙色。

(3)加盐保色:有些绿色蔬菜遇盐后会改变颜色,如黄瓜、青椒等,这些蔬菜在加盐调味后绿色加重,并且可以保持一定的鲜度。如腌蓑衣黄瓜加入适量盐,绿色会加深。需要注意的是加盐量要适当,保存时间不能过长,时间放得越长,叶绿素被破坏得就越严重,其颜色就变得暗淡无光。

(4)水泡保色:有些蔬菜和水果,如马铃薯、藕、苹果、梨等,削去皮或切开后,短时间内就变成褐色。这是因为它们所含的多酚类成分在酶的催化下氧化形成褐色色素,称为褐变,褐变的发生需具备三个条件:一是原料本身含有多酚类;二是原料本身含有多酚氧化酶;三是环境中有足够的氧气。为此,要想防止这种褐变的发生,就要设法抑制这三个条件。简便易行的方法是用水把原料与空气隔绝。使用这种方法,只能在短时间内有效,因为原料组织中的氧与水中的氧也可发生缓慢褐变。如再在水中加适量酸性物质,则可抑制酶的催化作用,可较长时间防止褐变。如炒山药、清炒土豆丝时,放入适量的白醋能有效防止成菜后变色。

❷ **肉类的保色** 畜肉的瘦肉多呈红色,受热则呈现灰褐色(这是由于肉中色素蛋白质的变化引起的,血红色素中的铁由二价转变为三价,变成灰褐色)。一般不直接按灰褐色出菜,因为这种色泽给人以沉闷的感觉。有时在烹调时需要保持其红色本色,会采用添加各种酱料和有色液体调料,如郫县豆瓣酱、老抽等,添加了老抽的"红烧牛肉"既提色又美味。

有时在烹调时需要保持其本色,在烹调前加一定比例的硝酸盐或亚硝酸盐腌渍的方法,可达到保色的目的。肉类的红色主要来自所含的肌红蛋白,也有少量血红蛋白的作用。加硝酸钠、亚硝酸钠等发色剂腌渍时,肌红蛋白(或血红蛋白)即转变成色泽红亮、加热不变色的亚硝基肌红蛋白(或亚硝基血红蛋白)。此类发色剂有一定毒性,使用时应严格控制用量。硝酸钠的最大使用量为 0.5 g/kg,亚硝酸钠的最大使用量为 0.15 g/kg,肉制品的残留量以亚硝酸钠计,当残留量在 30 mg/kg 范围内,对食用者是安全的。

❸ **虾蟹类的保色** 虾蟹的生活领域非常广泛。有的生活在海洋里,有的生活在淡水中,还有的生活在潮湿的陆地上。它们为了在这些复杂的环境下生存,必须寻找自己的生存方式。于是,活的虾蟹也有了各种各样的颜色。虾蟹体表的颜色主要是由其甲壳真皮层中的色素细胞所决定的,通常在虾蟹甲壳体表层有许许多多的色素物质存在。食用虾蟹时,一般选择蒸煮的烹调方法。一方面是味美安全,另一方面是煮熟后虾壳和蟹壳呈现鲜艳的橘红色,看着非常有食欲。

虾青素其实是一种红色的类胡萝卜素,加热后可与蛋白质脱离,呈现出其原有的红色。当螃蟹和虾经过高温加热的时候,原来的色素受到破坏而分解,只有红色素尚存,从而呈现出其原本的红色,所以在这个时候我们所见到的虾蟹外壳都会变成以橘红色为主。不过,虾青素并不是均匀地分散在虾蟹的表面,我们可以看到红色的部位一般集中在虾蟹的背部,而其腹部则很少见,凡是红色素多的地方,颜色就深,例如背上等部位;而红色素少的地方,颜色就比较浅,如腹下等部位。

还有一种采用醉虾、醉蟹钳的方法,不经过加热处理,充分保持了虾蟹鲜活时的颜色和鲜美的口味,也是受到部分食用者的推崇。应根据菜品的成菜要求和食用者的喜好要求选择其恰当的保色烹调方法。总之,享受美味的同时,保证健康更重要,食用海鲜尽量煮熟煮透,这才是正确的选择。

(二)变色法

变色,即改变菜肴的色泽。变色法就是用有关调料改变原料本色,使之色泽鲜亮的调色方法。此法中所用的调料一般不具有所调配的色彩,而需要在烹制过程中经过一定的化学变化才能产生相应的颜色。此法多用于烤、炸等干热烹制的一些菜肴。按主要化学反应类型的不同,变色法有焦糖化法和羰氨反应法两种。

❶ **焦糖化反应法** 焦糖化反应是糖类尤其是单糖在没有氨基化合物存在的情况下,加热到熔点以上的高温(一般是 170 ℃以上)时,因糖发生脱水与降解,发生褐变反应,这种反应称为焦糖化反应。各种糖在高温下发生不完全分解并脱水聚合的程度与温度和糖的种类直接相关。糖在 160 ℃下可形成葡聚糖和果聚糖;在 185~190 ℃形成异蔗聚糖;在 200 ℃左右聚合成焦糖烷和焦糖烯;200 ℃以上则形成焦糖块。酱色则是上述脱水聚合物的混合物,为深褐色至黑色的液体、块状、粉末状或糊状物质,具有焦糖香味和愉快的焦苦味。焦糖色极易溶于水,其溶液的颜色随浓度由低到高而逐渐由淡黄、棕红最后变为深褐色。

焦糖化法是指将饴糖、蜂蜜、糖色、葡萄糖浆等糖类调料涂抹于菜肴原料表面,经高温处理产生鲜艳颜色的方法。糖类调料中所含的糖类物质在高温作用下主要发生焦糖化作用,生成焦糖色素,使制品表面产生棕红明亮的色泽。运用时火候掌握至关重要,温度要高,反应才能彻底,否则影响菜肴色泽。如北京烤鸭、脆皮鸡、烤乳猪等均是采用此法调色。

❷ **羰氨反应法** 羰氨反应又称美拉德反应,指含有氨基的化合物和含有羰基的化合物之间经缩合、聚合而生成类黑精的反应。反应的结果使食品颜色加深并赋予食品一定的风味,但是在反应

过程中也会使食品中的蛋白质和氨基酸有所损失,所以控制好火力大小和时间长短,减少产生有毒有害物质。

此法是将食醋作为菜肴原料的腌渍料,或者将蛋液刷于菜肴原料表面,使其经高温处理产生鲜艳颜色的方法。食醋不仅可以除去动物性原料的腥膻异味,还能改变原料的酸碱性,使羰基化合物和氨基化合物易于发生羰氨反应,形成被称为黑色素的红亮色泽。食醋常作为炸制动物性菜肴(不挂糊)的调色剂。蛋液中富含蛋白质,在高温下很容易发生羰氨反应,有时作为烤制菜肴的调色剂使用。例如,烤制面包外皮的金黄色,炸制红烧肉的褐色及其浓郁的香味。

(三)调和法

调和法即调配菜肴的色泽,就是使用相关调料,以一定浓度或一定比例调配出兑汁,通过加热确定菜肴色泽的调色方法,多用于水烹制作菜肴,如烧、焖、烩等菜肴的调色。常用的有色调料如酱油、红醋、糖、番茄酱、红糟、甜酱、食用色素等。调和法的关键是以浓度大小控制颜色深浅。操作时可以用一种有色调料,以添加量来控制颜色深浅;也可以用多种调料以一定比例配合,调配出菜肴色泽。

此法在菜肴调色中用途最广,主要是利用调料含有的色素,通过原料对色素的吸附能力来完成的。为了使菜肴原料很好地上色,可以在调色之前,通过过油、煸炒、控水等处理减少原料表层的含水量。如酱爆鸡丁和鱼香肉丝兑汁中使用甜酱、黄酱和酱油等有色调料调配菜肴色泽。

(四)浸渍法

浸渍法就是将调料、油脂等添加在菜肴原料表面上,采用抓、搓、揉等手法,使调料及油脂浸渍渗透到原料中,使原料色泽油润光亮的调色方法。此法主要用于改善菜肴色彩的亮度,以增加美观度。几乎所有的菜肴调色都要用到它。其操作较为简单,有淋、拌、翻等方法。

油脂具有良好的滋润和保护原料的作用,利用油脂的这个特性,能明显改善菜肴色彩亮度。如卡夫奇妙酱(白色的沙拉酱)前身是蛋黄酱。主要原料是色拉油和蛋黄,通过搅拌油和蛋黄膨胀呈现的颜色是黄色,然后加入盐、白糖、芥末粉调料和白醋,呈现的颜色是黄白色。在制作各式沙拉菜肴时,原料表面裹上一层沙拉酱,菜肴色泽油润光亮,美观诱人食欲。

在制作滑炒、滑溜、软溜类菜肴时,制作前需要进行腌制和上浆、滑油处理也是一种润色方法的应用。如鱼香肉丝、蚝油牛柳制作前,肉丝用调味品拌腌入味,加入蛋清液、淀粉调和均匀,可加入适量油脂,便于肉丝滑散,更有助于润泽菜肴色泽。

中餐对高端牛肉进行"按摩",即加料搓揉入味后进行滑炒;西餐牛扒腌制时先抹油,油可以封住肉中的水分不流失,然后撒现磨黑胡椒和酒等,用色拉油和黄油混合油进行煎制,同样是润色的一种应用。

总之,以上四种调色方法是根据它们的作用和原理的不同来划分的,在实际操作中一般不是单独使用,而是两种或两种以上的方法配合使用,这样才能使菜肴达到应有的色泽要求。

五、调色训练

根据调色工艺要求,小组讨论确定人员分工、工具材料、工序内容安排。

❶ **人员分工**　人员分工表详见二维码。

❷ **工具材料**　工具材料表详见二维码。

❸ **工序内容安排**　工序内容安排详见二维码。

 任务评价

在调色实验项目训练过程中进行自我评价、小组评价、教师点评,总结经验,查找不足,分析原

典型案例:
蛋黄酱变色
调制

人员分工表
4-3

工具材料表
4-3

工序内容安排 4-3

任务评价表
4-3

因,制订改进措施。任务评价表详见二维码。

 任务总结

（1）成功经验。

（2）存在不足、努力方向。

任务四 调质工艺

 任务目标

通过调质训练,熟悉掌握常见的调质方法,并熟练运用到热菜烹调中去,并且能够举一反三,进行质感的变化。

 任务描述

一、工作情境描述

质感和味感、嗅感一样都是评定菜肴质量的重要标志。掌握好菜肴质感的变化规律,可提高菜肴的口感,满足食用者的多种需求,有着重要的意义。学习常见菜肴调质方法并达到相应的标准,对热菜代表性风味菜肴制作至关重要,体现原料质感也是菜肴灵魂的表达。要想达到理想的质感,先要对原料有一定的认知,其次是对调质方法反复进行训练,才能达到菜肴质感最佳效果。

二、工作流程、活动

根据工作计划,组织不同调质方法的训练,使质感达到应有的质量标准。工作现场保持整洁,小组成员配合有序,节约原料,操作符合安全规程。

❶ **明确接受工作任务**　工作任务表详见二维码。

❷ **认识或分析调质工艺**

引导问题1:什么是原料调质工艺? 菜肴质感及类型有哪些?

引导问题2:调质工艺的方法及原理是什么?

工作任务表
4-4

 任务实施

调质是指在菜肴制作过程中,用一些物理方法及调质原料来改善菜肴原料质地（或质构）和形态的工艺过程。菜肴的质地是构成菜肴风味的重要内容之一,不同质地的菜肴在食用时会产生不同的口感,进而影响到人的食欲。

一、菜肴质感及其特性

（一）菜肴质感

质感是人们口腔神经、口腔黏膜对于食物的物理状态的一种感觉。而菜肴质感是菜肴质地感觉的简称。这种感觉,主要是在口腔中发生的,即质感是食物进入口腔后,通过咀嚼,为人的触觉感受器提供的对菜肴特质属性的认知。这种认识是在各种联觉的配合下,由牙齿、舌面、颊腭产生刺激而引起的,其中,牙齿的主动咀嚼起着十分重要的作用。食物物理状态既有天然而成的,也有人工造成的。如莴笋的脆嫩、银耳的滑脆、黄瓜的水嫩等,就是天然而成的;而粉皮的滑爽、油炸锅巴的酥脆、炖莲子的粉糯、炒溜里脊的滑嫩等则是人工造成的。

（二）菜肴质感的类型

烹饪上所讲的质感通常可以划分为两大类,即单一型质感和复合型质感。

❶ **单一型质感** 单一型质感,简称单一质感。它是烹饪专家和学者为了研究的方便而借用的一个词,它实质上不是菜肴的存在形式。通常说的单一型质感有以下几类。

（1）老嫩感:如嫩、筋、挺、韧、老、柴、皮等。

（2）软硬感:如柔绵、软、烂、脆、坚、硬等。

（3）粗细感:如细、沙、粉、粗、渣、毛、糙等。

（4）滞滑感:如润、滑、光、涩、滞、黏等。

（5）爽腻感:如爽、利、油、糯、肥、腴、腻等。

（6）松实感:如疏、酥、散、松、泡、喧、弹、实等。

（7）稀稠感:如清、薄、稀、稠、浓、厚、湿、糊、燥、干等。

❷ **复合型质感** 复合型质感,简称复合质感,细分又有双重质感和多重质感。双重质感是由两个单一型质感构成的,如滑嫩、软烂、酥脆等;多重质感由三个以上的单一型质感构成,多与复杂菜肴的处理方法相联系,也与原料复杂的组织结构有关联,如外酥里脆软嫩、外焦里酥脆嫩、脆嫩爽滑、细嫩脆爽、柔软细嫩等。复合型质感是菜肴质感的普遍特征。

（三）菜肴质感的形成特征

菜肴质感的形成特征比较复杂,主要包括以下几点。

❶ **菜肴质感的规定性** 被历代厨师继承下来的传统菜肴,其名称、烹饪、方法、味型、质感及其表现该菜特征的一系列工艺流程等都必须是固定的,不能随意创造或改变,否则,便不能称为传统菜,至少不是正宗的传统菜。现代派菜肴是顺应社会潮流发展和变化的,国人形象地称之为新潮菜。新潮菜具有很大的灵活性与随意性,但总的要求是必须得到食客的认可。食客认可了,其工艺流程和菜肴形成特征也就应当在一定时间、范围和条件下予以固定。显然,作为菜肴属性之一的质感同样也应当具有规定性。

❷ **菜肴质感的变异性** 菜肴质感的变异性是指菜肴受生理条件、温度、浓度、重复刺激等因素的影响引起的质感上的差异与变化。

（1）生理条件:菜肴质感主要是在口腔中产生的。一方面,人们可以通过对菜肴的咀嚼,获得共同的或相近的关于质感的审美体验,另一方面,由于年龄、性别、职业以及某些特殊生理状况等个体差异的存在,不同个体对同种原料质感的评价不同。一款酥脆菜肴,对于年轻人来说,是美味佳肴;但对老年人来说,可能觉得难咬难嚼。所以,中国烹饪十分重视在菜肴质感上因人施治。

（2）温度:温度引起菜肴质感的改变十分明显。有的菜肴需要冻后吃,有的需要放凉吃,有的必须趁热吃,还有的要有烫口的感觉。如果违背了菜肴温度上的进食原则,菜肴会失去原来的质地,特别是一些挂糊的炸制菜肴,倘若搁置一段时间上桌,淀粉便发生老化,菜肴入口疲软,风味消失殆尽。一般来说,凉菜的最佳食用温度为 10 ℃左右,热菜的最佳食用温度为 60～65 ℃,对于要求滚烫食用的菜肴,食用温度不得低于 65 ℃。

（3）浓度:浓度对质感也有不同程度的影响。菜肴的浓度恰当,质感滋润可口,否则滞而不爽。另外,淀粉的老化对于菜肴勾芡后芡汁的浓稠度有较大影响。如果勾芡菜肴搁置一段时间后食用,菜肴就会澥汁,即芡汁的浓稠度明显下降。澥汁的菜肴,其质感必然发生明显的改变。

（4）重复刺激:人的口腔对于菜肴质感的刺激具有量与度的规定性,超过了一定的量与度,再美的质感也会变得不美。特别是相同菜肴质感的重复刺激,往往会让人失去新鲜感,这是人的触觉感受与饮食经验在心理融合上的客观反映。不断提高菜肴质感的新颖程度,充分挖掘食物中潜在的美的质感,是中国烹饪的发展方向。

❸ 菜肴质感的多样性和复杂性 由于原料的结构不同,烹调加工的方法不同,以及人对菜肴质感要求不同,菜肴的质感也多种多样。如有的菜肴可能以"脆"为主、"嫩"为辅,有的菜肴则可能以"嫩"为主、"脆"为辅,还有的可能在以某一种或几种质感为主体同时,还带着更多的辅助质感。

另外,两种质感由于刺激强度上的不同,虽然在名称上相同,但在感觉上却存在差别。即使同一类菜肴,其质感的层次也是丰富的,存在着里外差别、上下差别和组合原料的差别等。

❹ 菜肴质感的灵敏性 质感具有灵敏性,这是客观存在的。它来自菜肴刺激的直接反馈,主要由质感阈值和质感分辨力两个方面来反映。有人通过研究发现,触觉先于味觉,触觉要比味觉敏锐得多。

❺ 菜肴质感的联觉性 菜肴的质感总是与多种感觉相关联。

(1)质感与味觉的联系最为密切。例如,本味突出或本味清淡的菜肴,质感或滑嫩、或软嫩,浓厚味的菜肴多酥烂、软烂等。

(2)质感与嗅觉的关联性也很大。不同物态的菜肴具有不同的质感,同时也导致不同的嗅觉。一般来说,刀工细腻、成形较厚较大的耐嚼菜肴会越嚼越香,香气浓郁。

(3)质感与视觉也有一定的联系。例如,金黄色的炸制菜肴,质感多为外酥脆里软嫩;翠绿色的果蔬菜肴,质感水嫩爽脆;洁白的动物性菜肴,质感多软滑嫩化。质感与视觉的关联不仅仅表现在菜肴的色泽上,对于菜肴的形状或刀口状态等,都可以反映出相应的质感。如粗细不一的炒肉丝、厚薄不均的爆肉片,都可以直接通过视觉反映出老嫩不一的质感。

总之,质感与味觉、嗅觉、视觉等都有不可分割的联系,这种联系表现为一种综合效应,从而满足深层次的审美需求。

二、调质工艺的方法及原理

调质工艺根据具体原理和作用不同,主要包括致嫩工艺、膨松工艺、增稠工艺。

(一)致嫩工艺

致嫩工艺是在原料中添加某些化学品或利用某种机械力的作用,使原料结构组织疏松,提高原料的持水性,使原料质地比原先更为柔嫩的工艺过程。致嫩工艺主要针对动物肌肉原料。常用的办法有以下几种。

❶ 物理致嫩法 机械搅打或搅拌等机械方式引入空气的工艺过程可以改变原料的质感,如撒尿牛丸的制作。温度改变也可以改变原料的质感,"文昌鸡"在出锅后放入冰水也可使肉质更鲜嫩。焯水后的原料放入冰水中会更加脆嫩。

❷ 化学致嫩法 在肌肉中与持水性密切相关的是肌球蛋白。每 1 g 肌球蛋白能结合 0.2~0.3 g 水,溶液 pH 值对蛋白质的水化作用有显著影响。化学致嫩主要是破坏肌纤维膜、基质蛋白及其他组织,使其结构疏松,有利于吸水膨润,提高了水化能力。但是,化学嫩化的肉类原料,成菜常常会有一种不愉快的气味,更重要的是原料的营养成分受到破坏,损失较多的为各类矿物质和 B 族维生素。根据使用的致嫩剂不同,其致嫩方法可分为如下几种。

(1)碳酸钠致嫩:用 0.2% 的碳酸钠溶液将肚尖或肫仁浸置 1 h,可使其体积膨胀、松嫩而洁白透明,取出漂净碱液即可用于爆菜。

(2)碳酸氢钠致嫩:常用于对牛、羊、猪瘦肉的致嫩,每 100 g 肉可用 1~1.5 g 苏打上浆致嫩,致嫩时需添加适量糖缓解其碱味,糖的折光性可使成熟原料具有一定的透明度。

(3)盐致嫩:盐致嫩就是在原料中添加适量食盐,使肌肉中肌球蛋白渗出体表成为黏稠胶状,使肌肉能保持大量水分,并吸附足量水。这在上浆与制缔中具有显著作用。

❸ **嫩肉粉(剂)致嫩** 现在对有些原料,特别是牛肉、肘、肚等,用嫩肉粉腌制致嫩。嫩肉粉的种类很多,如蛋白酶类,常见的有木瓜蛋白酶、菠萝蛋白酶、无花果蛋白酶、猕猴桃蛋白酶、生姜蛋白酶等植物蛋白酶,这些酶能使粗老的肉类原料肌纤维中的胶原纤维蛋白、弹性蛋白水解,促使其吸收水分,细胞壁间隙变大,并使纤维组织结构中蛋白质肽键发生断裂,胶原纤维蛋白成为多肽或氨基酸类物质,达到致嫩的目的。由于嫩肉粉主要是通过生化作用致嫩,对原料中营养素的破坏作用很小,并能帮助消化,在国内外已广泛应用。

嫩化方法通常是将刀工处理过的原料加入适当的嫩肉粉,再略加少许清水,拌匀后静置 15 min 左右即可使用。蛋白酶对蛋白质水解产生作用的最佳温度为 60～65 ℃,pH 值为 7～7.5。大量使用时用嫩肉粉 5～6 g 配 1 kg 主料。如原料急于要用,加入嫩肉粉拌匀后放入 60 ℃环境中静置 5 min 即可使用,效果也很好。

❹ **其他致嫩方法** 原料中添加其他物质致嫩,如在肉糜制品中加入一定量的淀粉,大豆蛋白、蛋清、奶粉等可提高制品的持水性。热加工时,淀粉糊化温度高,蛋白质变性温度相对较低,这种差异使制品嫩度提高。在咸牛肉中添加精氨酸等碱性氨基酸,有软化肉质的作用;锌可提高肉的持水性。

(二)膨松工艺

膨松工艺是在制品中引入气体的过程。质地疏松是某些菜肴的主要特点,特别是松炸、脆炸类菜。这些菜肴在烹制前要挂糊,糊中引入的气体在烹制中膨胀,才使得菜肴的体积增大,组织疏松,并具有良好的口感。调质中的膨松工艺可分为生物膨松、化学膨松和机械膨松三种。

❶ **生物膨松** 生物膨松是利用生物膨松剂即酵团的发酵作用进行膨松的过程。导致膨松的气体为酵母发酵所产生的二氧化碳。酵母糊的调质工艺:将低筋面粉 375 g、面肥 75 g、淀粉 65 g、马蹄粉 69 g、精盐 10 g、水 550 mL 和匀,发酵 4 h 后,再加花生油 160 g、碱水(适量),调匀静置 20 min 即可。

❷ **化学膨松** 化学膨松是由化学膨松剂通过化学反应产生二氧化碳使菜肴膨松的过程。在调糊中使用的化学膨松剂主要是发酵粉(泡打粉)。发粉糊的调质工艺:在面粉中先加入少量清水搅黏上劲,再加适量水继续搅至粉糊漉劲,然后下发酵粉搅匀。一般用料比例为面粉 100 g、水 55 g、发酵粉 2 g。

❸ **机械膨松** 机械膨松是由搅打或搅拌等机械方式引入空气的过程。机械膨松主要用于蛋泡糊的调制。方法是利用蛋清蛋白质的发泡性,将蛋清打起泡沫(至筷子直立不倒),再拌入干淀粉搅匀即可。干淀粉与蛋清的质量比例为 1:2。

(三)增稠工艺

中国菜肴大部分在烹调时都需要进行勾芡。所谓勾芡,又称着腻、着芡、扰芡、打芡等,是在烹制的最后阶段向锅内加入湿淀粉,使菜肴汤汁具有一定稠度的调质工艺,它实质上是一种增稠工艺。

❶ **菜肴芡汁的种类和特点** 芡汁,在这里是指勾芡后形成的具有浓稠度的菜肴汤汁。菜肴的芡汁由于制作要求的不同有不同种类,有的浓厚,有的稀薄,有的量小。一般按其浓稠度的差异,将菜肴芡汁粗略地分为厚芡和薄芡两大类,也可以具体分为包芡、糊芡、熘芡、米汤芡四大类。

(1)包芡:也称油爆芡、抱芡、立芡。一般指菜肴的汤汁较少,勾芡后大部分甚至全部黏附于菜肴原料表面的一种厚芡。包芡要求菜肴原料与汤汁的比例要恰当,尤其是汤汁不宜过多,否则就难以称其为包芡。还要求芡汁浓稠度要适中,一般芡汁与淀粉的比例为 5:1。芡汁浓稠度过大时菜肴原料表面芡汁无法裹均匀,过少时又缺乏黏附力,芡汁在菜肴原料表面无法达到一定的厚度。成品芡汁黏稠,能够相互粘连,堆入盘中堆成形后不易滑散,食后见油不见芡汁。包芡多用于油爆、爆炒一类菜肴。

(2)糊芡:浓度比包芡略稀,主要用于溜、烩菜肴,如"糖醋鱼""焦溜肉片",勾芡后呈糊状的一种厚芡。它以菜肴汤汁宽、浓稠度大为基本特征,芡汁与淀粉的比例为7∶1,其中2/3的芡汁包裹菜肴,1/3的芡汁滑入盘内。糊芡多用于扒、烧一类菜肴。

(3)熘芡:是薄芡的一种。芡汁数量较多,浓度较稀薄,能够流动,也称流芡,这是因其在盘中可以流动而得名。芡汁与淀粉的比例为10∶1,其中1/3的芡汁包裹菜肴,2/3的芡汁流在盘内。它常用于烧、烩、熘一类菜肴。

(4)米汤芡:又称奶汤芡。浓稠度较熘芡小,芡汁与淀粉的比例为20∶1,多用于汤汁较多的烩菜,也作为酿制菜肴的卤汁,要求芡汁如米汤状,稀而透明。

芡汁是人们评断菜肴质量的基本依据之一,因为不同的菜肴对芡汁的量(相对于菜肴原料的量)及浓稠度均有相应的严格要求。下面介绍几种菜式对芡汁的要求。

①爆菜:芡汁与菜肴原料交融的厚芡,要求油包芡、芡包料,吃完盘内见油不见芡。

②炒菜:用芡最轻,大多不勾芡,部分需勾芡时,一般为隐芡。

③烧菜:芡汁量多于爆菜,浓稠度较大,芡汁包裹菜肴原料,吃完后盘内有1/3流滴状汁液。

④熘菜:芡汁较浓稠,量大于烧菜、爆菜,除包裹菜料外,盘边有流滴状汁液,吃完后盘内有余汁。

⑤焖菜:芡汁量较多,部分黏附于菜肴原料表面,一部分流动于菜肴原料之间,使菜肴光润明亮。

⑥扒菜:芡汁量与烧菜相似,大部分黏附于菜肴原料表面,小部分呈玻璃状态,吃完后盘中有余汁。

⑦烩菜:芡汁量多而稀薄,黏附能力较小,吃时需要用匙舀。

❷ **勾芡的基本原理**　勾芡是在烹制的最后阶段向锅中加入湿淀粉,使菜肴汤汁变得浓稠的调质工艺。可见,芡汁的形成是淀粉在水中受热发生变化的结果,表现为菜肴汤汁的浓稠度增大。这种变化就是淀粉糊化。

淀粉在一定量的水中加热都会糊化。其过程为:淀粉可逆吸水,体积略有膨胀,发生膨润,体积增大很多倍,逐渐解体,形成胶体溶液或黏稠状糊液。在糊化过程中,淀粉分子从天然淀粉粒中游离出来,分散于周围的水相中。淀粉是高分子化合物,糊化后呈游离态,但淀粉分子结合并吸附了大量水分,体积增大,分子之间存在着较强的相互作用。这是淀粉糊化后,菜肴汤汁变得黏稠的根本原因,也是勾芡操作的科学依据所在。

人们用淀粉作勾芡原料,除了因为糊化淀粉具有黏稠度较大的特点外,还在于淀粉糊化后形成的糊具有较大的透明度。它黏附在菜肴原料表面,显得晶莹光洁、滑润透亮,能起到美化菜肴的作用。

❸ **影响勾芡的因素**

(1)淀粉种类:不同来源的淀粉的糊化温度、膨润性及糊化后的黏度、透明性等方面均有一定的差异。从糊化淀粉的黏度来看,一般地下淀粉(如土豆淀粉、甘薯淀粉、藕粉、马蹄粉等)比地上淀粉(如玉米淀粉、高粱淀粉等)的淀粉含量要高。持续加热时,地下淀粉糊黏度下降的幅度比地上淀粉要高得多。透明性与糊化前淀粉粒的大小有关,粒子越小或含小粒越多的淀粉,其糊的透明性越好。因此,勾芡操作必须事先对淀粉的种类、性能做到心中有数,这样才能万无一失。

(2)加热时间:每一种淀粉都相应有一定的糊化温度。达到糊化温度以上,加热一定时间淀粉才能完全糊化。一般加热温度越高,糊化速度越快。所以勾芡在菜肴汤汁沸腾后进行较好。这能够在较短的时间内使淀粉完全糊化,完成勾芡操作。在糊化过程中,菜肴汤汁的黏度逐渐增大,完全糊化时最大。之后随着加热时间的延长,黏度会有所下降,不同种类的淀粉,下降的幅度有所不同。

(3)淀粉浓度:是决定勾芡后菜肴芡汁稠稀的重要因素。淀粉浓度大,芡汁中淀粉分子之间的相互作用就强,芡汁黏度就较大;淀粉浓度小,芡汁黏度就较小。实践中人们就是通过改变淀粉浓度来调整芡汁厚薄的。包芡、糊芡、流芡、米汤芡等的区别,也与淀粉浓度有关。淀粉浓度还是影响菜肴芡汁透明性的因素之一。对于同一种淀粉而言,浓度越大,透明性越差,浓度越小,透明性越好。

(4)有关调料:勾芡时往往淀粉与调料融合在一起,很多调料对芡汁的黏度有一定影响,如食盐、蔗糖、食醋、味精等。不同调料对芡汁黏度的影响不同。例如:蔗糖、食盐可使土豆淀粉糊的黏度增大,但影响情况有一定区别。一般而言,随着调料用量的增大,影响的程度也随之加剧。因此在勾芡时应根据调料种类和用量来适当调整淀粉浓度,以满足一定菜肴的芡汁要求。

❹ **淀粉汁的调制** 淀粉汁是指勾芡用的含有淀粉的汁水。常用的有兑汁芡和水粉芡两种。

(1)兑汁芡:兑汁芡是在勾芡之前用淀粉、鲜汤及有关调料勾兑在一起的粉汁。它使得烹制过程中的调味和勾芡同时进行,常用于旺火速成的爆、炒等需要快速烹制成菜的菜肴。它不仅满足了快速操作的需要,同时可先尝准滋味,便于把握菜肴味型。

(2)水粉芡:水粉芡是用淀粉和水调匀的淀粉汁。除了爆、炒等菜之外,几乎全都用水粉芡。

❺ **勾芡的操作方法** 菜肴勾芡常用的方法有烹入翻拌法、淋入翻拌法、淋入晃匀法、浇粘上芡法四种方法。

(1)烹入翻拌法:此法为兑汁芡所用。在菜肴接近成熟时,将兑汁芡倒入,迅速翻炒,使芡汁将菜肴原料均匀裹住。或者先把兑汁芡烹入热锅中制成芡汁,再将初步熟处理的菜肴原料倒入,翻拌均匀。

(2)淋入翻拌法:此法的裹芡与烹入翻拌法相同,不同之处在于不是将所有淀粉汁一次烹入,而是缓慢淋入。用水粉芡进行爆、炒、熘等菜肴的勾芡操作时常用此法。

(3)淋入晃匀法:此法的淀粉汁下锅方式与淋入翻拌法相同,芡汁裹匀菜肴原料的方式却不一样。它是在菜肴接近成熟时,将淀粉汁徐徐淋入汤汁中,边淋边晃锅,或者用手勺推动菜肴原料,使其和芡汁融合在一起的勾芡方法。常用于扒、烧、烩等菜肴的勾芡。

(4)浇粘上芡法:此法中淀粉汁入锅的方式可以是一次烹入,也可以是徐徐淋入,菜肴原料上芡的方式与前三种方法大相径庭。它是在原料起锅之后再上芡,或者将芡汁浇在已装盘的成熟原料之上,或者用于成熟原料及酿制的花色菜上芡。此法适用于需要均匀勾芡又不能翻炒的菜肴原料的上芡。

❻ **勾芡的操作要领**

(1)准确把握勾芡时机:勾芡必须在菜肴即将成熟时进行。过早或过迟都会影响菜肴质量。过早,菜肴不熟,继续加热又容易粘锅焦煳;过迟,菜肴质老,有些菜肴还易破碎。此外,勾芡必须在汤汁沸腾后进行。

(2)严格控制汤汁数量:勾芡必须在菜肴汤汁适量时进行,任何需要勾芡的菜肴,对汤汁多少都有一定规定,过多过少都难以达到菜肴的质量要求。

(3)恰当掌握菜肴油量:菜肴中如果油量过多,淀粉不易吸水膨胀,汤菜不易融合,芡汁无法包裹在主、配料的表面。

(4)芡汁稀稠适度:勾芡必须根据菜肴的芡汁要求、芡汁多少和淀粉的吸水性能,决定淀粉汁的浓度的大小,使菜肴的芡汁恰如其分。

(5)淀粉汁必须均匀入锅:勾芡必须将淀粉汁均匀淋入菜肴原料之间的汤汁中,同时采用必要的手段,如晃锅、推搅等使淀粉汁分散。否则,淀粉汁入锅即凝固成团,无法裹匀原料,影响菜肴质量。

(6)勾芡必须先调准色、味:勾芡必须在菜肴的色彩和味道确定后进行。勾芡后再调色、味,调料很难均匀分散,易被菜肴吸收,影响菜肴的造型等。

(7)灵活运用勾芡技术:勾芡虽然是改善菜肴的重要手段,但并非每个菜肴都必须勾芡,而应根据菜肴的特点和要求灵活运用。如要求口感清爽的菜肴(清炒豌豆苗、蒜蓉荷兰豆等)勾了芡便失去清新爽口的特点;菜肴中有黏性调料的(如黄豆酱、甜面酱)也不需要勾芡,如回锅肉等;各种凉菜要求清爽脆嫩、干香不腻,如果勾了芡反而影响菜肴的质量。

三、调质训练

根据调质工艺要求,小组讨论确定人员分工、工具材料、工序内容安排。

❶ 人员分工　人员分工表详见二维码。

❷ 工具材料　工具材料表详见二维码。

❸ 工序内容安排　工序内容安排详见二维码。

任务评价

对调质技术项目训练过程进行自我评价、小组评价、教师点评,总结经验,查找不足,分析原因,制订改进措施。任务评价表详见二维码。

任务总结

成功经验及存在不足、努力方向。

人员分工表
4-4

工具材料表
4-4

工序内容安
排 4-4

任务评价表
4-4

在线答题

制熟工艺

本课程用近一半的课时详尽教授制熟工艺。通过本项目制作,学生学习中餐的常见烹调方法。

本教材分类的思路是以菜肴的温度为一级分类(可分为热菜、冷菜),以传热介质为二级分类(可分为水传热、油传热、蒸汽传热、固体传热、热辐射)。

通过本项目的学习,学生可以根据菜肴的特点和原料特性合理运用烹调方法完成菜肴的制作。

任务一　水烹法

任务描述

水烹法是指通过水或汤汁将热以对流的方式传递给原料,将食物原料制成菜肴的一类方法。常用的具体烹调方法有氽、灼、涮、煮、熬、扒、烩、炖、煨、蜜汁等。

水传热是以中国为代表的东方民族低温加热与欧美西方国家以焙烤高温加热的饮食文化的重要差异之一。其具有比热大,导热性能好,不会产生有害物质,对原料本身风味不会产生不利的影响,价格低廉等特点。

任务目标

通过讲解以水传热的烹调方法概念、操作要求及特点种类,同时列举各个烹调方法的具体实例并进行详细分析,学生掌握具体水烹法的各种烹调方法和具体实例(氽鱼丸、汤爆肚仁、涮羊肉、熬黄鱼、扒芦笋鲍鱼、烩乌鱼蛋、椒油里脊丝、清汤全家福、清炖蟹黄狮子头、白煨脐门、蜜汁山药墩、蜜汁寿桃等案例)。

任务实施

一、氽

将鲜嫩无骨的原料加工成小的形状,投入具有一定温度的汤或水中加热、调味,制成汤菜的烹调

158

方法称为氽。

（一）操作要求及特点

（1）一般都是选用鲜嫩无骨的原料加工成小的形状。

（2）锅内直接加汤或水加热至适宜温度,投入原料,不加有色调味品。

（3）急火操作,汤沸时将浮沫撇干净。

（4）成品汤汁清且爽口,原料软嫩或脆嫩。

（二）种类

根据使用原料的性质和具体操作方法不同,分为两种具体氽法。

（1）先将汤或水急火烧沸（或烧至适宜温度）,投入原料,再急火烧沸撇干净浮沫,加浮油成熟即可。

制品实例:黄瓜氽肉片、爽口丸子、氽鱼丸、榨菜肉丝汤等。

（2）先将原料用沸水烫到成熟捞出,放入盛器内,再将调制好的沸鲜汤浇上即可。一般都是采用新鲜的动物性脆性原料。此法亦称为"汤爆"。

（三）制品实例

制品实例:汤爆肚仁、汤爆鸡肫、氽海螺、氽腰花、氽鱿鱼花等。

实例:氽鱼丸

原料准备:

（1）主料:海鳗鱼肉 300 g。

（2）配料:鸡蛋清 20 g,葱、姜末各 10 g,花椒 5 g,菠菜心 20 g。

（3）调料:清汤 350 g,鸡油 5 g,猪油 50 g,精盐 3 g,味精 3 g,料酒 10 g,湿淀粉 20 g 等。

加工准备:

（1）将葱、姜用刀拍松后和花椒放入碗内加热水浸泡,晾凉备用。

（2）将鱼肉用刀背剁成蓉放入碗内,越细越好。加入葱、姜、花椒水用力顺一个方向搅匀,再加精盐继续搅至鱼肉泡胀起劲。然后加湿淀粉、猪油、鸡蛋清、味精继续用力搅匀,直至放在水里能够浮起为止。

制作过程:

（1）锅内加清水 750 g,将鱼蓉挤成直径为 1.8 cm 的丸子,逐个放入水中,大火烧至 85 ℃氽熟,用漏勺捞出盛汤碗内。

（2）锅内加清汤、菠菜心、料酒、精盐烧开,去浮沫,加味精,倒入汤碗内,淋上鸡油即成。

质量要求:鱼丸大小要均匀,成品滑嫩爽口,汤清见底,鲜醇不腻。烹制此菜,必须掌握鱼肉、食盐、水三者的比例。食盐和水过少,鱼肉无黏性,容易使汤混浊不清;过多则鱼肉易发硬沉底,浮不起来。鱼丸需冷水下锅,迅速烧至 60 ℃以上且不能开锅,否则鱼丸弹性降低。

实例:汤爆肚仁

原料准备:

（1）主料:新鲜的生猪肚头 400 g。

（2）调料:香菜末 5 g,精盐 3 g,味精 2 g,料酒 5 g,清汤 500 g,鸡油 4 g,卤虾油 10 g。

加工准备:

（1）将肚头的里皮剔掉并去外脂洗净,剞上密十字花刀,切成 2 cm 见方的块。放入小苏打腌制 15 min,然后用清水浸泡 1 h。香菜末和卤虾油分别用小碟盛好。

（2）锅内加清水烧开,放入切好的肚头,烫至九成熟时捞出,洗净控干血水倒入平盘内备用。

制作过程:锅内加清汤、精盐、味精、料酒烧开,撇去浮沫,倒入汤碗内,淋上鸡油,连同肚头、香菜末、卤虾油一同上席,上席后再将肚头、香菜末、卤虾油一同倒入汤碗内即成。

质量要求:此菜为山东济南名菜"历下双脆"之一。汤多而味清鲜,肚头脆嫩爽口。必须做到"三快",即快氽、快送、快吃。

二、灼

灼是广东地区的烹饪术语。北方多称为"焯"或"烫",是利用热水或沸水,将原料迅速加热至断生成熟,再蘸食调味料的烹调方法,分为文灼、武灼。所谓文灼,即水不沸腾,以保持"鱼眼泡"(90 ℃)状态为准,用中火将食材浸热至断生成熟即可;武灼,则需用大火煮沸水,迅速将食材焯烫至断生刚熟状态。

(一)操作要求及特点

(1)原料多选鲜活的海鲜类(虾、螺、墨鱼等)和脆嫩的绿色蔬菜类(芦笋、芥蓝、生菜、秋葵等),也有少数新鲜的肉类及内脏(肥牛、腰花、鹅肠、牛百叶等)。

(2)火候要求严格。调味多样,突出鲜、甜、爽、脆、嫩。

(二)制品实例

制品实例有白灼基围虾、白灼肥牛、白灼响螺片、白灼花枝(墨鱼)、白灼芦笋、白灼生菜、白灼菜心等。

实例:白灼基围虾

原料准备:

(1)主料:活基围虾 500 g。

(2)调料:生抽 10 mL,糖 2 g,蚝油 5 mL,葱、姜、蒜各 5 g,料酒 30 mL,高汤 5 mL,食用油 20 mL,水 1000 mL。

制作过程:

(1)将基围虾挑去虾肠,洗净备用。

(2)将水锅中放入姜片,加入料酒,将基围虾倒入水中,中大火且水不能沸腾,始终保持"鱼眼泡"状态,看到基围虾全身红透并弯曲呈弓钩形时,捞出装盘。

(3)将蚝油、生抽、糖用高汤调匀,葱切丝,姜、蒜切末,放入调料碗内,将食用油加热至发烟点,淋入碗内,跟碟上桌即成。

质量要求:

色泽红艳、虾肉鲜甜、弹牙。

实例:白灼花枝(墨鱼)

原料准备:

(1)主料:净墨鱼肉 500 g。

(2)调料:生抽 20 mL、糖 3 g、芥末糊 15 g、高汤 5 mL、清水 1500 mL、葱、姜各 5 g。

制作过程:

(1)将墨鱼一切为二,在有突肉的一面顺长度直剞深约 2/3、刀距 2.5 mm 的平行刀纹,再顶纹斜批成夹刀连片(眉毛花刀)。

(2)锅中放入葱、姜,烧至沸腾后,将墨鱼投入锅中,迅速搅匀,大约 8 s,烫至断生,捞出装盘。

(3)将调好的蘸料跟碟上桌即成。

质量要求:

色泽洁白、质地脆嫩,有芥辣香鲜味。

芥末糊的调制:碗内用高汤将芥末调成糊状,稍放点醋,盖上盖,上笼蒸 15 min 即成。

三、涮

用涮锅将水或汤烧开,将加工成板薄片的鲜嫩原料放入滚沸的汤或水中烫至适宜的火候,取出蘸调料,边烫边食的烹调方法,称为涮。

(一)操作要求及特点

(1)由食用者自己操作,自行掌握火候和调味。

(2)烹调师只负责准备工具及原料,同时上桌。

(3)必须选用特别鲜嫩的原料加工成小的形状。

(4)调味品的种类较多,一般常用的有芝麻酱、花生酱、卤虾油、芝麻油、料酒、醋、辣椒油、精盐、味精、胡椒粉、豆腐乳(调汁)、腌韭菜花(韭花酱)、香葱末、香菜末。

(二)制品实例

制品实例有涮羊肉、涮海鲜、涮鸡脯、涮肥牛等。

实例:涮羊肉

原料准备:

鲜嫩的羊肉 1 kg,白菜头 200 g,水发粉丝 200 g,豆腐 200 g,糖蒜 100 g,芝麻酱 100 g,酱豆腐乳 15 g,料酒 50 g,腌韭菜花 50 g,酱油 50 g,醋 50 g,精盐 20 g,辣椒油 50 g,胡椒粉 5 g,味精 5 g,卤虾油 50 g,香菜末 50 g,葱末 50 g 等。

制作过程:

(1)将鲜嫩的羊肉顶丝切成极薄的大片,整齐地码入盘内。将白菜头切块,豆腐切厚片,水发粉丝切长段,分别装入盘内。所有调料也分别盛装。

(2)在涮锅内加入调好的汤汁烧开,连同一切主、辅料及调味品同时上桌。

质量要求:

北京传统名菜。涮羊肉要由食用者自己将少量的肉片,夹入火锅里的沸汤中抖散,当肉片变成灰白色时,即可夹出,蘸着配好的调味品食用。肉片要随涮随吃,一次不要放入锅内过多。肉片涮完后,再放入白菜头、粉条(或冻豆腐、白豆腐、酸菜等)。当汤菜食用,就着芝麻烧饼和糖蒜等。

四、煮

将原料加工整理成形,放入大量的汤或水中先用急火烧开,再改用慢火加热至原料熟烂的烹调方法,称为煮。煮的方法较少直接用于烹制菜肴,一般多用于原料的半成品加工。

制品实例:煮白肚、煮白鸡、煮肥肠、煮白肉、鸡汤煮干丝等。

实例:鸡汤煮干丝

原料准备:

(1)主料:豆腐干 500 g,鸡丝 50 g。

(2)配料:虾仁 50 g,鸡胗片 25 g,鸡肝片 25 g,冬笋片 20 g,豌豆苗 20 g,鸡蛋清 10 g,火腿丝 5 g,姜 3 g。

(3)调料:猪油 100 g,精盐 2 g,白糖 3 g,虾籽 2 g,湿淀粉 5 g,鸡汤 500 g。

加工准备:

(1)选用黄豆特制的豆腐干放菜墩上,用刀片成 0.1 cm 厚的片,再切成细丝放入汤碗内,冲上开水,用筷子拨散,捞出换开水反复冲三次,捞出挤干水分放入碗内。虾仁放碗内,加鸡蛋清、湿淀粉拌匀。姜先片再切成细丝。

(2)锅内加猪油少许烧热,将虾仁倒入炒熟放碗中,豌豆苗用开水焯后捞出沥干水分。

制作过程:

锅内放鸡汤、豆腐干丝、鸡丝、鸡胗片、鸡肝片、冬笋片、虾籽、猪油,用急火煮 15 min 左右,待汤汁浓稠时,加精盐盖上盖再煮 5 min 左右,将鸡胗片、鸡肝片、冬笋片取出垫底,豆腐干丝置上面,撒上火腿丝,虾仁围盘四周,盘边缀上豌豆苗,再将汤浇上即成。

质量要求:

此菜为淮阳名菜之一。汤醇厚味美,原料酥烂。干丝似棉线,姜丝能穿针,是脍不厌细的代表。

五、熬

将加工整理切配成形的原料,投入少量热底油、葱、姜等烹锅后煸炒,再加适量汤汁或水及调味品,急火烧沸,慢火加热成熟,不勾芡成菜的烹调方法,称为熬。

（一）操作要求及特点

（1）一般都是采用少量底油、葱、姜等烹锅,加原料稍炒。

（2）加汤汁或水要适量,慢火加热不勾芡成菜。

（3）成品带有汤汁,原料酥烂,汤汁醇厚不腻。

（4）操作较简单,容易掌握,适宜做下饭菜。

（二）制品实例

制品实例有熬黄鱼、熬白菜等。

实例:熬黄鱼

原料准备:

（1）主料:黄鱼一条(约 600 g)。

（2）配料:肥瘦肉片 50 g,香菜段 25 g,粉丝段 50 g,葱、姜、蒜片各 20 g。

（3）调料:料酒 5 g,精盐 4 g,味精 2 g,糖 3 g,醋 10 g,清汤 1 kg,食用油 50 g,芝麻油 25 g,酱油 25 g。

加工准备:

将鱼鳞刮净,去腮、内脏,洗净,在鱼的两面均剖上 1.5 cm 见方的十字花刀。

制作过程:

锅内加油烧热,将鱼放入两面略煎,加入肥瘦肉片、葱、姜、蒜稍煸,放料酒、醋、精盐、酱油、清汤、粉丝段烧开,慢火加热至熟,加味精、葱、香菜段,淋上芝麻油盛入汤碗内即成。

质量要求:

汤汁醇厚不腻,鱼肉鲜嫩味透。

六、扒

将加工整理切配好的烹调原料,好面朝下,整齐地摆入锅内或摆成图案,加适量汤汁或水及调味品,慢火加热成熟,转勺勾芡,大翻勺将好面朝上,淋浮油(一般用熟鸡油为多)拖倒入盘内,保持原形成菜的方法,称为扒。

（一）操作要求及特点

（1）扒是数十种烹调方法中,操作最细致的一种。

（2）原料改刀精细,成形整齐美观。

（3）勺工、勺法要求熟练,一般采用慢火加热,成品要保持原样装盘,要有一个完整而美观的形态。

（4）改刀成形的原料可直接整齐地摆入勺内,加汤和调味品扒制,也可先摆在盘内成形,再原样推入勺内,加汤和调味品扒制。

(5) 一般都是采用高档或较高档原料,成品整齐美观,芡汁明亮,软嫩味透。

(二)扒的种类

由于原料的性质和具体操作方法及使用的调味品不同,扒有红扒、白扒、奶扒等名称。此外,还有整扒、散扒、勺内扒、蒸扒等。其中,蒸扒实际属于软熘。

(三)制品实例

扒三白、扒肥肠白菜、扒芦笋鲍鱼(扒龙须鲍鱼)、扒原壳鲍鱼、奶扒鱼肚、红扒熊掌、红扒鸡、红扒鸭、红扒肘子等。

实例:扒芦笋鲍鱼

原料准备:

(1) 主料:罐头鲍鱼(或煮熟的鲜鲍鱼)200 g,罐头芦笋200 g。

(2) 配料:葱25 g,姜10 g,蒜5 g。

(3) 调料:熟猪油75 g,清汤200 g,精盐2 g,料酒10 g,味精2 g,湿淀粉30 g,熟鸡油5 g。

加工准备:

(1) 将鲍鱼顺长在正面剞上0.3 cm宽的直刀,再翻过来片成磨刀片,整齐地摆放在盘的一边;然后把芦笋两头修整齐,摆入盘的另一边,形成一个整齐的方形。

(2) 把葱片开切成2 cm的段,姜切片,蒜切片。

制作过程:

锅内加熟猪油,烧热放入葱、姜、蒜煸炒出香味时,加入清汤,用漏勺捞出葱、姜、蒜,将鲍鱼、芦笋整齐地堆入锅内,加上料酒、精盐,用小火扒透,汤约剩50 g时,加上味精,用湿淀粉沿原料之间的连接处和原料四周勾芡,将锅转动,芡熟后使之成为一个整体,再沿原料的四周淋上熟猪油,将锅转动,迅速大翻锅,使原料整齐面朝上,并保持形状整齐,拖入盘内,淋上熟鸡油即成。

质量要求:

此菜为山东风味名菜之一。色泽洁白明亮,口味咸鲜,造型整齐美观。

七、烩

将数种原料加工成小的形状,经过初步处理后,相掺在一起用汤和调味品制成菜肴的烹调方法,称为烩。

(一)操作要求及特点

(1) 所采用的原料一般都要事先加热处理。

(2) 一般是一菜多料,色彩鲜艳。

(3) 成品汤宽味醇,汤菜各半。

(二)种类及各种具体炖法和实例

在具体操作中有勾芡烩和不勾芡烩两种具体方法,不勾芡烩通常也称为"清烩"。

❶ 勾芡烩　将原料加工成形,经预熟处理后,用汤和调味品勾米汤芡制成菜肴的烹调方法,称为勾芡烩。

(1) 操作要求及特点:

①具体方法有两种,一是先将原料放入汤内调味,加热至适宜火候勾芡成菜,二是先将汤汁调味勾芡后投入原料搅匀成菜。

②必须将浮沫除干净,芡汁不要太稠,淀粉与汤的比例为1:20,以能托住原料为宜。

③成品质地软嫩,芡汁明亮,口味醇厚。

（2）制品实例：烩腐皮腰丁、烩乌鱼蛋、烩鱼丝、椒油里脊丝、烩银丝、烩三丁等。

❷ **不勾芡烩**　不勾芡烩也称为"清烩"，就是将加工成形、预熟处理的多种原料，相掺在一起，用汤和调味品不勾芡制成半汤半菜的烹调方法。

操作要求及特点：①一般都是采用多种不同颜色的原料组成，并经预熟处理。②必须除干净浮沫，不勾芡成菜。③成品一菜多料，色彩鲜艳，清爽不腻。

实例：烩乌鱼蛋

原料准备：

（1）主料：水发乌鱼蛋 150 g。

（2）配料：香菜末 5 g。

（3）调料：精盐 2 g，料酒 10 g，酱油 5 g，白糖 3 g，清汤 750 g，湿淀粉 30 g，醋 50 g，白胡椒粉 2 g，芝麻油 5 g，味精 2 g。

加工准备：

（1）将乌鱼蛋去尽外层皮膜，按顺序揭成片状，用清水反复洗净。

（2）将香菜切成末，放在盘内。

制作工艺：

（1）锅放在旺火上，加入清水烧沸，放入乌鱼蛋一汆，倒入漏勺内反复三次洗净控干（简称控净）水分。

（2）锅放在旺火上，加上清汤、精盐、白糖、料酒、酱油烧开后加入乌鱼蛋，撇去浮沫，加上醋、味精，用湿淀粉勾薄芡，直至乌鱼蛋浮起为止，撒上白胡椒粉和香菜末搅匀，盛入汤碗内淋上芝麻油即成。

质量要求：此菜为山东名菜之一。芡汁明亮，色呈隐红，口味咸鲜嫩滑，酸辣适口。烩的时间不宜过久，并需掌握勾芡的厚薄。

实例：椒油里脊丝

原料准备：

（1）主料：猪瘦肉 200 g。

（2）配料：冬笋 25 g，葱 5 g。

（3）调料：花椒 10 粒，食用油 250 g，料酒 1 g，清汤 250 g，湿淀粉 50 g，芝麻油 25 g，味精 3 g，精盐 4 g，鸡蛋清适量。

椒油里脊丝

加工准备：

把猪瘦肉切成粗 0.3 cm、长 4.5 cm 的丝，盛碗内，加蛋清和湿淀粉抓匀，冬笋切细丝，葱切丝。

制作过程：

（1）锅内加食用油烧至 120 ℃时，加肉丝，用筷子划开，倒入漏勺内控净油。

（2）锅内加清汤、葱丝、笋丝、精盐、料酒，烧开后去浮沫，倒入肉丝，加味精、湿淀粉勾芡，盛入汤盘内。

（3）锅内加芝麻油、花椒，慢火将花椒炸呈微黄色，待出香味时，捞出花椒，把花椒油淋在肉丝上即成。

质量要求：

鲜咸滑嫩，椒香味浓郁，肉丝长短、粗细均匀。

实例:清汤全家福

原料准备:

(1) 主料:水发海参 50 g,大虾肉 50 g,水发干贝 50 g,水发鱼肚 50 g,嫩鸡肉 50 g,水发蹄筋 50 g,水发鱼骨 50 g。

(2) 配料:火腿 20 g,蛋糕 20 g,冬菇 10 g,冬笋 15 g,大葱 5 g,姜 3 g,蒜 3 g,香菜段 10 g。

(3) 调料:精盐 6 g,白糖 3 g,味精 3 g,料酒 3 g,鸡油 5 g,清汤 750 g,食用油 50 g。

加工准备:

(1) 海参、大虾肉、鱼肚、嫩鸡肉、蹄筋、鱼骨均改刀成片状,连同干贝入沸水锅内汆透,捞出控净水分。

(2) 火腿、蛋糕、冬菇、冬笋均切成小片。大葱切段,姜、蒜切片。

制作过程:

锅内加食用油烧热,放入葱、姜、蒜爆出香味,加入清汤、海参、大虾肉、鱼肚、嫩鸡肉、蹄筋、鱼骨、火腿、蛋糕、冬菇、冬笋、料酒、精盐烩透,撇干净浮沫,撒上香菜段,淋上鸡油,盛装入汤碗内即成。

质量要求:

清汤全家福是山东济南的传统名菜之一。成品一菜多料,色彩鲜艳,清鲜味美,营养丰富。

八、炖

将加工整理、切配成形的烹调原料,经预熟处理后,投入大量水或汤汁内,慢火加热使原料熟烂入味,不勾芡成菜的方法,称为炖。

(一)制品主要特点

汤菜合一,原汤原味,滋味醇厚,质地软烂。

(二)种类及各种具体炖法和实例

根据使用器具和具体操作方法不同,行业上习惯把炖分为不隔水炖和隔水炖(详见本项目任务三)两种。

不隔水炖也称为水炖,具体方法是将加工整理、切配成形的原料,先放入沸水中烫去血污和异味,再放入器皿中(砂锅等陶器),加足水或汤汁及调料(葱、姜、料酒等),急火烧沸除干净浮沫,改用慢火加热至原料熟烂,汤汁浓厚。

(1) 操作要求及特点:

①原料一般都要提前焯水,以除去污秽和异味。

②采用的加热工具一般都是砂锅等陶器。

③一般是先急火烧沸除干净浮沫,再改用慢火烹制。

④成品半汤半菜,原料熟烂、味透,不加有色调味品,汤汁鲜美醇厚。

(2) 制品实例:清炖肘子、清炖鱼、醋椒鱼、清炖鸡块、砂锅三味等。

实例:冬虫夏草响螺炖水鸭

原料准备:

(1) 主料:水鸭两只。

(2) 配料:响螺 1000 g,冬虫夏草 3 颗,猪瘦肉 75 g,火腿 30 g。

(3) 调料:葱 10 g,姜 10 g,精盐 3 g,料酒 5 g,清水 750 g。

加工准备:

(1) 打开响螺,取肉洗干净,去肠、尾后切成小块,放入沸水中焯水,捞出,再用清水洗净。

(2) 水鸭宰好,放入沸水中略滚,再用温水洗净。

(3) 冬虫夏草用冷水略泡、清洗干净。

（4）猪瘦肉切成 4 块，入沸水锅中焯水，去除血水。

制作过程：

砂锅内加清水烧开，将以上物料全部放入，加料酒、精盐、火腿、葱、姜，将砂锅移至旺火上烧开，撇干净浮沫用纸密封，再移至小火炖 4 h。食用时，揭开密封纸，去掉葱、姜即成。

质量要求：

此菜为广东名菜。白色，味鲜而浓，为冬令滋补佳品。

实例：清炖蟹黄狮子头

原料准备：

（1）主料：猪肋条肉 750 g（肥瘦各半）。

（2）配料：螃蟹 2 只，青菜心 200 g。

（3）调料：料酒 50 g，葱姜汁 20 g，干淀粉 30 g，盐 10 g，猪油 10 g。

加工准备：

（1）将猪肉的肥瘦肉分开，肥肉细切成丁，瘦肉用细切粗斩的方法斩成米粒大小，然后将两种肉放在一起，加葱姜汁、熟螃蟹肉、蟹黄、料酒，盐，干淀粉搅拌至胶黏上劲。

（2）再用手蘸一点水淀粉，将蓉胶抟成 4～6 个肉球（即狮子头）。

制作工艺：

青菜心用猪油加盐略炒，放在砂锅锅底，加入清汤，大火烧开，再将狮子头放在青菜心上，狮子头上盖几片菜叶，改用小火加热 2 h，上桌时揭去青菜叶，撇去浮油，另装汤碗即好。

质量要求：

江苏淮扬风味名菜，已有近千年的历史。其形体饱满，犹如雄狮之首，故名"狮子头"。狮子头品种很多，随季节不同而异。如初春的河蚌狮子头、清明前后的笋焖狮子头、冬季的风鸡狮子头等，都是脍炙人口的美味佳肴。此菜营养丰富，肥瘦适宜，汤色清纯，蟹粉鲜香，质感软烂，具有滋阴补肾、活血、美容的功效。

九、焖

将加工整理切配成形的主要原料，经过预熟处理后，加适量的汤汁或水及调味品，加盖用慢火加热至原料熟烂的烹调方法，称为焖。

（一）操作要求及特点

（1）主要原料一般都要采用油煎、过油、焯水等方法进行预熟处理。

（2）一般加有色调味品，加汤汁或水要适量，加盖慢火烹制，不勾芡。

（3）成品质地酥烂，味醇厚。

（二）焖的种类

根据使用的调味品和成菜颜色不同，焖有红焖、油焖、酱焖、黄焖等之分。

（三）制品实例

黄焖鸡块、蒜薹焖肉片、油焖冬笋、红焖鱼、酱焖鲳目鱼、黄焖鸭肝（鸭舌）、蒜薹焖鲅鱼、黄焖栗子鸡等。

实例：酱焖鲳目鱼

原料准备：

（1）主料：鲳目鱼一段 600 g 左右。

（2）配料：肥瘦肉 50 g，水发冬菇 25 g，葱、姜、蒜各 25 g。

（3）调料：甜面酱 25 g，糖 5 g，味精 5 g，醋 10 g，清汤 300 g，料酒 10 g，葱油 10 g，酱油 15 g，湿淀

粉少许,食用油 100 g。

加工准备:

肥瘦肉切成丝,葱、姜、蒜切成末,冬菇切丝。将鱼去净鳃、内脏,刮干净腹部的鱼鳞,将脊背的黑皮撕去洗干净。在鱼的背部打上斜刀,周身均匀抹上甜面酱。

制作工艺:

(1) 锅内加入食用油烧热,将鱼段放入锅内煎至两面金黄取出。

(2) 锅内加食用油适量烧热,加上肥瘦肉丝煸炒,放入甜面酱炒出香味,投入葱、姜、蒜末烹锅,再加入清汤、醋、料酒、酱油、冬菇,放上鱼烧开,盖上盖,慢火炖至锅内汤汁剩 100~150 g 时,将鱼捞出盛入盘中。锅内汤汁加入味精,淋上葱油搅匀,浇在鱼身上即成。

质量要求:

色泽红亮,肉质鲜嫩,酱香味浓郁。

鲽目鱼主要产自黄海、渤海区,我国的东海以及朝鲜、日本沿海也有一定的分布,是一种典型的地方性鱼类。因此类鱼种本身繁殖能力非常弱,所以比较稀少珍贵。

实例:蒜薹焖肉片

原料准备:

(1) 主料:猪肥瘦肉 200 g。

(2) 配料:蒜薹 150 g。

(3) 调料:酱油 50 g,料酒 5 g,清汤 200 g,精盐 2 g,味精 3 g,芝麻油 2 g,食用油 50 g。

加工准备:

把肥瘦肉切成 2.5 cm 宽、4 cm 长、0.4 cm 厚的片,蒜薹掐去两头用水洗干净,切成 3.5 cm 长的段。

制作工艺:

锅内加食用油烧热,先加肉片煸炒变色,再加蒜薹煸炒,随炒加酱油、料酒、精盐、清汤,盖上锅盖,慢火焖至蒜薹熟烂,汤剩 50 g 左右,放入味精,颠翻均匀,淋上芝麻油,盛入盘内即成。

质量要求:

肉片大小、厚薄均匀,蒜薹段长短一致。口味咸鲜香醇,质感软烂。

十、煨

煨是将加工处理的的原料先用开水焯烫,放砂锅中,加足量的汤水和调料,用旺火烧开,撇去浮沫后加盖,改用小火长时间加热,直至汤汁生黏,原料完全松软成菜的技法。

这种技法是储香保味的三大火功菜技法之一,而煨法在三大火功菜技法中,是火力最小、加热时间最长的半汤菜。它是充分发挥柔性火候作用,取得最佳烹调效果的技法。它基本上与炖法相似,所不同的是,煨法汤汁浓稠,炖法的汤色清澈。

作为一种独特的技法,煨法的选料、加工、煨制和成品效果均有很多特点,主要有以下几个方面。

所用主料是老、硬、坚、韧的原料,禽类如老母鸡、老鸭,畜肉如牛腱、猪五花肉、火腿等,水产品中的甲鱼、乌鱼、鳝鱼等,它们的耐热性能好,都能经得起微火长时间加热,并能取得软熟酥烂、形体完整的效果。煨法既可用单一主料,也可用多种主、辅料,但选择辅料时,也要使用含水较少的蔬菜,如冬菇、板栗、干菜等,若使用豆芽菜和不耐久煨的叶菜,则要掌握好投料时间。

所用主料一般都是大块料和整料。在煨制前不用经过腌渍、挂糊,预熟处理也比较简单,只要开水焯烫一下即可。焯烫中的泡沫一定要撇干净,并要清除附着在原料上的残渣。由于煨制的加热时间太长,目前有的餐馆把原料焯烫改为预制,以缩短煨制时间。

在煨制时使用多种原料的,下料时均应做不同处理。性质坚实、能耐长时间加热的原料,可以同时先下入;耐热较差的原料(大多辅料),则在主料煨制半酥时下入。所有煨菜的质感力求软烂,为使煨的原料在加热酥烂过程中不受其他条件的影响,特别是不受盐的渗透压作用的影响,原料在加工时都不宜先进行腌渍入味,原料下锅时不下入调料,调味均在原料基本酥烂后进行。在煨制时通常要加汤水,由于煨法以突出原料本味为主,一般不加鲜汤而加清水,但加水要适量。

在小火加热时,要严格控制火力,限制在小火、微火范围内,锅内水温控制在85～90 ℃,水面保持微沸。加盖要严,防止香味溢出,最好中途不要揭盖。总的来看,煨菜的特色、质感以酥烂为主,一般不勾芡。

实例:白煨脐门

原料准备:

(1) 主料:熟鳝鱼肉750 g。

(2) 调料:虾籽5 g、盐5 g、料酒15 g、醋10 g、胡椒粉3 g、蒜蓉10 g、鲜汤200 g、蒜油10 g。

加工准备:

鳝鱼腹肉切段,入沸水中烫去腥味待用。

制作工艺:

锅内加食用油烧热,下入蒜蓉爆香,加入鲜汤、鳝鱼肉、料酒、醋、盐和虾籽,用大火加热至沸腾,改中小火加盖煨约60 min,淋入蒜油,撒胡椒粉即可。

质量要求:

此菜是两淮长鱼席名肴。色泽浓白,口味鲜醇,质感软烂。

炖、焖、煨的区别:

❶ **选料方面** 炖法都是鲜嫩的整料或大型块料,如全鸡、全鸭等;焖法一般要加工成块、条等中型原料;煨法一般选用质地粗老的大型料或小型料。

❷ **预熟处理方面** 炖法的原料既不腌渍,也不上浆(侉炖除外),只需经过焯水,即可炖制;焖法的原料多数需经过预熟处理(油炸、油煎称油焖,水煮称原焖);煨法的原料既可使用生料,也可用预熟处理的半成料。

❸ **汤量方面** 炖法加水量最多,大都是汤宽量大的汤菜;焖法加水量较少,成菜后有"自来芡"的卤汁;煨法加水量适中,多数是半汤半菜,汤汁醇厚,其中煨制富含胶质的原料,则汁紧浓稠。

❹ **火候方面** 都采用小火长时间加热,但是煨法相比较而言所用火力最小,加热时间最长;炖法时间较长,火力比煨法要大一点;焖法所用火力稍强,加热时间是三种技法中较短的。

❺ **风味特色方面** 炖菜一般不加有色调味品,汤清汤宽,鲜醇爽口;焖菜多加有色调味品(有黄焖、红焖之分),汤汁稠厚味透香足;煨菜则不用有色调味品,汤色乳白,油汤封面,肥浓醇厚。

十一、蜜汁

蜜汁一般有两种操作方法。

(1) 将糖炒至拔丝火候加上开水溶化,放入加工成形的原料,慢火加热至原料熟烂,随即加上适量的蜂蜜,继续加热至汁浓稠(起泡)装盘即成。

(2) 将糖和蜂蜜加热调制成浓汁,浇在预熟处理好的原料上即成。

实例:蜜汁山药墩

原料准备:

(1) 主料:山药750 g。

(2) 配料:金糕250 g。

蜜汁山药墩

（3）调料：白糖 200 g，蜂蜜 25 g，开水 200 g。

加工准备：山药削皮洗干净，切成 2.5 cm 高的墩，用开水氽去黏汁，冷水浸透，削去黑点，把表面削平，金糕切成 0.8 cm 见方的丁。

制作工艺：锅内加清水适量，加白糖炒至金黄时，加开水把糖化开，放上山药墩烧开，移微火上倒入蜂蜜，炖软糯时捞出摆入盘内，每个山药墩上摆一个金糕丁，锅内余汁移急火收浓，浇在山药墩上即成。

质量要求：色泽红亮，汤汁黏稠，墩大小一致，甜蜜软烂。

实例：蜜汁寿桃

原料准备：

（1）主料：蜜桃 500 g。

（2）配料：山药 300 g，山楂糕 25 g，青椒 100 g。

（3）调料：白糖 200 g，蜂蜜 50 g。

加工准备：

（1）将蜜桃去皮洗干净，每个切 4 瓣去核，用开水稍烫去皮，再切成 0.2 cm 厚的片。

（2）山楂糕切成末状。青椒去蒂去籽，用刀刻成两片桃叶备用。

（3）山药蒸熟后去皮，用刀抹擦成泥状加入白糖拌匀。

制作工艺：

（1）蜜桃片撒上白糖上笼蒸控净水分，码在盘中呈桃形坯。

（2）山药泥盖面，薄薄地抹上一层呈半立体桃状。尖部撒山楂糕末抹平黏牢，上笼蒸透取出。

（3）锅内加入少许清水和白糖炒至金黄色，再加清水和蜜桃汁，慢火将汁熬浓加入蜂蜜浇在蒸好的蜜桃上。

（4）蜜桃根部点缀青椒做成的桃叶即成。

质量要求：形色美观，蜜汁明亮，软糯甜香。

任务评价

对不同的水烹法制作实例进行自我评价、小组评价、教师点评，总结成绩，查找不足，分析原因，制订改进措施。任务评价表详见二维码。

任务总结

（1）吸取在任务实施过程中的成功经验。

（2）总结在菜品制作上存在的不足以及改进方法。对于在任务实施过程中出现的失误，学生先自己分析原因，再由同学分析，最后教师点评总结。

（3）讨论、分析提出的建议和意见。

任务评价表
5-1

任务二　油烹法

任务描述

油烹法是指通过油脂把热以对流的方式传递给原料，将食物原料制成菜肴的方法。常用的具体烹调方法有炸、煎、贴等。

任务目标

通过讲解以油传热的烹调方法概念、操作要求及特点种类,同时列举各个烹调方法的具体实例并进行详细分析,学生掌握油烹法的各种烹调方法和具体实例(如清炸里脊、清炸蛎黄、软炸虾仁、酥炸蹄筋、干炸里脊、雪丽鱼条、炸板肉、纸包鸡、干煎黄花鱼、锅塌豆腐等)。

任务实施

知识拓展:
脆浆糊的配方

一、炸

从广义上讲,凡是将原料投入大量的油中加热,统称为炸。具体讲,就是将加工准备成形的原料调味、挂糊或不挂糊,投入具有一定温度的大量油中,加热使之成熟的烹调方法,称为炸。炸制的方法油量大,油量与原料之比在3∶1以上,炸制时原料全部浸在油中。采用的油温较高,一般五成热以上,根据原料质地形状和成菜特点而定油温。炸一般都经过中高油温的加热阶段,操作往往经过以下三个阶段。

❶ **定型温度阶段** 要求油温能使原料外表挂的糊不脱落,此阶段油温适度,原料上色较浅。

❷ **原料成熟阶段** 油温不高,主要使热量传导入原料内部,使原料成熟,保持鲜嫩。

❸ **复炸阶段** 原料入油时温度较高,主要作用是使原料外表层脱水变脆。复炸所用温度较高,成品必须要保证规定的色泽。原料炸制成熟后出锅沥油即为成品。菜肴成品装盘上席,必须随带蘸食调味品,以补充口味的不足,增加风味特色。

炸是以大量油传热的烹调方法,也是数十种烹调方法中基本的、常用的烹调方法之一。炸的方法除了直接烹制菜肴外,还可以配合其他烹调方法制作菜肴,同时还是烹调原料进行预熟处理(原料初步加工处理)的方法。

❶ **制品特点** 香、酥、脆、软、松、嫩,并具有美观的色泽和形态,食时外带佐料。

❷ **制法种类** 按主料的质地、成品的特点及挂糊情况,炸的具体方法很多,根据挂糊情况总体可分为不挂糊炸和挂糊炸两大类。不挂糊炸也称为"清炸";挂糊炸由于用糊种类及油的温度不同有干炸、软炸、松炸、酥炸、香炸(板炸)及特殊炸(卷包炸、脆炸、油淋、油浸)等。

❸ **操作要领** 根据原料性质掌握好调制糊的浓度,并注意挂制方法,根据主料大小调控油温及灵活掌握火候,原料必须在加热前调味腌渍,用油量比原料多几倍。

❹ **各种具体炸制方法及实例**

1)清炸 俗称净炸,将加工成形的原料加调味品腌渍入味,不挂糊、不上浆(有的蘸干粉)投入急火高温油内直接加热成熟的方法,称为清炸。

(1)操作要求及特点:

①选用鲜嫩的原料加工成均匀、小的形状。

②炸制前需加调味品拌和腌渍。

③采用急火、高温油多次(2~3次或再多)加热成熟。

④原料一般不挂糊、不上浆,个别菜肴需蘸干粉,要蘸得均匀、保形。

⑤成品外香脆,内鲜嫩,食时蘸调味品。

(2)制品实例:清炸里脊、清炸猪肝、清炸鸡肫、清炸翅中、清炸鱼花、清炸菊花鱼、清炸蛎黄、香酥鸡、清炸大肠、清炸腰花等。

实例:清炸里脊

原料准备:

(1)主料:猪里脊肉 400 g。

(2)调料:酱油、料酒、味精、精盐、椒盐各少许,食用油 1 kg。

加工准备:将猪里脊肉轻轻拍松切成小滚刀块,放入盛器内,加上酱油、料酒、精盐拌匀。

制作工艺:锅内加食用油,加热至 240 ℃时,放入猪里脊肉炸至七成熟时捞出,待油加热至 260 ℃时,再放入猪里脊肉短时间炸制(也叫促炸),捞出后再将油加热至 260 ℃,再进行一次促炸,捞出后控净油装入盘内即成。吃时带椒盐。

质量要求:色泽金黄,不生不糊,外焦里嫩。

实例:清炸蛎黄

原料准备:

(1)主料:牡蛎肉 400 g。

(2)配料:干面粉 200 g。

(3)调料:料酒、精盐、花椒盐、辣酱油各少许,食用油 1 kg。

加工准备:将牡蛎肉洗净,控净水分,加入料酒、精盐拌匀,再逐个滚沾上干面粉。

制作工艺:锅内加食用油,油温升至 200 ℃时,将牡蛎肉快速、分散投入油中炸至原料外表成形不粘连捞出,待油温升至 240 ℃,再投入牡蛎肉促炸,至原料外表呈金黄色,捞出控净油装入盘内即成。吃时带花椒盐、辣酱油。

质量要求:色泽金黄,外酥内脆,鲜嫩。

2)干炸　将加工成形的原料调味,挂厚糊投入中温油内加热成熟,高油温出菜的方法称为干炸。

(1)操作要求及特点:

①原料烹前要调匀口味。

②调糊要均匀,浓度要适宜。

③原料挂糊周身要均匀,将原料全部包裹。

④一般都是采用水粉糊或全蛋糊。

⑤逐块热油(中温油)下料,温油炸熟,高温油促炸出菜。

⑥成品外焦脆,里软嫩,色泽金黄,食时蘸调味品。

(2)制品实例:干炸里脊、干炸鱼条、干炸丸子、锅烧鸭、锅烧肘子等。

实例:干炸里脊

原料准备:

(1)主料:猪里脊肉 200 g。

(2)调料:精盐 2 g,味精 2 g,料酒 3 g,湿淀粉 150 g,食用油 750 g,花椒盐 20 g。

加工准备:把猪里脊肉顶丝切成 3 cm 长、1.6 cm 宽、0.5 cm 厚的片,盛入碗内,加上精盐、味精、料酒、湿淀粉抓匀。

制作工艺:锅内加食用油,加热至 170 ℃时,把挂糊的猪里脊肉逐片放入油内,炸至九成熟时捞出,等油温上升到 220 ℃时,再把猪里脊肉入油一促,迅速捞出,控净油装入盘内即成。食时带花椒盐。

质量要求:色泽金黄,不生不糊,外焦里嫩。

干炸里脊

实例:干炸丸子

原料准备:猪肥瘦肉 200 g,鸡蛋 1 个,葱、姜各 10 g,精盐 2 g,味精 2 g,料酒 10 g,湿淀粉 150 g,食用油 1000 g,椒盐 5 g。

加工准备:将猪肥瘦肉剁成泥放入碗内,加入葱、姜、精盐、味精、料酒、鸡蛋、湿淀粉,顺一个方向搅匀成馅。

制作工艺:锅内加入食用油,烧至 160 ℃时,把肉馅挤成直径 2 cm 大小的丸子,放入油内炸至呈金黄色时捞出,待油温升至 240 ℃,把丸子下油一促,捞出控净余油,装盘即可。食时外带椒盐。

质量要求:丸子大小均匀,以挤 22～24 个为佳。成品外焦里嫩,色泽金黄。

干炸丸子

3)软炸　将原料剞花刀切制成形、调味后,挂蛋清面粉糊,投入热油内中火加热成熟的方法,称为软炸。

(1)操作要求及特点:

①选用鲜嫩无骨的原料加工成均匀形状。

②原料一般都要先剞花刀,再切成形。

③调糊要均匀,浓度比干炸糊略稀,挂在原料上要薄而均匀(能隐约显出花刀纹)。

④要采用中温油加热成熟。

⑤成品质地软嫩,色泽微黄,油香味浓,食时蘸调味品。

(2)制品实例:软炸虾仁等。

实例:软炸虾仁

原料准备:

(1)主料:净虾仁 350 g。

(2)调料:精盐 1 g,味精 2 g,湿淀粉 60 g,食用油 750 g,花椒盐 20 g,面粉 90 g,鸡蛋一个。

加工准备:将蛋清打入碗内加上面粉、湿淀粉抓匀,另一碗虾仁加上精盐、味精拌匀,再周身挂匀蛋清面粉糊。

制作工艺:净锅加上食用油,烧至 140 ℃时,将虾仁逐块入油内炸到七成熟,用漏勺捞出,待油温升到 200 ℃时,把虾仁下油一促(即熟),倒入漏勺控净油盛入盘内即成,食用时外带花椒盐。

质量要求:虾仁均匀饱满,色泽微黄。成品外软内嫩,口味咸、鲜、麻、香。

4)松炸　将加工成形的原料调味,挂蛋泡糊投入温油内,慢火加热成熟的烹调方法,称为松炸。

(1)操作要求及特点:

①选用鲜嫩、无骨、易熟的原料加工成小的形状。

②注意调制蛋泡糊的质量。

③采用色拉油(或白大油)作为传热介质。

④注意控制好油温,慢火炸制。

⑤成品白色、味鲜,质松软嫩,涨发饱满。

(2)制品实例:雪丽鱼条、雪丽凤尾虾、雪丽椿头、雪丽银鱼、雪丽大蟹、雪丽虾仁、松炸里脊、松炸鲜蘑等。

实例:雪丽鱼条

原料准备:

(1)主料:鲜偏口鱼肉 200 g。

172

（2）配料:鸡蛋清 75 g,干淀粉 25 g。

（3）调料:精盐 2 g,料酒 10 g,味精 1 g,油 750 g,花椒盐 20 g,葱、姜各 10 g,花椒 5 g。

加工准备:

（1）将鱼肉片成 0.8 cm 厚的大片,再切成 1 cm 宽、4 cm 长的条,撒上精盐、味精、料酒、葱、姜、花椒盐,轻轻抓匀略腌。

（2）将鸡蛋清打入盘内,用筷子搅打至能站住筷子时,加干淀粉拌匀继续搅打成雪丽糊。

制作工艺:锅内加入油烧至 90 ℃时,把鱼条挂匀雪丽糊,逐条下油内炸熟,捞出控净油,装盘即成。食时带花椒盐。

质量要求:鱼条丰润饱满,粗细均匀,色泽洁白(或微黄),咸鲜软嫩。

5）酥炸　将加工成形的原料调味,挂酥糊,投入热油内加热成熟的烹调方法,称为酥炸。

（1）操作要求及特点:

①保证酥糊调制的质量。

②成品色泽金黄,外酥里嫩,形状饱满。

（2）制品实例:酥炸蹄筋、酥炸皮肚、酥炸鱼条、酥炸虾仁等。

实例:酥炸蹄筋

原料准备:

（1）主料:水发蹄筋 200 g。

（2）配料:面粉 75 g,淀粉 50 g,小苏打 5 g。

（3）调料:精盐 2.5 g,味精 2.5 g,料酒 10 g,水 50 g,椒盐 2 g,食用油若干。

加工准备:

（1）碗内加面粉、淀粉,倒上水、小苏打,调成苏打糊备用。

（2）将蹄筋改刀后挤出水分,加精盐、味精、料酒入味。

制作工艺:锅内加食用油烧至 160 ℃时,将蹄筋挂上苏打糊逐个放入锅内炸透捞出,再将油温烧至 190 ℃左右,放入蹄筋炸至金黄色,捞出控油。装盘内即成。食时带椒盐。

质量要求:挂糊均匀,色泽金黄,蹄筋丰润饱满、酥香。

6）香炸　又称板炸,将加工成形的原料调味,挂拍粉拖蛋液沾面包渣糊(也可沾核桃、花生、果仁渣及芝麻等),投入温油内慢火加热成熟的烹调方法,称为香炸。

（1）操作要求及特点:

①选用鲜嫩、无骨、易熟的原料。

②选用咸味面包或馒头,去净表皮切粗渣。

③采用慢火温油炸制。

④成品外酥脆而香,内鲜嫩而软,色泽金黄。

（2）制品实例:炸板肉、炸板虾、炸板鱼、芝麻大虾、香炸鸡排、加沙鱼球、加沙鸡球、加沙虾球、炸鸡排等。

实例:炸板肉

原料准备:

（1）主料:瘦猪肉 300 g。

（2）配料:咸面包渣 100 g,鸡蛋 2 个,干面粉 25 g。

（3）调料:葱姜末 25 g,精盐 2 g,料酒 30 g,味精 2 g,食用油 100 g,花椒盐少许。

加工准备:把瘦猪肉切成 0.6 cm 厚、5 cm 宽、10

炸板肉

173

cm 长的 3 大片,两面交叉用直刀法剞上十字花刀,呈网状,撒上葱姜末、料酒、味精、精盐拌匀,周身沾匀干面粉、全蛋液,再沾上咸面包渣,用手两面按平。

制作工艺:锅内加食用油烧至 140 ℃时,放板肉炸熟呈金黄色时捞出,用刀切成 1 cm 宽的长条,原样摆入盘内呈马鞍形(齐面向外)即成。上席时带花椒盐。

质量要求:色泽金黄,形似马鞍,口感外焦脆、里鲜嫩。

实例:芝麻大虾

原料准备:

(1)主料:大虾 8 只。

(2)配料:芝麻 100 g,鸡蛋 2 个、面粉 50 g。

(3)调料:精盐、味精、料酒适量、食用油 1 kg,花椒盐少许。

加工准备:将大虾洗净,去头、去皮、留尾,从脊背片开,剔去虾线(肚皮相连,尾巴不要切断),剞上十字花刀,加精盐、味精、料酒抓匀,将拍上干面粉的虾拖上全蛋液,再沾上芝麻。

制作工艺:锅内加食用油烧至 140 ℃时,放入虾,炸至金黄色捞出,控净油,切成 2 cm 的段,保持原形,装入盘内即成。吃时蘸花椒盐。

质量要求:成品色泽金黄,保持原形,口感外焦脆、里鲜嫩,芝麻不脱落。

7)特殊炸 主要有卷包炸、脆炸、油浸、油淋等。此处主要介绍卷包炸的操作要求及特点。

卷包炸,就是将加工成形的原料调味,再用其他原料卷裹或包裹起来,挂糊或不挂糊,投入大量油内加热成熟的烹调方法。原料分为卷包原料和被卷包原料两部分。

(1)操作要求及特点:

①被卷包原料一般都是选用鲜嫩无骨的原料加工成片、条、丝、丁或泥等形状,加调味品制成馅。

②用于卷包的原料一般有无毒玻璃纸、网油、豆腐皮、油皮、蛋皮、糯米纸、菜叶、海带及鱼、肉、鸡等料加工成大片。

③制作精细,成形整齐美观,注意封口。

④成品原汁不外溢,质地特别鲜嫩,别有风味。

(2)制品实例:炸鱼卷、炸里脊卷、萝卜鱼、萝卜肉、虎板肉、炸春段、炸白菜卷、纸包鸡、纸包三鲜等。

实例:纸包鸡

原料准备:

(1)主料:鸡脯肉 160 g,12 cm 见方的食品级玻璃纸 12 张。

(2)配料:冬菇 20 g,火腿 20 g,南荠 50 g。

(3)调料:葱姜汁 6 g,精盐 2 g,料酒 5 g,味精 1 g,芝麻油 5 g,蚝油 5 g,食用油 750 g。

加工准备:

(1)把鸡脯肉片成 4.5 cm 长、2.5 cm 宽、0.3 cm 厚的薄片,南荠、火腿、冬菇均切成小薄片。

(2)把鸡脯肉片、南荠、火腿、冬菇片放入碗内,加葱姜汁、蚝油、精盐、料酒、味精、芝麻油搅拌均匀。

(3)把食品级玻璃纸平铺墩上,放上鸡脯肉片、南荠片、冬菇片、火腿片各一片或两片,然后从一角开始叠成长方形的纸包。

制作工艺:锅内加食用油,烧至 100 ℃时,把纸包逐个放油内,慢火炸熟捞出,控净余油,整齐摆盘即成。

质量要求:纸包大小均匀,炸后不开裂,原汁原味,咸鲜软嫩,味道醇厚。

实例:炸里脊卷

原料准备:

(1) 主料:猪里脊肉 150 g。

(2) 配料:鱼肉 100 g,肥肉膘 30 g,鸡蛋清 20 g。

(3) 调料:精盐 3 g,料酒 10 g,味精 2 g,湿淀粉 100 g,葱姜末各 3 g,食用油 750 g,花椒盐 5 g。

加工准备:把鱼肉和肥肉膘剁成细泥,放碗内,加上精盐、味精、料酒、葱姜末、鸡蛋清搅制成鱼馅。把里脊肉片成 5 cm 长、3.6 cm 宽、0.3 cm 厚的薄片,再把每一片上抹上鱼馅,一个一个地卷成卷(卷粗约为 1.6 cm,卷成 12～14 个为宜)放盘内备用。

制作工艺:用鸡蛋清和湿淀粉调制成糊,锅内加食用油烧至 160 ℃时,把里脊卷逐个挂糊入油中炸熟,呈金黄色时捞出,待油温升至 180 ℃时下油一促,整齐地放入盘内即成。食用时带花椒盐。

质量要求:里脊卷大小均匀,色泽金黄,外焦里嫩。

实例:纸包三鲜

原料准备:

(1) 主料:水发刺参 75 g,对虾肉 75 g,鸡脯肉 75 g。

(2) 配料:冬菇 20 g,冬笋 20 g,12 cm 见方食品级玻璃纸 12 张。

(3) 调料:姜 5 g,精盐 5 g,味精 5 g,料酒 10 g,蚝油 10 g,酱油 5 g,芝麻油 5 g,食用油 750 g。

加工准备:

(1) 刺参、对虾肉、鸡脯肉、冬菇、冬笋切成 5 cm×2.5 cm×0.1 cm 的均匀薄片,姜切成细丝。

(2) 将刺参、鸡脯肉、对虾肉放入碗内,加姜丝、精盐、味精、料酒、蚝油、酱油、芝麻油拌匀。

(3) 食品级玻璃纸平铺,调好口味的馅料分 12 等份放入食品级玻璃纸内,包成长约 6 cm、宽约 3 cm 的长方形。

包的具体方法:先将食品级玻璃纸的一角向里折叠盖在馅的上面,再将馅向前叠一次,约 3 cm,然后将两边的纸角折进,将纸的最后一角夹在纸包内,要外露一点,便于食用时用筷子夹住抖开。

制作工艺:锅内加食用油烧至 120 ℃时将纸包放入,炸至原料成熟,整齐地摆入盘内。稍装饰美化即成。

质量要求:纸包三鲜是一道山东的地方传统名菜,属于鲁菜,造型美观,鲜嫩爽口,原汁原味。

实例:凤尾鱼卷

原料准备:

(1) 主料:净鱼肉 150 g。

(2) 配料:冬笋 25 g,冬菇 25 g,火腿 25 g,葱、姜各 5 g。

(3) 调料:鸡蛋 1 个,精盐 2 g,味精 2 g,料酒 5 g,芝麻油 5 g,湿淀粉 50 g,食用油 750 g,花椒盐 5 g。

加工准备:

(1) 将冬笋、冬菇、火腿均匀切成 4 cm 长的细丝。鱼肉剁成泥,盛在碗内,加入味精、料酒、精盐、芝麻油调成馅。鸡蛋打入碗内,加上湿淀粉,调制成糊。

(2) 将鱼肉片成 4 cm 长、3 cm 宽、0.3 cm 厚的片铺在墩上,逐片抹上肉馅,嵌上各种丝,使一端露出 2 cm,卷成卷,放入盘内。

制作工艺:铁锅内加入食用油,烧至 180 ℃时,将鱼卷逐个挂糊(各种丝不挂糊)入油,炸至金黄色熟透,捞出控油,装盘即可。食时外带花椒盐。

质量要求:色泽金黄,外焦里嫩,造型美观。

二、煎

将原料加工整理成形,用调味品腌渍入味,投入热锅少量底油内,慢火两面加热呈金黄色成熟的烹调方法,称为煎。

(一)操作要求及特点

(1)原料形状一般都为扁形或厚片状。

(2)烹制之前原料都要用调味品腌渍入味。

(3)原料一般都要挂糊。

(4)先将铁锅烧热,用少量油布匀,再投入原料。

(5)要中火加热,并随时转锅,使受热均匀,防止黏底。

(6)翻锅要轻,保持形态。

(7)成品色泽金黄,外表香酥,内部软嫩,无汤汁,具有较浓厚的油香味。

(二)制品实例

制品实例有干煎黄花鱼、煎蛤仁、煎鸡蛋、煎茄饼、煎茄盒、煎牡蛎等。

实例:干煎黄花鱼

原料准备:

(1)主料:黄花鱼一尾(约 500 g)。

(2)配料:鸡蛋一个,葱、姜末各 5 g。

(3)调料:料酒 10 g,精盐 5 g,味精 2 g,面粉 30 g,食用油 150 g,胡椒粉 3 g,花椒 10 粒。

加工准备:将黄花鱼刮鳞,去腮、内脏,洗净擦干,在鱼身上剞上斜一字形花刀深至鱼骨为好,撒上精盐、料酒、味精、胡椒粉、花椒、葱末、姜末,略腌入味。

制作工艺:将腌好的鱼沾上面粉,再周身沾上鸡蛋液,放热油中煎熟至两面呈金黄色即成。

质量要求:鱼体两面色泽金黄,质地外酥里嫩,香鲜浓郁。

三、贴

将几种原料改刀成形调味后,合贴在一起成形,挂糊放入热锅少量油内,中火只加热一面呈金黄色,翻身略加热,加上适量汤汁或水及调味品,慢火收干汤汁成熟的方法,称为贴。

(一)操作要求及特点

(1)一般都是由几种原料合贴在一起加工成形。

(2)事先调味,成形制作精细。

(3)原料只煎一面呈金黄色,另一面略加热加汤成熟。

(4)需炼锅,加热时要随时转动原料,防止煳底。

(5)成品一面金黄香脆,一面松软而嫩。

(二)制品实例

制品实例有锅贴鱼盒、锅贴腰盒、锅贴虾盒等。

实例:锅贴鱼盒

原料准备:

(1)主料:净鱼肉 150 g。

(2)配料:熟肥肉膘 100 g,鸡里脊肉 150 g,青菜叶 12 片。

(3)调料:鸡蛋 50 g,面粉 20 g,精盐 3 g,味精 3 g,料酒 10 g,清汤 200 g,葱姜水 30 g,芝麻油 3 g,食用油 50 g。

加工准备：

（1）将净鱼肉、肥肉膘分别切成宽 3 cm、长 5 cm、厚 0.4 cm 的片，共 12 片。

（2）青菜叶用开水烫，用冷水过凉，切成与鱼肉同样大的 12 片。

（3）将鸡里脊肉去筋剁成细泥，放碗内加葱姜水、清汤、精盐、味精、料酒、鸡蛋清，搅匀成馅。

（4）肥肉膘平铺在墩上，拍上少许面粉，抹上一层鸡肉馅，再把鱼片贴在鸡肉馅上，最后将青菜叶贴在鱼片上，做成 12 个鱼盒。鸡蛋与面粉放入碗内加适量水调成糊备用。

制作工艺：

（1）取圆平盘 1 个，倒入 2/3 调好的糊布匀，将鱼盒、肥肉膘面朝下，整齐地摆入盘内，再将上面调好的糊剩余 1/3 倒在鱼盒上面抹匀。

（2）取洁净的炒锅放在中火上烧热，加上食用油少许烧热并布匀锅底，将挂好糊的鱼盒慢慢推入，只煎一面金黄色后翻身略煎，随即加入料酒、清汤、精盐小火加热成熟，加入味精、芝麻油，转锅，原样拖倒入盘内即成。

质量要求：此菜为淮扬名菜。一面色泽金黄、香脆，一面软嫩，咸鲜味美。

四、塌（属于混合烹法）

将加工整理成形的原料，用调味品腌渍入味，挂糊投入热锅少量油内两面加热至金黄色，再加入适量的汤汁或水和调味品，慢火加热收汁成熟的烹调方法，称为塌。

（一）操作要求及特点

（1）原料一般都是加工整理成扁平形或厚片状。

（2）原料烹制前用调味品腌渍入味。

（3）一般都要挂糊。

（4）中火两面加热呈金黄色，加汤汁慢火成熟。

（5）成品色泽金黄，质酥软嫩，味醇厚，微带汤汁。

（二）制品实例

制品实例有锅塌黄鱼、锅塌豆腐、锅塌里脊、塌里脊片等。

实例：锅塌豆腐

原料准备：

（1）主料：豆腐 350 g。

（2）配料：虾蓉 50 g，葱 5 g，姜 3 g，香菜 5 g，蛋黄 100 g。

（3）调料：酱油 5 g，精盐 5 g，料酒 5 g，味精 2 g，清汤 50 g，干面粉 20 g，芝麻油 5 g，食用油 75 g。

锅塌豆腐

加工准备：

（1）将豆腐切成长 4.5 cm、宽 2.5 cm、厚 0.7 cm 的片，撒上精盐、味精、料酒略腌。葱、姜切细丝，香菜切段。

（2）将蛋黄打入碗内调成蛋糊，取一只平盘，先倒入 1/3 的蛋液，将两片豆腐薄夹一层虾蓉，沾上面粉，整齐地摆在蛋液盘内，再把剩下的 2/3 蛋液倒在豆腐上抹匀。

制作工艺：锅内加食用油烧热，将挂上糊的豆腐推入锅内，中火煎至金黄色，大翻勺，再将另一面煎至金黄色，将豆腐向锅边上稍推，加上葱、姜略炒，加清汤、酱油、料酒，慢火塌至熟透，汤汁基本收尽，加上香菜、味精，淋上芝麻油，随即把豆腐拖入盘内即成。

质量要求：此菜为孔府名菜。色泽金黄，微带汤汁，豆腐咸鲜软嫩。

实例:锅塌黄鱼

原料准备:

(1) 主料:鲜黄花鱼一尾约 500 g。

(2) 配料:葱、姜各 10 g,香菜 5 g。

(3) 调料:精盐 6 g,味精 3 g,料酒 5 g,酱油 1 g,清汤 100 g,白糖 2 g,食用油 70 g,芝麻油 10 g,鸡蛋 2 个,胡椒粉 3 g。

加工准备:

(1) 先将黄花鱼去鳞、鳃、内脏,洗干净,放在菜墩上用刀从鱼的脊背沿着鱼骨将两扇鱼肉剔下洗干净,从鱼肉面将鱼刺片干净,再交叉剞上花刀放在盘中。

(2) 将鱼肉放上葱、姜末,料酒、精盐、味精腌上口味。

制作工艺:炙锅后,加食用油烧热,将锅离火,把鱼肉沾匀干面粉,入蛋液中拖匀,放油锅中上火煎至底面金黄色,大翻锅将鱼翻身煎至两面金黄色,控净锅中油,放葱、姜丝,烹料酒、清汤、白糖、精盐、酱油,待汤汁较少时,放入味精、香菜段,淋上芝麻油把鱼拖倒入盘内即成。

质量要求:此菜是山东风味名菜之一,至今已有 400 多年的历史,以其质嫩味美而盛名不衰。鱼扇质地鲜嫩、味美,色泽金黄。

实例:塌里脊片

原料准备:

(1) 主料:猪里脊肉 350 g。

(2) 配料:葱、姜末各 5 g。

(3) 调料:湿淀粉 75 g,酱油 20 g,盐 1 g,胡椒粉 1 g,食用油 500 g,清汤 150 g,味精 1 g,料酒 1 g,鸡蛋清 20 g,芝麻油 5 g。

加工准备:把猪里脊肉切成长 4 cm、宽 1.8 cm、厚 0.33 cm 的薄片盛入碗内,加盐、鸡蛋清和湿淀粉抓匀。

制作工艺:

(1) 锅内加食用油,烧至 120 ℃时,把肉片放入油内划散至断生倒出,控净油。

(2) 锅内留油加葱、姜末烹锅,加清汤、酱油、胡椒粉、料酒烧开后,再放入肉片,慢火塌透,加味精,淋上芝麻油即成。

质量要求:肉片厚薄均匀,非常滑嫩,色泽隐红,略带汤汁,口味咸鲜微辣。

五、煎、塌、贴的异同点和操作关键

(一) 煎、塌、贴三种烹调方法的相同点

(1) 煎、塌、贴三种方法,第一步都是以热锅少量油,中火加热操作的烹调方法。

(2) 烹调原料都为扁平形或厚片状。

(3) 制作菜肴的主要调味过程都是在原料加热前进行的。

(4) 所制作的菜肴成品,都是成形整齐、规范,并无多、乱的配料。

(二) 煎、塌、贴、三种烹调方法的不同点

(1) 煎的方法是将原料加工成形调味,挂糊后放入布匀少量油的热锅内,中火两面加热成熟呈金黄色;菜肴成品色泽金黄,外酥香,内软嫩,具有浓厚的油香味,不带汤汁。

(2) 塌是将加工成形的原料调味,挂糊后放入烧热并布匀少量油的炒锅内,两面加热至金黄色,然后再加入适量的汤汁和调味品,慢火加热至汤汁剩余很少,使原料成熟;菜肴成品色泽金黄,质酥嫩味醇厚,而且微带汤汁。

（3）贴是将几种原料加工成形调味，合贴再一起成形，挂糊后放入烧热并布匀少量油的炒锅内，中火只加热一面呈金黄色，然后翻身略加热，加上适量汤汁和调味品，慢火收干汤汁成熟；菜肴成品一面金黄香脆，一面微黄软嫩，制作精细，成形整齐、美观。

（三）煎、塌、贴的操作关键

（1）原料改刀要精细，成形要美观。

（2）调味要均匀，挂糊浓度要适中、包裹要均匀。

（3）烹制前先将炒锅烧热（行业中称炙锅），再加少量底油布匀。

（4）原料在加热过程中要随时转锅，以防糊底，动作要轻，确保形状完整不破碎。

（5）必须采用中火操作，确保成品质量。

（6）成品装盘要整齐美观。

任务评价

对不同的油烹法制作实例进行自我评价、小组评价、教师点评，总结成绩，查找不足，分析原因，制订改进措施。任务评价表详见二维码。

任务总结

（1）吸取在任务实施过程中的成功经验。

（2）总结在菜品制作上存在的不足以及改进方法。对于在任务实施过程中出现的失误，学生先自己分析原因，再由同学分析，最后教师点评总结。

（3）讨论、分析提出的建议和意见。

任务评价表
5-2

任务三　汽烹法

任务描述

汽烹法是指通过蒸汽将热以对流的方式传递给原料，将食物原料制成菜肴的一类方法。常用的具体烹调方法有蒸、隔水炖等。

任务目标

通过讲解以蒸汽传热蒸和干蒸等概念、操作要求及特点种类，同时列举各个烹调方法的具体实例并进行详细分析，学生掌握具体水烹法的各种烹调方法和具体实例（如清蒸鲥鱼、干蒸加吉鱼、米粉肉、坛子肉等）。

知识拓展

蒸锅水开后，再将鱼入锅（清蒸菜的秘诀都是水开后食物入锅蒸）；蒸 8 min 即关火（火候是顶级秘诀）；关火后，别打开锅盖，鱼不取出锅，利用锅内余温"虚蒸"5 min 后立即出锅，再将预先备好的调料（酱油、醋、清油）淋遍鱼身（不能放盐、味精），鱼肉嫩如豆腐、香如蟹肉，清淡爽口。整鱼要头向左，鱼腹向内装盘上桌。

→ **任务实施**

一、蒸

将加工整理成形的原料调味,放入蒸笼或蒸箱内,利用蒸汽传热使其成熟的烹调方法,称为蒸。

(一)操作要求及特点

(1)必须选用新鲜度高的原料。

(2)一般都是在蒸制前对原料进行调味腌渍。

(3)菜肴富含水分,质感软烂或软嫩,形态完整,原汁原味。

(二)制法种类

主要有清蒸、干蒸、粉蒸、隔水炖等。

❶ 清蒸　将原料改刀成形调味,装入盛器内,利用蒸汽传热使之达预期的火候取出,浇上调好口味的清汁即成。

制品实例:清蒸鲥鱼、清蒸鸡、清蒸鸭等。

实例:清蒸鲥鱼

原料准备:

(1)主料:鲥鱼一尾约 750 g。

(2)配料:网油 150 g,大葱 10 g,葱适量,姜 10 g,香菇 25 g,火腿 25 g,冬笋片 25 g。

(3)调料:绍酒 25 g,精盐 8 g,味精 2.5 g,清汤 100 g,白糖 25 g。

加工准备:

(1)将鲥鱼去腮、内脏洗净,用洁布揩干(不能去鳞),加入葱、姜、料酒、白糖、精盐稍腌备用。

(2)将网油洗净沥干平摊开,放上鲥鱼并把火腿片、冬笋片、香菇顺排在鱼身上,然后卷包起来装入蒸盘。

制作工艺:

(1)旺火烧开蒸箱,放入鲥鱼,实蒸 8 min,虚蒸 5 min 至鲥鱼成熟取出,去掉葱、姜,将鲥鱼装入鱼池盘中。

(2)将锅内加蒸鱼卤水和高汤烧开,确定口味,去浮沫,浇在鱼身上即成。

质量要求:此菜为江浙名菜。色白如银,肉质细嫩,口味鲜洁,酒酿味香郁。

苏东坡盛赞鲥鱼:"芽姜紫醋炙银鱼,雪碗擎来二尺余,尚有桃花春气在,此中风味胜莼鲈。"

❷ 干蒸　将原料改刀成形调味,装入盛器,不加汤汁,采取加盖或纸封等方法密封,以隔绝蒸汽的侵入使之成熟。

实例:干蒸加吉鱼

原料准备:

(1)主料:红鳞加吉鱼一尾约 600 g。

(2)配料:肥肉膘 50 g,大葱 10 g,姜 10 g。

(3)调料:料酒 25 g,精盐 3.5 g,味精 2.5 g,姜汁 100 g,鲜花椒少许。

加工准备:

(1)将加吉鱼去鳞、腮、内脏后洗净,用沸水一汆,捞出洗净盛入盘内。

(2)将肥肉膘打上梳子花刀,切成长 2.1 cm、宽 0.9 cm 的片,大葱切段、姜切片备用。

制作工艺:

(1)将鱼两面撒上精盐、味精、料酒腌渍,放在两段葱裤(大葱白、叶分叉部)上面放入蒸盘内。

再把肥肉膘、大葱白段夹花椒、姜片摆在鱼身上,用保鲜膜封好,放入蒸箱内上笼实蒸 8 min、虚蒸 5 min。

（2）去掉保鲜膜、肥肉膘、葱、姜、花椒,将加吉鱼摆在鱼池内,带姜汁一同上席供食用。

质量要求:此菜是山东名菜之一。色形美观,原汁原味,非常鲜嫩。鱼肉蘸姜醋食,有螃蟹鲜味,称"蟹味加吉鱼"。民谚有"加吉头、鲅鱼尾、刀鱼肚子、唇唇嘴"之说。

❸ **粉蒸**　将原料改刀成形调味,周身沾上米粉,装入盛器,以蒸汽传热使之成熟。

实例:米粉肉

原料准备:

（1）主料:带皮五花肉 250 g。

（2）配料:葱、姜各 5 g。

（3）调料:酱油 15 g,味精 1 g,料酒 5 g,白糖 5 g,甜酱 15 g,清汤 150 g,芝麻油适量,炒好的米粉 50 g。

加工准备:

（1）葱、姜切细末,把五花肉摘净毛刮洗干净,切成 10 cm 长、0.6 cm 厚的大片。

（2）切好的肉片放盘内,加白糖、芝麻油、料酒、味精、葱末、姜末、甜酱、酱油、清汤抓匀腌制 60 min,再加米粉抓匀。

制作工艺:把裹好的肉片一片片整齐地排在碗内,上笼蒸烂(约 120 min)取出,扣盘内即成。

米粉的制作方法:

把大米、八角放入锅内慢火炒至呈金黄色,去掉八角碾成粗渣,即为米粉,用来制作粉蒸菜。

质量要求:

此菜为四川名菜。肉质糯烂,味咸甜,米香味甚浓,色泽酱红。

❹ **隔水炖**　隔水炖的具体方法是将加工整理切配成形的原料,采用沸水烫去血污和洗尽异味,装入陶制或瓷制的钵内,加入所用调料和适量水或汤汁,封口垫置于沸水锅内,盖上锅盖,加热至钵内原料熟烂。

（1）操作要求及特点:

①必须将原料的血污和异味除尽再放入钵内。

②使用的调料和汤汁或水按需要一次加足。

③成品原汁原味,汤鲜味醇,原料熟烂脱骨,坛启香味四溢。

④封口后可以蒸汽传热,使原料熟烂(宜批量制作)。

（2）制品实例:

坛子肉、坛子鸡(鸭)、佛跳墙等。

实例:坛子肉

原料准备:

（1）主料:带皮猪五花肉 5 kg。

（2）配料:姜 100 g,葱 100 g。

（3）调料:酱油 250 g,精盐 100 g,味精 10 g,清汤 8 kg,芝麻油 50 g,料酒 100 g,花椒 10 g,八角 20 g,桂皮 20 g,白糖 100 g。

加工准备:将猪五花肉切成 3 cm×3 cm 大小的块,用沸水焯去血污,再用清水洗净;姜去皮洗净用刀拍松,葱切 2 寸(约 6.67 cm)长的段;花椒、八角、桂皮用纱布包好,制成料包。

制作工艺:将猪五花肉放入陶制的坛内,加清汤、酱油、精盐、白糖、料酒、葱、姜、料包,用无毒玻璃纸封好口垫置于开水锅内,盖上锅盖,用急火加热,使锅中的水始终保持沸滚,炖至坛内的肉熟烂时,撇去浮油,去掉葱、姜、料包,加上味精、芝麻油即成。

质量要求：原汁原味，汤鲜而味醇，菜肴熟烂脱骨。

任务评价

对不同的汽烹法制作实例进行自我评价、小组评价、教师点评，总结成绩，查找不足，分析原因，制订改进措施。

任务总结

（1）吸取在任务实施过程中的成功经验。

（2）总结在菜品制作上存在的不足以及改进方法。对于在任务实施过程中出现的失误，学生先自己分析原因，再由同学分析，最后教师点评总结。

（3）讨论、分析提出的建议和意见。

任务四　混合烹法

任务描述

混和烹法是指多种传热介质综合运用制成菜肴的方法。常用的具体烹调方法有烧、熘、爆等。

任务目标

通过讲解以多种传热介质综合运用的烹调方法等概念、操作要求及特点种类，同时列举各个烹调方法的具体实例并进行详细分析，学生掌握具体混合烹法和具体实例（如红烧肉、葱烧海参、五香鱼等）。

任务实施

知识拓展：
红烧汁酱料
配方（万能
红烧汁）

一、烧

将加工整理切配成形的烹调原料，经煸炒、油炸或水煮等方法加热处理后，加适量的汤汁或水及调味品，慢火加热至原料熟烂入味，急火浓汁的烹调方法，称为烧。

（一）操作要求及特点

（1）主要原料都要先采用相适应的方法进行预熟处理。一般情况下，新鲜度高的原料可采用煸炒或沸水烫的方法；新鲜度低的原料，可采用油炸方法；需要很长时间加热才能使之熟烂的原料要提前采用水煮等方法成熟。

（2）菜肴一般都是勾芡后加大葱油或葱椒油搅匀，以红色为多，故习惯上称为红烧。

（3）成品质地软烂，汁浓明亮，味透醇厚。

（二）烧的种类

根据原料情况、成品色泽、具体手法等，有生烧、熟烧、干烧、软烧、白烧、红烧等不同叫法。

（三）制品实例

制品实例有红烧肉、红烧鸡块、红烧肚块、红烧鱼、红烧大肠、葱烧海参、软烧豆腐等。

实例:红烧肉

原料准备:

(1) 主料:带皮五花肉 500 g。

(2) 配料:葱段 20 g,姜片 10 g,冬笋 30 g,油菜心 25 g。

(3) 调料:酱油 75 g,料酒 10 g,味精 3 g,清汤 500 g,食用油 750 g,八角 10 g,花椒 20 粒,冰糖 20 g,湿淀粉 2 g,大葱油 20 g。

加工准备:将五花肉的皮面刮洗干净,切成 1.6 cm 宽、3 cm 长的块,放碗内,加酱油 25 g 抓匀,冬笋切成 0.5 cm 的厚片,油菜心洗净放开水锅内一烫,过凉后切成 3 cm 的段。

制作工艺:

(1) 锅内加食用油烧至 200 ℃时,将肉块放油内炸至金黄色时捞出。

(2) 锅内留油少许烧热,先加葱段、姜片、八角、花椒稍炸,再加肉块、酱油、清汤、料酒、冰糖,用旺火烧开后,移至微火焖 150 min,待汤约剩 150 g,肉块已熟烂时,去掉葱段、姜片、花椒、八角,撇掉浮油,加上冬笋、油菜心、味精,用湿淀粉勾芡,淋上大葱油拌匀,盛入盘内即成。

质量要求:芡汁红润明亮,肉块糯烂,口味咸鲜,微甜香醇。

实例:葱烧海参

原料准备:

(1) 主料:水发海参 500 g。

(2) 调料:大葱白 100 g,酱油 40 g,白糖 3 g,味精 1.5 g,料酒 10 g,湿淀粉 15 g,清汤 150 g,大葱油 25 g,食用油 40 g。

加工准备:

把海参片成大抹刀片,大葱白切成 3.3 cm 长的段。

制作工艺:把海参用水一汆,捞出控净水分。锅内加食用油加热至 210 ℃下入海参一促捞出。锅内留少许食用油,下入大葱煸炒至出香味呈金黄色,再放入海参煸炒儿下,加酱油、料酒、白糖、清汤,慢火烧透,加味精,用湿淀粉勾芡,淋上大葱油,急火将汁爆起,盛盘即成。

质量要求:葱烧海参,是中华特色美食,鲁菜经典名菜。源于山东,以水发海参和大葱为主料,海参清鲜柔软,香滑糯嫩,芡汁红亮,口味咸鲜,葱香浓郁。

二、熘

将加工成形的主要原料,调味或不调味,经过油炸、汽蒸、水煮、汆或上浆滑油等方法处理后,再勾芡成菜的烹调方法,称为熘。

(一)操作要求及特点

❶ **制作工艺一般都要分两步进行**

(1) 主要原料一般都要预熟处理(炸、汆、煮、蒸、滑油)。

(2) 调制芡汁浇在成熟的原料上或将成熟的原料投入卤汁中翻拌均匀。

❷ **熘最突出的特点是勾芡**

(1) 根据菜肴质量要求掌握好芡汁浓度。

(2) 成品质地酥脆或软嫩、芡汁明亮。

(二)种类及各种具体熘法和实例

根据用料和第一步对原料进行预熟处理,根据处理方法不同,熘可分为炸熘、滑熘、软熘三种具体方法。

❶ **炸熘**　又称焦熘、脆熘、烧熘,是指将加工成形的主要原料挂糊投入热油内炸呈金黄色、成

熟,然后勾糊芡成菜的方法。

(1)操作要求及特点:

①第一步都是将主要原料改刀挂糊炸制,使其外焦脆、里软嫩,色金黄成熟。

②先调制糊芡,再投入炸好的主料,快速翻拌均匀出勺,装盘供食用。

③成品一般都是红色或浅红色,芡汁软、浓稠、红亮,质地外焦脆、内软嫩。

(2)制品实例:炸熘里脊、炸熘鱼条、糖醋里脊、糖醋鱼条、糖醋鱼、炸熘鸡块、糖醋虾仁、五缕鱼扇等。

实例:糖醋黄河鲤鱼

《鲁西菜点谱》上载:明代有位南京人在莘县做官,爱吃甜菜。厨师送饭时习惯配带一些糖稀,糖稀与菜一起送上。有一次,由于厨师慌忙把糖稀和炸鱼放在一块了,未想到老爷吃着可口而赞赏。此后,厨师每逢炸鱼便加入糖,社会上也就做起糖醋鱼了。此菜鲤鱼一定要选用黄河鲤鱼烹制,而且在炸制时要让鲤鱼抬头挺身翘尾,名曰:鲤鱼跳龙门。

鲤鱼炸好后,浇上熬制好的糖醋汁,味甜酸微咸并油亮,外焦里嫩,香味扑鼻。以后,糖醋翘尾鲤鱼就成了鲁西宴席上的大菜。

原料准备:

(1)主料:黄河鲤鱼 1 条(约 750 g)。

(2)调料:白糖 150 g,米醋 100 g,糖色 10 g,酱油 10 g,清汤 300 g,湿淀粉 150 g,食用油 1500 g,葱末 2 g,姜末 1 g,蒜末 2 g。

制作工艺:

(1)将鲤鱼除去鱼鳞、腥腺、内脏和两腮后洗净,用刀在鱼身两侧从头至尾分别剞上 3 cm 宽的直翻花刀,提起鱼尾使刀口张开,将精盐均匀撒入刀口内稍腌。再在鱼的周身及刀口内,均匀裹沾一层干粉,然后,再均匀裹沾上一层湿淀粉糊。

(2)铁锅内加入食用油,烧至七成热时,手提鱼尾放入油内一促,使刀口张开,然后将鱼全部投入油中炸成弓形,待鱼全部呈金黄色成熟时取出,头尾上翘摆在鱼盘内。

(3)锅内留少许油烧热,放入葱、姜、蒜末烹出香味后,随即加入清汤、白糖、糖色、酱油,再加入米醋,用湿淀粉勾浓熘芡,淋入热油将汁爆起,迅速浇在鱼身上即成。

质量要求:外焦脆,内鲜嫩,酸甜爽口。鱼身造型美观,似"鱼跃龙门"。

操作关键:

(1)鲤鱼剞刀时讲究"七上八下",即鱼身左侧剞 7 刀,右侧剞 8 刀,直刀要到骨,横刀要沿脊骨片切,且刀口均匀。

(2)要注意炸制时的方向及造型,避免花刀粘连。呈"三翻四翘"状,即(鱼嘴、鳃、腹翻开,头、尾、鳍、鱼肉上翘)。

(3)炸好的鲤鱼装盘后,用洁布在鱼上略按,使硬糊稍微开裂,便于入味。

实例:咕咾肉

原料准备:

(1)主料:猪夹心肉 300 g。

(2)配料:鲜笋、青椒、红椒各 15 g,葱、姜、蒜各 10 g。

(3)调料:精盐 2 g,白酱油 10 g,糖 45 g,白醋 5 g,番茄酱 30 g,淀粉 75 g,食用油 750 g(耗约 75 g)。

加工准备:

(1)猪夹心肉切成六分的四方厚块,用刀背轻轻拍松,伴上少许精盐、白酱油腌制,再依次抹上水淀粉、干淀粉(抹粉时要松,不要捏紧)。

（2）鲜笋切成滚料块，青、红椒切成片，葱、姜、蒜切成末。

咕咾肉

制作工艺：

（1）锅内加食用油烧至160 ℃热，将抹过粉的猪夹心肉放入油中炸至八成熟捞出，待油温升高后，再倒入炸至呈金黄色，倒入漏勺内控净油。

（2）锅内留底油烧热，加番茄酱炒透，放葱、姜、蒜、白醋、糖、精盐烧开，再加鲜笋、青椒、红椒略炒，用湿淀粉勾成浓熘芡，加入热油急火爆起汁后，倒入炸好的猪肉颠翻均匀，盛入盘内即可。

质量要求：此菜为广东名菜。红色，味酸甜、香酥，四季皆宜。

咕噜肉又名古老肉，是一道广东的传统特色名菜。此菜始于清代。当时在广州市的许多外国人都非常喜欢食用中国菜，尤其喜欢吃糖醋排骨，但吃时不习惯吐骨。广东厨师即以出骨的精肉调味后与淀粉拌和制成一只只大肉圆，入油锅炸，至酥脆，粘上糖醋卤汁，其味酸甜可口，受到中外宾客的欢迎。糖醋排骨的历史较悠久，现经改制后，便改称为"咕咾肉（古老肉）"。外国人发音不准，常把"咕咾肉"叫作"咕噜肉"，因为吃时有弹性，嚼肉时有声，故长期以来这两种称法并存。此菜在国内外享有较高声誉。

❷ 滑熘　也称为熘，是指将加工成形的主要原料上浆滑油，再投入调好口味的汤汁中，勾熘芡翻拌均匀，淋浮油成菜的方法。

（1）操作要求及特点：

①一般都是选用鲜嫩无骨的原料加工成小的形状。

②主要原料都是先上浆，然后放入温油内滑熟。

③滑熘的菜品一般都是白色的。

④成品原料质地滑嫩，芡汁比炸熘略稀薄而稍多，色泽明亮。

（2）制品实例：熘鱼片、熘虾仁、熘鸡脯、熘肝尖、滑熘里脊片（熘肉片）等。

实例：熘鱼片

原料准备：

（1）主料：净鱼肉250 g。

（2）配料：冬笋10 g，冬菇10 g，熟火腿10 g，油菜心10 g，葱10 g，姜15 g，蒜10 g。

（3）调料：精盐5 g，味精2 g，料酒10 g，糖、醋各2 g，清汤200 g，熟鸡油5 g，湿淀粉50 g，熟猪油500 g，鸡蛋清20 g。

加工准备：

（1）将鱼肉片成长4 cm、宽2.5 cm、厚0.3 cm的片，冬笋、冬菇、熟火腿、油菜心均切成长1.5 cm、宽1 cm的薄片，葱片开切2 cm长的段，姜、蒜切片。

（2）将鱼片放入碗内，加精盐、鸡蛋清、湿淀粉抓匀备用。

制作工艺：

（1）加少许熟猪油炙锅，再加入余下的熟猪油，加热至油温达到100 ℃时，放入鱼片迅速划开、成熟后，倒入漏勺控净油。

（2）锅内加入熟猪油50 g加热至160 ℃，加入葱、姜、蒜炒出香味后，烹入料酒，加清汤200 g，捞出葱、姜、蒜，加精盐、糖、冬笋、冬菇、熟火腿、油菜心烧开，撇去浮沫，加入鱼片稍煨，加味精，用湿淀粉勾熘芡，将炒锅转动几下，淋上熟鸡油，盛入带有几滴香醋的盘内即成。

质量要求：熘鱼片属于鲁菜中历史久远的传统菜品。切鱼片的刀要快，否则容易把鱼片弄碎。

知识拓展：
鱼的改刀成形

Note

鱼片滑油时,油温不宜过高,片薄形美,色泽洁白,食之鲜嫩滑爽,令人回味不尽。

❸ **软熘** 将原料加工成形调味后,利用汽蒸或水煮的方法加热成熟,再浇上调好的芡汁成菜的方法。

(1)操作要求及特点:

①选用新鲜度高的原料。

②第一步都是先将主料调味,蒸或煮熟。

③改刀要精细,装盘要整齐美观。

④调制芡汁时一般不加底油,淀粉糊化后加浮油。

⑤成品芡汁较稀薄而明亮,原料质地软嫩而滑,味鲜美。

(2)制品实例:五缕加吉鱼、扒酿海参、扒酿蹄筋、红扒肘子、红扒鸡、软熘鱼丸等。

除了炸熘、滑熘、软熘三种具体方法外,在滑熘的基础上,加入特殊的调料,使菜肴具有特殊风味或口味,形成了不同的叫法,如糟熘、糖醋、醋熘等。菜品如西湖醋鱼、糟熘鱼片、醋熘白菜、糖醋白果(莲子)等。

实例:西湖醋鱼

原料准备:活草鱼一尾(约 700 g),姜末 15 g,精盐 5 g,绍酒 25 g,醋 50 g,湿淀粉 50 g,糖、酱油适量。

制作工艺:

(1)将活草鱼放入清水静养一天,使之消除泥土气味,鱼肉变得结实。

(2)取出活鱼,刮去鳞,除去鳃及内脏,内外清洗干净后,鱼背朝外,鱼腹朝里放在砧板上,一手按住鱼头,一手运刀从尾部片入,沿脊背骨片至鱼颌下,再将鱼身竖起,头部朝下,脊背向里,顺颌下刀口处劈开鱼头,整条鱼即分为雌雄两爿(连脊背骨的称雄爿)。斩去鱼牙齿,然后将雄爿每隔 3.5 cm 划一斜刀口(刀深 5 cm)。然后以同等刀距斜片 5 刀,在片第 3 刀时切断。使鱼成两段;在雌爿面肉厚部位纵向(由尾部斜向腹部直至颌下)划一长刀(刀深 1.6 cm),不要损伤鱼皮。

(3)锅内注入 1000 mL 沸水,烧滚后先放入雄爿,再放入雌爿,鱼头相对,鱼皮朝上(水不能淹没鱼的胸鳍),盖好,待水再沸时,启盖撇去浮沫,继续煮 2 min 即熟。

(4)去除多余汤汁,约留 250 g 汤,加入绍酒、酱油、姜末(1 g),随即将鱼捞出入盘内(两爿拼连,鱼皮朝上)。接着于原汤锅中加入糖、姜末、湿淀粉与醋调匀的芡汁,用手勺推匀成浓汁,浇在盘中鱼上即成。

质量要求:西湖醋鱼,别名为叔嫂传珍、宋嫂鱼,是浙江的一道传统地方风味名菜。先氽后煮再熘,肉质鲜嫩结实,色泽红亮,有蟹肉美味。

操作关键:

(1)鱼一共改 7 刀。

(2)煮制时水不能没过鱼鳍,否则鱼鳍不能直立翘起,影响美观。

(3)注意醋和姜的用量比平时制作的菜肴要多。

三、爆

将鲜嫩无骨的原料加工成形,上浆或不上浆,投入不同温度的油或沸水中加热处理,然后急火少量底油煸炒配料、调味,投入处理好的主料,勾芡立即成菜的烹调方法,称为爆。

(一)操作要求及特点

(1)采用急火,操作速度快,成菜迅速。

(2)主料一般都要先预熟处理,一般都采用碗内兑调味粉汁。

(3)成品勾包芡,加浮油,原料质地脆嫩或软嫩,芡紧包原料而油亮,食用完后盘内无汤汁。

（二）种类及各种具体爆法和实例

根据主料性质和预熟处理方法不同,爆主要有油爆和爆炒两种。还有突出调料的酱爆、强调配料的葱爆、属炸烹法的芫爆、属汆法的汤爆、属烫灼法的水爆和特殊法的火爆。

❶ 油爆和爆炒的区别

（1）选料不同。油爆选用动物性脆性原料,爆炒选用鲜嫩的原料。

（2）预熟处理不同。油爆先焯水后过油,爆炒上浆滑油。

（3）芡汁不同。爆炒的芡汁比油爆的芡汁略多。

❷ 油爆　也称为爆,是指将动物性脆性原料加工成形,经先焯水后过油处理后,另起锅少量底油煸炒配料,投入主料,倒入兑好的调味粉汁,急火浓芡,淋浮油,快速翻拌成菜的烹调方法。

（1）操作要求及特点:

①主料都是选用新鲜的动物性脆性原料。

②主料都要经过先烫后油促处理成熟。

③采用急火、快速操作,一般采用碗内兑调味粉汁。

④成品质地脆嫩,亮油包汁,芡紧包原料,有葱蒜香,食用完后盘内无汤汁,只有少许油渍。

⑤油爆是烹调方法中操作速度最快、成菜最迅速的一种方法。

（2）制品实例:油爆乌鱼花、油爆腰花、油爆双花、油爆肚、油爆鸡肫、油爆双脆、油爆海螺、爆心花等。

实例:油爆双花

原料准备:

（1）主料:新鲜的生猪腰子200 g,新鲜乌鱼板150 g。

（2）配料:冬笋50 g,油菜心30 g,火腿15 g,水发木耳15 g,葱20 g,蒜10 g。

（3）调料:精盐3 g,味精2 g,料酒10 g,醋5 g,清汤75 g,湿淀粉30 g,食用油500 g,芝麻油5 g。

加工准备:

（1）猪腰子去掉外层薄膜洗干净,片两半除净腰臊及白筋,剞成麦穗花刀,切成2 cm宽、4 cm长的条块;乌鱼板去掉外皮膜,剞成麦穗花刀,切成2 cm宽、4 cm长的条块;冬笋、火腿切菱形片,油菜心切1 cm段;葱片开切0.5 cm段,蒜切片,水发木耳切小块。

（2）将清汤、精盐、味精、湿淀粉同放入碗内搅匀,兑成调味粉汁。

制作工艺:

（1）锅内加入食用油500 g,加热至油的温度达到180 ℃时,放入剞好的腰花和乌鱼花一促即捞出,控净余油。

（2）锅留少许热油,加入葱、蒜炒出香味,加入冬笋片、油菜心略炒,放入腰花、乌鱼花、水发木耳、火腿,倒入兑好的调味粉汁,烹入料酒、醋,旺火颠翻几下,淋上芝麻油翻炒均匀,装入平盘内即成。

质量要求:此菜是山东名菜"油爆双脆"的家常版。质感特别脆嫩,咸鲜味美,芡包主料,亮油包芡。

实例:油爆海螺

原料准备:

（1）主料:鲜大海螺1 kg。

（2）配料:冬笋50 g,葱50 g,蒜5 g。

（3）调料:精盐3 g,醋15 g,料酒5 g,味精1 g,清汤50 g,湿淀粉20 g,食用油500 g,熟鸡油10 g。

加工准备:

（1）用生取法将海螺肉取出,洗净后片成0.15 cm厚的大薄片,葱顺劈两半,切成1 cm长的小段,冬笋尖切梳子片,蒜切片。

(2) 将清汤、料酒、精盐、醋、味精、湿淀粉放碗内兑成汁。

制作工艺:

(1) 锅内加水烧沸,放入海螺片略烫,捞出控净水,再迅速投入烧至 180 ℃的食用油中一促,倒入漏勺控净油。

(2) 铁锅内留油少许,烧热后放葱、蒜炒出香味后,放海螺片、冬笋片,迅速倒入调好的汁,颠翻均匀,淋上熟鸡油,盛盘内即成。

质量要求:油爆海螺是山东胶东地区特色名菜,是在油爆双脆、油爆肚仁的基础上沿续而来的,是明清年间流行于登州、福山的海味菜肴。

螺片以薄为佳,大小一致,肉质脆嫩,色泽洁白,口味咸鲜,芡包主料,亮油包芡。

❸ **爆炒** 将原料加工成形后,主料上浆滑油,再投入热锅少量底油煸炒好的配料中,倒入兑好的调味粉汁,急火浓芡,翻拌成菜的烹调方法。

(1) 操作要求及特点:

①选用鲜嫩的原料加工成小的形状。

②主料都要上浆滑油。

③急火快速操作,迅速成菜,一般都采用碗内兑调味粉汁(也可锅中勾芡)。

④成品质地鲜嫩,芡包主料,亮油包芡。

(2) 制品实例:爆炒鸡丁、爆炒肉片、爆炒鲜贝、爆炒鱼丁、爆炒虾仁等。

实例:爆炒鸡丁

原料准备:

(1) 主料:鸡脯肉 250 g。

(2) 配料:冬笋 50 g,青豆 20 粒,大葱 25 g,蒜 10 g。

(3) 调料:食用油 500 g,湿淀粉 40 g,鸡蛋 1 个、精盐 1 g,料酒 10 g,味精 2.5 g,清汤 50 g,鸡油 10 g。

加工准备:将鸡脯肉切成 1.2 cm 见方的丁,放碗内加料酒抓匀,再加精盐、鸡蛋清、湿淀粉抓匀;冬笋切 1 cm 丁,大葱切方丁,蒜切片;清汤、料酒、味精、精盐和湿淀粉盛碗内兑成汁。

制作工艺:

(1) 锅内加食用油烧至 100 ℃,将鸡丁入锅用筷子划开至熟,倒入漏勺内控净油。

(2) 锅内留油少许,加葱、蒜烹锅至出香味,加冬笋丁、青豆略煸炒,加划好的鸡丁,随即把兑好的汁倒入锅内,颠翻均匀,淋上鸡油,盛盘内即成。

质量要求:鸡丁大小均匀,鲜嫩爽口,明油亮芡,食后盘内无芡汁。

实例:爆炒肉片

原料准备:

(1) 主料:猪嫩瘦肉 300 g。

(2) 配料:鸡蛋清 15 g,鲜笋 20 g,葱白 10 g,蒜片 8 g。

(3) 调料:料酒 10 g,精盐 3 g,味精 2 g,清汤 50 g,湿淀粉 35 g,熟猪油 500 g,食用油 25 g,大葱油适量。

加工准备:

(1) 将肉切成长 4 cm、宽 2 cm、厚 0.2 cm 的薄片,加鸡蛋清、湿淀粉、精盐上好浆;鲜笋切成小象眼片,葱白顺长片开切成 1 cm 长的段。

爆炒肉片

（2）用清汤、精盐、味精、湿淀粉在碗内兑成调味粉汁。

制作工艺：

（1）铁锅内加熟猪油烧至 110 ℃，倒入上好浆的肉片，划至嫩熟取出，控净油。

（2）铁锅内加食用油烧热，加葱、蒜爆锅，再放入笋片略炒。烹入料酒，倒入划好的肉片和兑好的汁水翻匀，淋上大葱油使芡爆起，离火装入圆平盘内即成。

质量要求：此菜为山东特色传统名菜。色泽洁白，质地滑嫩，口味咸鲜。

四、炒

将烹调原料加工成形，投入热锅少量底油内，急火快速翻拌，调味，汤汁较少，不勾芡，迅速成菜的烹调方法，称为炒。炒是广泛、实用的烹调方法之一。

（一）操作要求及特点

（1）一般都是选用鲜嫩的原料加工成小的形状。

（2）一般都采用急火对原料加热，操作速度快，成菜迅速，不勾芡（或勾"隐芡"）。

（3）成品汤汁少，质地软嫩，味型多样。

（4）炒是数十种烹调方法中应用广泛、实用的烹调方法之一。

（二）种类及各种具体炒法和实例

根据所用原料的性质和具体操作手法的不同，炒可分为生炒、熟炒、滑炒、软炒等多种具体方法。

❶ 生炒 又称煸炒、生煸，是指将生的原料加工成形，直接投热锅少量底油内，急火翻炒、入味，快速成菜的方法，称为生炒。

（1）操作要求及特点：

①一般都是选用鲜嫩、易熟的原料加工成小的形状。

②主要原料事先不采用任何方法加热处理。

③按原料用火时间长短依次入锅，边加热，边调味，急火操作，快速成菜。

④成品原料以断生为宜，质地鲜嫩，味清醇，汤汁较少。

（2）制品实例：炒肉片（各种配料）、炒肉丝（各种配料）、葱爆肉（京爆）等。

实例：生煸草头

原料准备：

（1）主料：草头（三叶草）350 g。

（2）调料：高粱酒 10 g，精盐 5 g，鸡精 5 g，食用油 10 g，白糖 3 g，熟猪油 10 g，适量酱油。

加工准备：将草头去老梗，择叶，选用嫩头部分，洗净控干水分。

制作工艺：炒锅滑锅后，加食用油烧到 180 ℃，加入草头，旺火急煸，并不断推拌颠翻，使草头受热均匀。然后加入精盐、白糖、鸡精、酱油，烹入高粱酒，炒至草头柔软碧绿，装盘即可。

质量要求：此菜是上海春秋季盛行的时令菜。碧绿油润，味脆鲜嫩，酒香入味。草头，又名苜蓿，俗称金花菜。草头以春天所出的为佳。烹调时，必须用高粱酒，需要旺火煸炒，在很短时间里，每瓣叶片都要煸熟，又不能过火。

实例：冬笋炒肉片

原料准备：

（1）主料：新鲜猪肉 200 g。

（2）配料：冬笋 100 g，葱段 10 g，蒜片 5 g。

（3）调料：酱油 10 g，精盐 2 g，料酒 5 g，味精 2 g，清汤 30 g，食用油 30 g，芝麻油 5 g。

加工准备：将猪肉顶丝切成薄片，冬笋切成小于肉片大小的薄片。

制作工艺：净锅烧热，加入食用油、葱、蒜炝锅，肉片煸炒至变色，加上料酒、酱油、清汤、精盐冬笋翻炒成熟,加入味精、芝麻油,颠翻装入盘内即成。

质量要求:原料质地鲜嫩,口味咸鲜,咸淡适中。

❷ **熟炒** 将熟的原料加工成形,投入热锅少量底油内,急火快炒入味,迅速成菜的方法,称为熟炒。

(1)操作要求及特点:

①主要原料一般都是提前预熟处理,再改刀成形。

②成品质地软烂,汤汁较少,味型多样。

③急火快炒,边加热,边调味,成菜迅速。

(2)制品实例:炒肚丝、回锅肉、炒烤鸭丝、腊肉炒西芹(白菜)、火腿炒百合、豆腐皮炒韭菜等。

实例:回锅肉

原料准备:

(1)主料:带皮的熟坐臀肉300 g。

(2)配料:干红辣椒2个、葱白30 g,青蒜苗50 g,水发木耳30 g,冬笋50 g。

(3)调料:豆瓣酱10 g,清汤50 g,酱油25 g,白糖5 g,料酒10 g,食用油50 g,芝麻油3 g,味精2 g,豆豉5 g。

加工准备:把坐臀肉切成4.5 cm长、3 cm宽、0.6 cm厚的片,葱白切成马蹄片,冬笋切小片,干红辣椒去籽切细丝,青蒜苗切成3 cm长的段,木耳一切两半。

制作工艺:锅内加食用油大火烧热后,豆瓣酱略炒加干红辣椒丝、葱片、青蒜苗,随即加肉片略炒至卷成灯盏形状时,再加上冬笋片、木耳、酱油、清汤、料酒、味精、白糖翻炒几下,淋上芝麻油,盛入盘内即成。

质量要求:此菜为四川名菜之一。酱红色,口味咸鲜香辣而略带酱味。

实例:软兜鳝鱼背

原料准备:

(1)主料:鳝鱼1000 g(选小而细的)。

(2)调料:香醋15 g,料酒15 g,精盐5 g,味精2 g,酱油15 g,猪油80 g,蒜头4瓣,糖3 g,白胡椒粉3 g,淀粉15 g,葱、姜各20 g。

加工准备:

(1)锅内放冷水3000 g,加精盐、香醋、葱、姜烧至沸滚后,将鳝鱼放入,盖严,以防其蹿出。约150 s后,启盖,用漏勺在水内四面搅动,待水第二次沸腾时,冲入少许冷水。待水第三次滚起,立即调至小火烧10 min,将鳝鱼捞入冷水内泡好。

(2)用竹刀将鳝鱼的脊背肉逐条划成长条(即鳝丝,腹部肉作别用),只留脊背肉,再放入烧开的鳝鱼原汤中烫透。

(3)碗内放酱油、糖、料酒、香醋和水、淀粉,调成卤汁。

制作工艺:烧热锅,下猪油化开,随即将拍碎的蒜头放入煸香,再下鳝背肉略炒后,将碗内卤汁倒入炒匀。待汁水全部兜在鳝鱼上后(隐芡,此处叫软兜),浇上猪油并推开,盛入盘中,撒上白胡椒粉即成。

质量要求:此菜为淮扬风味名菜。成菜后鱼肉十分细嫩,用筷子夹起,两端下垂,犹如小孩胸前的兜肚带,食用时,要用汤匙兜住,故名软兜鳝鱼背。

❸ **滑炒** 将原料加工成形,主料上浆滑油,再投入热锅少量底油煸炒好的配料中,翻炒入味成菜的烹调方法,称为滑炒。

(1)操作要求及特点:

①主要原料都上浆滑油。

②先煸炒配料至适宜的火候再投入主料。

③成品质地软嫩,一般都是白色,清爽利落。

(2) 制品实例:滑炒肉丝、滑炒鸡丝、炒虾仁(清炒虾仁)、炒鸡丝蛰头、滑炒鱼丝、松子鱼米、滑炒里脊片、五彩鱼丝、葱爆肉(家常爆)等。

实例:滑炒肉丝

原料准备:

(1) 主料:猪瘦肉 300 g。

(2) 配料:笋 50 g,葱 25 g。

(3) 调料:精盐 3 g,味精 1 g,料酒 1 g,芝麻油 1 g,湿淀粉 20 g,半个鸡蛋的蛋清,清汤 30 g,食用油 250 g。

滑炒肉丝

加工准备:

(1) 将葱、笋切成 3 cm 长的细丝放入盘内。

(2) 把猪瘦肉切成长 4.5 cm、粗 0.3 cm 的细丝,放入碗内加蛋清、湿淀粉抓匀。

制作工艺:

(1) 锅内加食用油,烧至 120 ℃时将肉丝下油划开,倒入漏勺内控净油。

(2) 锅内留油少许烧热,加葱丝略炒,再加笋丝煸炒几下,加料酒、精盐、味精、清汤,随即将划好的肉丝下锅颠翻几下,淋上芝麻油盛盘内即成。

质量要求:色泽洁白,肉丝粗细均匀、长短相等,质地非常滑嫩,咸鲜适口。

❹ 软炒　又称兑浆炒,是指将鲜嫩的原料加工、调制成流动或半流动状态,投入热锅少量底油内,慢火翻炒入味成菜的烹调方法,称为软炒。

(1) 操作要求及特点:

①原料一般都是先加工并调制成糊状。

②锅先烧热(炙勺)加少量底油布匀,再放入原料。

③一般采用慢火,排勺推炒方法操作,谨防糊底。

④成品软嫩,口感细腻。

(2) 制品实例:鸡茸干贝、鸡茸虾仁、鸡茸海参、炒鸡蛋、炒鲜奶、三不沾、浮油鸡片、浮油鱼片、浮油里脊等。

实例:鸡茸干贝

原料准备:

(1) 主料:发好的干贝 150 g,鸡里脊肉 100 g。

(2) 配料:熟火腿 3 g,香菜 2 g,鸡蛋清 100 g。

(3) 调料:精盐 3 g,料酒 10 g,味精 2 g,湿淀粉 30 g,清汤 200 g,熟猪油 50 g,熟鸡油 5 g。

加工准备:

(1) 鸡里脊肉去净筋,加工成泥(越细腻越好)。

(2) 熟火腿、香菜分别切成细末。

制作工艺:

(1) 将鸡肉泥放入碗内,加清汤 200 g、鸡蛋清 80 g 顺同一方向搅打匀,再加上精盐、料酒、味精、湿淀粉,仍然顺同一方向搅匀呈稀糊状。

(2) 取锅放在中火上烧热,加入熟猪油少许布匀锅底,倒入调好的稀糊状鸡肉泥,中火推炒。待开始凝固时加入发好的干贝,轻轻翻炒成熟,使鸡肉泥裹在干贝上。淋上熟鸡油装入盘内,撒上熟火腿、香菜末即成。

质量要求:此菜为北京名菜之一。质地特别细腻软嫩,色彩美观,咸鲜味美,营养丰富。

实例:三不沾

三不沾

原料准备:

(1)主料:鸡蛋黄300 g。

(2)配料:白糖150 g,湿淀粉75 g。

(3)调料:熟猪油100 g。

加工准备:将鸡蛋黄打入碗内,加白糖、湿淀粉、清水搅匀,用细网筛过滤一遍,去掉鸡蛋黄上的胚胎系带和蛋黄膜。

制作工艺:炒锅放在中火上,加底油烧热,将鸡蛋黄倒入锅内,用手勺推炒,鸡蛋黄凝固后,一边搅炒,一边用左手将熟猪油淋入锅边,搅至金黄色呈糕状,达到不粘锅、不粘勺、不粘盘子时,装盘即可。

质量要求:此菜为北京传统名菜。三不沾的操作方法,主要是拨、炒、拍、撇,制作时需注意不要用水,火力极小,烹制时间约20 min。

除了以上四种具体炒法外,还有干炒、清炒等不同名称的炒法,实际干炒就是建立在生炒的基础上,只是原料受热时间较长,使原料本身所含水分在加热过程中大部分蒸发,成品具有干、韧而香的特点;清炒是建立在滑炒的基础上,只是辅助原料数量较少,突出主料,清淡爽口。

五、烹

将改刀成形的原料,先采用炸或煎的方法预熟处理,再烹上清汁入味的烹调方法,称为烹。

(一)操作要求及特点

(1)主料一般都要先采用炸或煎的方法预熟处理,行业中有逢烹必炸之说。

(2)配料一般都是采用葱、姜丝、蒜片、香菜段等。

(3)成品香醇爽口,入口咸鲜,收口微甜酸,有香菜味,不勾芡,略有隐红色汤汁。

(二)种类及各种具体烹法和实例

根据对主要原料采用加热成熟的方法不同,烹有"炸烹"和"煎烹"两种具体方法。

❶ 炸烹 此种方法是建立在干炸的基础上的。将加工成形的主要原料码味、挂糊或不挂糊,投入热油内炸熟呈金黄色捞出控净油,再烹上清汁入味快速成菜的方法,称为炸烹。

(1)操作要求及特点:

①主要原料都是提前油炸成熟至外焦里嫩。

②少量底油先煸炒葱、姜、蒜出香味,再加适量汤汁和所需调味品,倒入炸好的主料,快速颠翻装盘。

③成品微带汤汁,质地外脆里嫩,清淡爽口。

(2)制品实例:炸烹里脊、炸烹虾段、炸烹鱼条、炸烹虾仁、芫爆腰条、芫爆乌鱼条等。

实例:炸烹里脊

原料准备:

(1)主料:里脊肉200 g。

(2)配料:香菜段15 g。

(3)调料:料酒10 g,精盐5 g,酱油15 g,味精5 g,白糖2 g,清汤100 g,芝麻油5 g,醋2 g,食用油750 g,葱、姜、蒜各5 g,鸡蛋一个,湿淀粉适量。

加工准备:

(1)里脊肉切成 3 cm 长、1.5 cm 宽、0.5 cm 厚的片,加入料酒拌匀,加入全蛋淀粉糊。

(2)香菜切成 3 cm 的段。葱、姜切成丝,蒜切成片。

制作工艺:

(1)锅内加入食用油烧热至 160 ℃,将挂好糊的里脊肉逐片投入锅中炸至成熟,呈金黄色时捞出控油。

(2)锅内加入食用油少许烧热至 120 ℃,投入葱、姜、蒜烹锅,再烹入料酒、清汤、酱油、精盐、白糖、醋烧开,加入味精、香菜段、炸好的里脊肉翻拌均匀,淋上芝麻油盛入盘中即成。

质量要求:口味咸鲜香浓、色泽隐红。

实例:芫(盐)爆腰条

原料准备:

(1)主料:猪腰子 300 g。

(2)配料:香菜 25 g。

(3)调料:葱 50 g,大蒜 10 g,姜 25 g,精盐 3 g,味精 1.5 g,料酒 2.5 g,芝麻油 5 g,醋 15 g,清汤 100 g,食用油 250 g,胡椒粉 2 g,白糖 5 g。

加工准备:

(1)将葱、姜切丝,大蒜切片,香菜切 3 cm 段;将猪腰子洗净,剥去外皮,从中间片成两片,去掉腰臊白筋,切成 4 cm 长的夹刀条用开水一余倒出,控去水分。

(2)将清汤、精盐、味精、醋兑成汁。

制作工艺:锅内加食用油烧到 180 ℃ 时,将猪腰子下油一促,马上倒入漏勺控净油,锅内留热油少许,放旺火上,加蒜片、葱丝、姜丝,煸炒出香味后,再加猪腰子、料酒、香菜和调料汁,迅速颠翻均匀,淋上芝麻油,盛盘内即成。

质量要求:腰条花纹展开,脆嫩有香菜味,咸鲜爽口,略带汤汁。

❷ **煎烹**　此种方法是建立在干煎的基础上的。将加工成形的主要原料码味、挂糊入热锅少量底油内两面加热呈金黄色成熟,再烹上清汁入味的烹调方法,称为煎烹。

(1)操作要求及特点:

①主要原料都是先煎至两面金黄色成熟。

②烹汤汁要适量,成品微带汤汁。

(2)制品实例:煎烹大虾、煎烹蛤仁、煎烹里脊、煎烹刀鱼等。

实例:煎烹大虾

原料准备:

(1)主料:净大虾 250 g。

(2)配料:葱、姜丝 15 g,蒜头 1 瓣,面粉 10 g,鸡蛋 2 个,香菜 20 g。

(3)调料:料酒 10 g,精盐 1 g,酱油 10 g,醋 10 g,食用油 150 g,清汤 25 g,白糖 2.5 g,味精 1.5 g。

加工准备:将大虾剥皮从背部剖成夹刀片,剞打上十字花刀斩断筋,放盘内加味精、精盐、料酒拌匀,周身沾上面粉放盘内,蒜头切片,鸡蛋打碗内搅匀备用,把酱油、味精、白糖、醋、清汤兑成汁。

制作工艺:

(1)锅内加食用油,烧至 150 ℃ 时,将大虾提着沾满鸡蛋后入油锅,中火煎熟至呈金黄色时取出,改刀切成 1 cm 宽的条,保持原样摆入盘内。

(2)锅内留油少许,加蒜片、葱丝、姜丝烹锅至出香味,加入料酒、香菜,倒入兑好的汁烧开,浇在大虾上即成。

质量要求:煎烹大虾是一道色香味俱全的地方名肴,属于天津菜。其成品色金黄,油汁明亮,咸鲜而甜(口味咸鲜为主,略带甜酸),香美无比。

六、熘

熘是将加工整理切配成形的原料,经过水煮、油炸或煸炒等方法处理后,再加入适量的汤汁或水及调味品,慢火加热将汤汁收浓成菜的烹调方法。

(一)操作要求及特点

(1)主要原料一般都要预熟处理。

(2)根据原料情况灵活选用初步加热的方法。

(3)成品汤汁少而浓稠,色泽红亮,原料味透,冷热食用皆宜。

(二)制品实例

制品实例有熘排骨、熘鸡块、五香鱼(熏鱼)、熘鸡翅、干烧鱼等。

实例:五香鱼

原料准备:

(1)主料:鱼 1 kg。

(2)配料:大葱 10 g,姜 5 g。

(3)调料:五香粉 2 g,味精 1 g,料酒 20 g,白糖 50 g,醋 10 g,芝麻油 25 g,酱油 75 g,清汤 300 g,食用油 750 g。

加工准备:

将大葱切成寸段,姜切片。将鱼去掉五脏和腮,刮去鳞洗净,改成 1 cm 厚的片,放到盘内,加上大葱、姜、酱油 75 g 稍微腌一腌取出。

制作工艺:

(1)锅内加入食用油,烧到 240 ℃时,将鱼下油,炸熟成老金黄色捞出。

(2)锅内留油 50 g 烧热,用姜、大葱烹锅,加上味精、料酒、清汤、酱油、醋、糖,再放入鱼,烧开后端至微火上熘 20 min 左右,鱼透后中火熘到约剩 50 g 汁时,去掉大葱、姜,撒上五香粉,淋芝麻油,把铁锅内的鱼一行行摆在盘子里,把原汁倒在鱼上即成。

质量要求:色泽深红,咸鲜带甜,香味突出,冷热食用皆可。

实例:熘排骨

原料准备:

(1)主料:猪排骨 500 g。

(2)配料:大葱 20 g,大姜 20 g。

(3)调料:酱油 10 g,白糖 150 g,醋 50 g,料酒 5 g,精盐 2 g,味精 1 g,芝麻油 50 g,食用油 750 g,清汤适量。

加工准备:

将排骨剁成 3.5 cm 长的块,周身沾上酱油略腌,大葱切段,大姜用刀拍松。

制作工艺:

(1)锅内加食用油烧至 180 ℃左右,将排骨入油,炸至金黄色捞出,控净油。

(2)锅内留油少许,加白糖炒至金黄色时加排骨稍炒,再加清汤、料酒、精盐、醋,急火烧开后,移慢火熘至汤汁浓稠,加味精、芝麻油搅匀,装盘即成。

质量要求:排骨块大小均匀,色泽红亮,熟烂脱骨而不失其形,入口酸甜,收口微带咸鲜。

七、焗

焗是以汤汁与蒸汽或盐或热的气体为导热媒介,将经腌制的物料或半成品加热至熟而成菜的烹调方法。

（一）操作要求及特点

（1）潮菜中焗法多数使用动物性原料,尤以禽类为主。为除异味,增香味,原料在焗制之前,都必须用调料腌制,腌制时间根据原料特点及菜肴的质量要求而定。

（2）用砂锅焗的原料,以生料为主。但也有部分菜肴为了造型,其原料先经初步预熟处理之后才焗制的。

（3）用砂锅焗制的菜肴,需加入一些汤汁,要掌握好加入的汤水分量,并注意控制好焗制的火候。一般是先用猛火把汤水烧滚,然后转用慢火加热。原料切件装盘之后,把原汤汁(有些还需加一些调料)淋在菜肴上。

（4）焗制菜肴具有原汁原味、浓香厚味等特点。

（二）制品实例

实例:焗龙虾

原料准备:

（1）主料:澳洲龙虾1只(约100 g),乌冬面1包,菜心12棵,胡萝卜1根。

（2）调料:黄油50 g,鸡精5 g,精盐5 g。

加工准备:

（1）将胡萝卜切成小片连同菜心以及乌冬面分别焯水,控干水分,乌冬面先放入盘中。

（2）将澳洲龙虾洗干净,取下头、尾放入沸水中焯水。捞出摆在乌冬面的盘中。澳洲龙虾身上的肉切成块状。

制作工艺:

（1）炒锅上火加入食用油,下入龙虾肉块快速滑散,至全部变色时倒入漏勺沥去油。

（2）炒锅上火,加入少许油,放入黄油、鸡精、精盐并调好口味放入龙虾快焗熟后,放在乌冬面上。然后用菜心和胡萝卜围边,最后放上澳洲龙虾的头部。

质量要求:造型美观,色彩明亮,香味浓郁、味道鲜美。

制作关键:

（1）乌冬面在焯水之后一定沥干水分。

（2）虾块在焯水后也要沥干水分,防止虾块在过油时油会溅出来。

（3）没有乌冬面则用小刀面或拉面代替。

八、拔丝

将加工成形的原料,挂糊或不挂糊,投入油内炸透,再投入熬化至出丝火候的糖液中沾匀,能拉出糖丝成菜的烹调方法,称为拔丝。

（一）操作要求及特点

（1）主料都要采用热油炸透,并保证外酥脆。

（2）成品糖丝细长而脆,香甜可口,热食为拔丝,冷食则称为琉璃。

（3）盛装拔丝菜品的器皿应抹油,以利于餐具清洗。

（4）严格掌握熬化糖的火候,注意安全。

（5）拔丝菜上席应跟随凉开水,如是凉食,热时应逐块分开。

（二）熬化糖的方法

❶ **清水化糖**　锅内加上清水、糖,慢火加热熬化,一般变化规律:大泡(水泡)→小泡(糖泡)→浓稠→变色。当糖液由稠变稀时能嗅到糖的香味,即是出丝火候。

原理:蔗糖在加热的条件下随温度升高开始熔化,颗粒由大变小,当温度上升到 150 ℃,蔗糖由结晶状态逐渐变为黏液状态;若温度继续上升到 158 ℃,蔗糖就会骤然变成稀薄液体,黏度变小,此时就是蔗糖的熔点;蔗糖温度达到 162 ℃左右时,即为拔丝火候;超过 180 ℃糖液会变厚产生苦味。

❷ **油化糖**　锅内加上少量的凉油和糖,慢火熬化至 164 ℃时糖的颗粒完全熔化变稀,即是出丝火候。

❸ **水油化糖**　具体方法同清水化糖,只是在糖液变稠时,在铁锅四周加上少许油(芝麻油),继续加热熬化变稀,即为出丝火候。

（三）制品实例

制品实例有拔丝苹果(橘子、香蕉、葡萄、冰糕、莲子等)、拔丝山药、拔丝金枣等。

实例:拔丝山药

原料准备:

(1)主料:山药 500 g。

(2)调料:白糖 100 g,清水 25 g,芝麻油 20 g,食用油 1 kg。

加工准备:将山药刮去外皮洗净,切成滚料块。

制作工艺:

(1)锅内加食用油烧至 90 ℃时,把山药放入油内炸至熟透、色泽金黄,倒入漏勺控净油。

(2)锅内加入清水、白糖慢火熬至糖液浓稠时加芝麻油,熬至出丝时,倒入山药,离火颠翻均匀,使糖液完全沾在山药块上,再倒入已抹芝麻油的盘子内即成。上菜时,带凉开水一小碗。

质量要求:色泽金黄、明亮,山药块大小均匀,食时牵丝不断,口味香甜可口。

实例:拔丝苹果

原料准备:

(1)主料:苹果 250 g。

(2)调料:白糖 150 g,清水 100 g,面粉 100 g,食用油 1 kg,芝麻油 25 g,湿淀粉 50 g,鸡蛋。

加工准备:苹果削皮、去核,切滚料块,面粉、全蛋液、清水调成厚糊,放入苹果块抓均匀。

制作工艺:

(1)锅内加食用油烧至 160 ℃时,把苹果逐块放入油内炸至呈金黄色时倒入漏勺内控净油。

(2)锅内加清水、白糖化开,待糖变稠时加芝麻油,用排勺炒至拔丝火候,倒入苹果块,离开火眼,迅速颠翻均匀,盛在已抹芝麻油的盘子内即成。上桌时带一小碗凉开水。

质量要求:色泽金黄明亮,糖丝细长而脆,香甜可口。

九、挂霜

挂霜也称为糖酥,将加工成形的原料挂糊或不挂糊,投入油内炸透,再投入熬化浓稠的糖中裹匀呈白色成菜的烹调方法,称为挂霜。

（一）熬化糖的方法

锅内加上适量清水和白糖,慢火熬化,先出现大泡(水泡),再出现小泡(糖泡),浓稠洁白,即是挂霜火候。

（二）制品实例

制品实例有挂霜丸子、酥白肉、挂霜腰果等。

实例:挂霜丸子

原料准备:

(1) 主料:熟肥肉膘 200 g。

(2) 调料:面粉 90 g,鸡蛋黄 50 g,白糖 150 g,清水 80 g,食用油 750 g。

加工准备:将肉切成 0.3 cm 的方丁,放碗内,加鸡蛋黄、面粉、清水调成馅,用力要轻,以防止起面筋。

制作工艺:

(1) 锅内加食用油烧至 90 ℃时,将肉馅挤成直径 2.5 cm 大的丸子,逐个放入油内,慢火炸熟至酥时取出。

(2) 锅内加清水、白糖用慢火熬至挂霜火候,放入丸子,离火,使糖液全部沾在丸子上,呈白色霜样装盘即成。

质量要求:色泽洁白如霜、酥脆香甜。

实例:挂霜腰果

原料准备:腰果 150 g,白砂糖 200 g,食用油 500 g,清水 50 g。

制作工艺:

(1) 锅内加入食用油烧至 100 ℃时,将腰果放入油内用手勺不断地搅动,慢火炸熟呈浅金黄色时倒入漏勺内控净油待用。

(2) 将锅与手勺均刷去油分,锅再上火加上清水烧开,放入白砂糖,开锅撇去浮沫,慢火熬至糖浆浓稠色洁白时,倒上炸好的腰果,离火颠翻均匀,待糖结晶时,停止颠翻,用筷子从锅内将腰果轻轻铲起分开,装入盘内即成。

质量要求:腰果裹糖均匀,色泽洁白如霜,香、甜可口。

任务评价

对不同的混合烹法制作实例进行自我评价、小组评价、教师点评,总结成绩,查找不足,分析原因,制订改进措施。任务评价表详见二维码。

任务评价表
5-3

任务总结

(1) 吸取在任务实施过程中的成功经验。

(2) 总结在菜品制作上存在的不足以及改进方法。对于在任务实施过程中出现的失误,学生先自己分析原因,再由同学分析,最后教师点评总结。

(3) 讨论、分析提出的建议和意见。

任务五　固体烹法

任务描述

固体烹法是指通过金属、粗盐粒或砂粒等固体物质将热以传导的方式传递给原料,将食物原料制成菜肴的一类方法。常用的具体烹调方法有焓、盐焗、砂炒(烤)等。

任务目标

讲解利用金属、粗盐粒或砂粒等固体物质烹调的方法概念、操作要求及特点种类,同时列举各个烹调方法的具体实例并进行详细分析,使学生掌握具体固体烹调方法和具体实例(如烙、盐焗、砂炒等)。

知识拓展

电磁波烹法是指依靠电磁波、远红外线、微波、光能等热源,通过热辐射、热传导等方式,把热传递给原料,将食物原料制成菜肴的一类方法。常用的具体烹调方法有烤、微波等。

任务实施

一、金属传热

金属传热法是将原料放在金属(在烹饪中一般有铁和铝两种)之上直接加热的加工方法。金属传热法中最常用的是烙,选料范围是粮食类原料。烙与煎法类似,只是烙用油极少,主要传热介质是铁锅;而煎用油较少,主要传热介质是油。

实例:烙春饼(荷叶饼)

原料准备:

(1)主料:面粉 500 g。

(2)调料:香油 50 g。

制作方法:面粉放入盆内,将 200 g 沸水淋入面粉中,将其拌成雪花状。然后加凉水将剩余的面粉和烫好的面粉一起和好,揉成面团,稍饧面。面团搓成圆条,摘成 40 个剂子,按扁,刷上香油,两个面剂摞在一起。擀成直径 20 cm 圆饼,平底锅抹上少许油,烧热放薄饼坯,用手将饼转动几下,见饼面变色有小泡时,即将饼翻面,将另一面烙至有小泡。出锅后揭开成两张饼,将每张饼叠成三角形盛于盘内即可。

质量要求:饼质薄而柔软,口感甜糯,色白。春饼也称荷叶饼、单饼,一般用于佐食烤鸭、烤乳猪等。

二、盐焗、砂炒(烤)

盐、砂传热是将原料放在盐或砂中直接加热的加工方法。盐传热法通常有盐焗法;砂传热法通常有砂炒(烤)。

(一)盐焗

盐焗是将原料埋入盐中,用中、小火缓慢加热至原料成熟的加工方法。此方法利用物理传热的机制,用盐做传热介质使原料成熟。用纸包裹加热,即使严密,原料中的水分也会有一定程度的散发,这也起到浓缩原料鲜味的效果。因此,焗制的成品皮脆骨酥,肉质鲜嫩,干香味厚,是一种别有风味的佳肴。其中以广东菜的盐焗鸡最为著名。

由于盐这一物质传热性能好,受热快,传热快,用它来作为传热介质具有三个优点:一是烧红的盐粒能够保证原料成熟,并取得质感脆嫩所需要的温度;二是盐粒在传热时,也有少部分盐分子深入原料中,有的还似白霜一样黏附在原料上,使原料增加了一些滋味和清香气;三是盐焗的原料用纸包裹,又埋在盐粒中,有一定的密封性,既能保持原料的本味,又能锁住原料的原有香气,这就是盐焗鸡打开后香气扑鼻的原因。

作为一种技法,传统的盐焗法确实有独到之处。炒盐时要炒够温度,一般要炒出啪啪响声,呈红色。炒制时切忌混入油渍、异味,否则会严重影响菜肴质量。盐焗时,最好用砂锅,先放部分盐垫底,摆上原料后,撒上大量热盐,再加上盖。为防止盐温度下降过快,可把砂锅放在小火上,每隔 10 min 翻动一次,如发现盐温不足时,可取出再炒一次。这样盐焗成熟的菜肴能保持完整,肉烂离骨,骨酥香浓,原味鲜美。

实例:盐焗鸡

原料准备:

(1) 主料:肥嫩仔鸡 1 只。

(2) 配料及调料:葱、姜、香油、粗盐、精盐、味精、八角、沙姜末、熟猪油、精炼油、绵纸适量。

加工准备:将鸡进行初加工,洗净吊起晾干水分,去掉趾尖和嘴上硬壳,将鸡翅膀两边各划一刀,在颈骨上剁一刀(不要剁断)。用精盐擦均鸡腔内部,加入葱、姜、八角,先用未刷油的绵纸裹好,再包上已刷好精炼油的绵纸。

制作工艺:热勺放入粗盐炒至温度很高(略成红褐色),取出 1/4 放入砂锅内,把鸡放在粗盐上。然后,把其余 3/4 的粗盐盖在鸡上面,加上锅盖。用小火焗 20 min 左右,使鸡成熟。把鸡取出,剥鸡皮。肉撕成块,骨拆散。将熟猪油、精盐、香油、味精调成的味汁拌匀,放入小碟随鸡一同上桌,供佐食用。

质量要求:骨酥、肉香、味浓,排列整齐,别有风味。

制作关键:盐焖鱼、盐焗里脊等制法类似,盐炒热。

(二) 砂炒(烤)

砂炒(烤)的菜肴一般很少,其方法与盐焗的方法基本相同,不再赘述。

▶ **任务评价**

对不同的固体烹法制作实例进行自我评价、小组评价、教师点评,总结成绩,查找不足,分析原因,制订改进措施。任务评价表详见二维码。

▶ **任务总结**

(1) 吸取在任务实施过程中的成功经验。

(2) 总结在菜品制作上存在的不足以及改进方法。对于在任务实施过程中出现的失误,学生先自己分析原因,再由同学分析,最后教师点评总结。

(3) 讨论、分析提出的建议和意见。

任务评价表
5-4

任务六　其他烹法

▶ **任务描述**

在实际应用中,有些烹调方法所采用的传热介质难以归为上述各类,如泥烤、竹筒烤等。

→ 任务目标

　　讲解以其他介质的烹调方法的概念、操作要求及特点种类,同时列举各个烹调方法的具体实例进行详细分析,使学生掌握具体混合烹调方法和具体实例(如烤鸭、烤肉串等)。

→ 任务实施

　　本任务主要介绍烤。
　　将加工整理成形的原料,加工腌渍入味或加工成半成品,放入烤炉内,利用辐射热能将原料烹制成熟的方法,称为烤。
　　由于使用的加热设备不同,烤可分为暗炉烤和明炉烤两种具体方法。

一、暗炉烤

　　将原料腌渍入味或加工成半成品,挂上烤钩、烤叉或放入烤盘内,运用封闭的烤炉或烤箱烹制成熟。

　　(一)操作要求及特点
　　(1)原料都要在烹制前加调味品腌渍入味。
　　(2)不带卤汁的一般都采用烤钩或烤叉。
　　(3)带卤汁的采用烤盘。
　　(4)暗炉内可保持较高的恒温,原料受热均匀,容易使原料烤透。
　　(5)合理调控加热时间和温度,确保菜肴质量。
　　(6)制品形态完整,原汁原味,香酥软嫩,味型各异。

　　(二)制品实例
　　制品实例:烤鸭、烤乳猪、烤鸡、青岛三烤(烤加吉鱼、烤雏鸡、烤大排)等。

实例:烤鸭

　　原料准备:加工好的北京填鸭1只(约2 kg),饴糖水50 g,甜面酱60 g,大葱白100 g,黄瓜条100 g,鸭饼100 g。
　　加工准备:
　　(1)打气:将鸭洗净放在木案上,从小腿关节下切去双掌,割断喉部的食管和气管,从鸭嘴进去拽出鸭舌。左手拿着鸭头,右手从喉部开刀处拉出食管,左手拇指沿食管向嗉囊推进,使食管与周围的结缔组织分离。食管剥离后,不要抽断,仍留在颈腔中。或手把气泵的气嘴由刀口插入颈腔,左手将颈部和气嘴一起握紧,打开气门,慢慢将空气充入鸭体皮下脂肪与结缔组织之间,当气充到八成满时,关上气门,取下气嘴,用左手食指紧紧卡住鸭颈根部防止跑气,拇指和中指握住鸭颈和右膀,右手拿住鸭的右腿,鸭脯向外倒卧,两手向中间一挤,使气体充满鸭身各部。鸭子打气后,不能再用手拿鸭脯,只能拿翅膀、腿骨及头颈。因为手指碰着打气的地方,就会有凹陷的指印,影响烤鸭质量。
　　(2)开膛取脏:左手继续握紧鸭颈和右膀,食指卡紧根部堵住气,右手食指插入肛门略向下一弯,拉断直肠勾出体外,以使掏膛时便于取出肠管。用右手拇指在鸭右腋下向后推两下,以排出该处皮下的气体,再用小刀开一个约长5 cm弯向背部的月牙形刀口。用右手拇指伸入刀口,将鸭脊椎骨上附着的锯齿骨推倒,伸入食指紧贴鸭胸脯掏出心脏。再贴着背伸向头的方向,拉出气管、食管。食管取出后,用左手拉紧,右手食指再进去剥离连接胗、肝周围的结缔组织,勾住鸭胗向外拉,同时左手放开鸭颈只拉住食管,连同右手将鸭胗掏出体外。再用右手食指将肝、肠掏出。最后伸进食指沿着脊骨把两肺与胸壁剥离取出。内脏全部掏干净后,用高粱杆1节,一头削成三角形,一头削成叉形,做成"鸭撑"。然后,右手拿着三角形的一端,从体侧刀口伸入鸭膛,把叉形的一端先卡在刀口部的脊骨上,再将三角形的一端向前一撑,使其直立起来,撑在胸脯的三岔骨上,这样就能使鸭脯隆起,烤制时体形不致扁缩。再从鸭膀根部第一关节下剁去两翅。

(3)洗膛:左手拿鸭右膀,右手拿着鸭左腿,脯朝上,平放在清水池中,由刀口处灌满清水。这时,左手拇指伸入体侧刀口,压在脊骨上,食指和中指夹住鸭颈,用手掌将鸭托起,使尾部向下,右手食指伸入肛门内勾出回肠即掏膛时,把水从肛门放出。接着再将鸭灌满清水,右手拇指伸入刀口,用手撑托起鸭背,头朝下,使水从鸭颈口流出。如此反复清洗,直到洗干净为止。

(4)挂钩:将鸭挂起,便于烫皮、打糖、晾皮和烤制。左手拇指从后握住鸭头,将鸭提起,用右手拇指和食指把鸭颈皮肤捏舒展,再用右手食指伸进体侧刀口,挑着"鸭撑",其余手握住鸭膀使鸭体垂直,这时,左手放松鸭头,顺势向下移,使手掌握住鸭颈1/2的部分,用拇指向上一挑,把鸭颈折弯,头朝下,其余四指握稳鸭颈;右手持鸭钩,立即将钩竖起,穿过颈背侧约3.3 cm,再从颈骨内侧的肌肉内穿出,使鸭钩斜穿于颈上。

(5)烫皮:将挂好的鸭子用100 ℃的开水在鸭皮上浇烫,以使毛孔紧缩,表皮层蛋白质凝固,皮下气体最大限度地膨胀,皮肤致密绷起,油亮光滑,便于烤制。烫法:左手提握钩环,使鸭脯向外,右手舀一勺开水,先洗烫体侧刀口,使水由肩而下,封住刀口防止跑气,再均匀地烫遍全身。

(6)打糖:往鸭身上浇洒糖水,使烤鸭具有枣红色,并可增加烤鸭的酥脆性。糖水用饴糖50 g掺清水450 g稀释而成。用浇的方法打两次,使烤鸭周身沾满糖水。然后,沥净膛内的血水,挂在通风处晾干。如果当时不烤,可将鸭放入冷库内保存,在烤制入炉前,再打一次糖,以增加皮色的美观度,并弥补第一次打糖不匀的缺陷。如在夏季进行第二次打糖时,糖水内要多加饴糖5 g。

(7)晾皮:把鸭皮内外的水分晾干,皮与皮下结缔组织紧密连起来,皮层加厚,烤出的鸭皮才酥脆,同时能保持原形,在烤制时胸脯不致跑气下陷。晾皮必须在阴凉通风处晾干,不能放在阳光下晾晒,以防表皮流油,影响质量。

(8)灌水:在烤鸭入炉之前,先在肛门处塞入长8 cm的高粱杆1节,即"堵塞"。有节处要塞入肛门里,恰好卡在括约肌处,防止灌入开水外流。而后从体侧刀口处灌入八成满的开水。烤时,使鸭子内煮外烤,熟得快,并且可以补充鸭肉内水分的过度消耗,使鸭肉外脆里嫩。

制作工艺:

(1)烤制:鸭进炉后,先烤鸭的右背侧,即刀口一面,使热气无法从刀口进入膛内,把水烤沸,烤6～7 min,当鸭皮呈橘黄色时,转向左背侧烤3～4 min,也呈橘黄色时,再烤左体侧3～4 min,并撩左裆30 s,烤右体侧3～4 min并撩右裆30 s,鸭背烤4～5 min。然后,再按上述顺序循环地烤,直到全部上色成熟为止。

(2)片鸭:鸭烤好出炉后,先拨掉"堵塞",放出腹内的开水,再行片鸭,其顺序:先割下鸭头,使鸭脯朝上,从鸭脯前胸突出的前端向颈部斜片一刀,再在右胸侧片三四刀,左胸侧片三四刀,切开锁骨向前掀起。片完翅膀肉后,将翅膀骨拉起来,向里别在鸭颈上。片完鸭腿肉后,将腿骨拉起来,别在膀下腑窝中,片到鸭臀部为止。右边片完后,再按以上顺序片左边。1只2 kg的烤鸭,可片出约90片肉。最后将鸭嘴剁掉,从头中间竖发一刀,把鸭头分成两半,再将鸭尾尖片下,并将附在鸭胸骨上的左右两条里脊撕下,一起放入盘中上席。

质量要求:色泽红润,皮脆柔嫩。加工片要薄,片片带皮。

吃烤鸭,最好用荷叶饼、章丘大葱段和特制甜面酱、黄瓜条等卷着吃。

二、明炉烤

使用敞口的火炉、火盆或火槽,置上铁架,放上原料反复烤制使之成熟的方法称明炉烤。

❶ **操作要求及特点**　设备简单,易于操作,火候容易掌握,调味灵活,不足是火力分散,烤制时

间较长,多适宜烤制小原料或较大原料的某一部位。

❷ **制品实例**　大多数原料都可烤制,如烤肉串(猪、牛、羊、鸡肉串)、扬州烤方、烤乌鱼(鱿鱼)等。

实例:烤肉串

原料准备:

(1) 主料:猪里脊肉 750 g。

(2) 调料:酱油 100 g,五香粉 2 g,辣椒粉 2 g,精盐 2 g,味精 5 g,芝麻油 50 g。

加工准备:

(1) 将里脊肉洗净,切成 5 cm 长、0.5 cm 厚的片,约 70 片。取十把铁签,每把穿七片肉。每片肉的穿法:左手捏着肉片,将铁签从肉的背面穿到正面,再从正面穿入背面,如此反复穿两次(如缝衣状)。

(2) 酱油内加入味精调匀,将五香粉、辣椒粉、精盐放在一起拌匀。

制作工艺:把肉串平排架在微火上烤,随烤随将酱油刷在肉上(要刷两次),约烤 3 min,待肉呈酱黄色时,再用同样的方法烤背面,最后,将两面都刷上芝麻油,带着铁签放在盘内即成。

质量要求:此菜色泽酱黄,肉质外焦香,咸鲜嫩。

任务评价

对不同的其他烹法制作实例进行自我评价、小组评价、教师点评,总结成绩,查找不足,分析原因,制订改进措施。任务评价表详见二维码。

任务评价表
5-5

任务总结

(1) 吸取在任务实施过程中的成功经验。

(2) 总结在菜品制作上存在的不足以及改进方法。对于在任务实施过程中出现的失误,学生先自己分析原因,再由同学分析,最后教师点评总结。

(3) 讨论、分析提出的建议和意见。

任务七　冷菜的烹调方法

任务描述

熟制冷吃和冷制冷吃制作的菜肴在常温或者低温下食用,这些菜肴称为冷菜,冷菜是仅次于热菜的一大菜类,形成冷菜独自的技法系统。一般可以单独食用或者在宴会中作为头菜使用。

任务目标

讲授熟制冷吃和冷制冷吃制作的菜肴,使学生掌握冷菜烹调的具体方法和具体实例(如赛香瓜、椿头拌豆腐、麻酱豆角、海米炝芹菜、腌香椿芽、酒醉毛蟹、珊瑚藕、酱牛腱、卤豆腐、酥鲫鱼、冻鸡、熏小鸡、五香熏鱼等)。

冷菜和热菜一样,其品种既有常年可见的,也有四季有别的。冷菜的季节性以"春腊、夏拌、秋糟、冬冻"为典型代表,具有"脆嫩、干香、无汤、不腻、爽口"的特点。

任务实施

一、拌

将生料或凉的熟料,加工成块、片、条、丝、丁等小的形状,加调味品调和均匀成菜的方法,称为拌。

❶ **特点**　操作方法简便,用料广泛,调味灵活,清淡爽口,成菜迅速。

❷ **常用调味品**　精盐、味精、醋、白糖、蜂蜜、芝麻油、酱油、芝麻酱、蒜泥、芥末糊、芥末油、姜汁、辣椒油等。

❸ **注意事项**　严格初步加工,严格遵守卫生制度,严格杀菌消毒,符合卫生要求,保证质量。

❹ **种类及制品实例**　根据用料的性质和加工处理方法不同,拌的具体方法可分为生拌、熟拌、温拌三种。

（一）生拌

将初步加工整理切制成形的生料,不经加热处理,直接加调味品拌制成菜。

制品实例:拌黄瓜、糖醋红丁、蒜泥海蜇、赛香瓜、椿头拌豆腐等。

实例:赛香瓜

原料准备:

（1）主料:梨 200 g,嫩黄瓜 150 g,金糕 100 g。

（2）调料:白糖 100 g。

加工准备:将梨洗净削去外皮,去掉内核,切细丝,放凉水中泡着备用(以防变色)。金糕、嫩黄瓜分别切细丝。

制作工艺:先把一部分梨丝放盘中间堆起顶来,再把三种丝间隔摆在盘子的周围,撒上白糖即成。

质量要求:三丝粗细均匀,间隔均匀,色泽美观,味似香瓜,酸甜适口。

实例:椿头拌豆腐

原料准备:

（1）主料:嫩豆腐 500 g。

（2）配料:椿头 50 g。

（3）调料:精盐 3 g,味精 3 g,芝麻油 30 g。

加工准备:将椿头放碗内,加精盐 2 g,倒上开水盖小碟泡 5 min 取出,去根切成末。

制作工艺:将嫩豆腐切成 1 cm 见方的丁,放盘内,加切好的椿头末、精盐、味精、芝麻油拌匀(最好用两个盘子倒拌,以免豆腐破碎),即成。

质量要求:豆腐软嫩,椿头清香,白绿相间,整齐美观。

（二）熟拌

将预熟处理成熟的原料晾凉后改刀成形,再加调味品拌制成菜。

制品实例:冻粉拌鸡丝、麻酱豆角、姜汁拌海螺、拌肚丝等。

实例:麻酱豆角

原料准备:

(1) 主料:鲜嫩豆角 250 g。

(2) 调料:精盐 3 g,芝麻酱 100 g,味精 3 g,花椒油 25 g。

加工准备:把豆角去蒂把和尖,用水洗净,入开水锅中焯熟,捞出入冷水拔凉(保持绿色),控净水分,放在熟菜墩上用刀切成寸段,放入净盆内。

制作工艺:取净碗一只,将芝麻酱放入,加上适量矿泉水或凉开水、精盐、味精、花椒油调匀成厚糊状,倒在盆中的豆角上拌均匀后,装入盘内即成。

质量要求:豆角鲜嫩,碧绿、麻香味美。

实例:冻粉拌鸡丝

原料准备:

(1) 主料:冻粉 5 g,熟鸡脯肉 150 g。

(2) 配料:火腿 25 g,嫩黄瓜 50 g。

(3) 调料:精盐 2 g,味精 2 g,芝麻油 15 g,米醋 10 g,糖 2 g,芥茉糊 15 g。

加工准备:

(1) 将熟鸡脯肉撕成细丝,火腿、嫩黄瓜均切成 5 cm 长、0.3 cm 粗的丝,冻粉用冷水洗净,切成 5 cm 长的段,用冷水泡透,捞起挤出水分。

(2) 取小碗把精盐、味精、芝麻油、米醋、糖、芥茉糊调成汁。

制作工艺:把备好的黄瓜丝装入平盘内,放上冻粉、鸡丝,再撒上火腿丝,上桌时浇上碗中的调味汁拌匀,即成。

质量要求:各种丝要切得均匀,装盘丰满,口味芥辣、咸、鲜、酸、香。

(三) 温拌

将加工成形的原料,用沸水烫浸后捞出,立即加入调味品拌制成菜,食其温凉。

实例:温拌蛰头

原料准备:

(1) 主料:水发蛰头 250 g。

(2) 配料:香菜段 10 g,水发海米 30 g。

(3) 调料:酱油 40 g,醋 20 g,芝麻油 5 g,芥末粉 20 g。

加工准备:

(1) 将蛰头洗净,切成粗丝,用开水一烫,见其略收缩时,捞出控净水分,放大碗内,香菜段用开水略烫,凉水过凉,放碗内,再把海米撒在上面。

(2) 将芥末粉放碗内,加开水搅匀,呈糊状,用小碟盖 15 min 左右。

制作工艺:锅内加芝麻油烧热,加酱油、醋一烹,随即倒在蛰头上,再加芥末糊拌匀,盛盘内即成。

质量要求:海蛰爽脆,味道辣香扑鼻。

二、炝

将加工成片、丝、条、丁等小的原料,经预熟处理后,加调味品拌渍入味,再加上热花椒油,加盖略待片刻,再拌制装盘的方法,称为炝。

❶ **特点** 成品质地脆嫩、咸鲜麻香、清淡爽口。

❷ **制品实例** 海米炝芹菜、炝腰花、炝乌鱼条等。

实例:海米炝芹菜

原料准备:

(1) 主料:嫩芹菜 250 g,水发海米 25 g。

(2) 配料:姜 5 g,花椒 10 粒。

(3) 调料:精盐 3 g,味精 2 g,芝麻油 30 g。

加工准备:

(1) 将嫩芹菜摘洗干净,切成 3 cm 长的段,姜去皮切丝。

(2) 锅内加水烧开,加入芹菜略烫,捞出,放入冷水过凉,控净水分,放入碗内,加入精盐、味精、姜丝拌匀。

海米炝芹菜

制作工艺:锅内加入芝麻油、花椒,炸出香味,去掉花椒,将芝麻油浇在芹菜碗内,盖焖 5 min。将芹菜装盘,撒上海米即可。

质量要求:质地脆嫩,色泽翠绿,咸鲜椒香。

实例:炝乌鱼条

原料准备:

(1) 主料:净墨鱼肉 250 g。

(2) 配料:水发木耳 10 g,嫩黄瓜 40 g,姜 5 g,花椒 20 粒。

(3) 调料:精盐 3 g,米醋 2 g,味精 2 g,芝麻油 20 g,糖 1 g。

加工准备:

(1) 将墨鱼顺长切成 5 cm 宽的长方形块,沾水后再顺长剞上 2/3 深的密刀距后,再横向切一刀至 1/2 深,再一刀切断(即为夹刀条)直到全部切完为止。把木耳切成丝,黄瓜也切成粗丝,姜切细丝待用。

(2) 锅中加水烧开,先放木耳、黄瓜丝略烫捞出控净水,倒入大碗内;再将墨鱼条入开水中烫熟捞出控净水,也放入大碗内,放精盐、味精、姜丝、糖、米醋,拌匀待用。

制作工艺:净锅上火加入芝麻油、花椒,慢火炸至有麻香味时捞出花椒。再将热椒油浇在大碗内的墨鱼条上,加盖 5 min 后,装入盘内即成。

质量要求:墨鱼条刀纹清晰,整齐美观,质地脆嫩,味鲜美,麻香可口。

拌、炝的区别:

(1) 拌法有调无烹,多用生料或冷熟料;炝法先烹后调,滋油盖盖。

(2) 拌法以"三合油"(酱油、醋、香油)为基汁调味灵活;炝法多用"三椒"(花椒、胡椒、辣椒)油。

(3) 拌法用料广泛操作简单;炝法选料脆嫩,鲜香爽口。

三、腌

将原料浸入调味卤汁中,或以调味品涂抹拌和,以排出原料内部水分,使原料入味的方法,称为腌。

根据所用调味品及操作工序上的不同,有盐腌、酒腌、糟腌等几种不同的腌法。

❶ **盐腌**　将原料用食盐拌渍或经加热后再放入盐水中浸渍入味的腌制方法,称为盐腌。

制品实例:盐水豌豆、咸蛋、腌香椿芽等。

实例:腌香椿芽

原料准备:

(1) 主料:香椿芽 500 g。

（2）调料：精盐 15 g。

制作工艺：

将香椿芽洗净，控净水分晾干，放入盛器内，均匀地撒上精盐，反复揉搓至透出香味，加盖闷渍片刻即成。

实例：盐水豌豆

原料准备：

（1）主料：豌豆 500 g。

（2）调料：花椒十几粒、八角 3 小瓣、葱 20 g、姜 20 g、精盐 10 g。

制作工艺：

（1）锅内加入冷水、花椒、八角、精盐、豌豆，再把葱切成段，姜用刀拍松一起放入锅内，用慢火煮熟捞出。

（2）将原汤澄清盛入盆内凉透，然后放入豌豆浸泡腌透即可。

以上调制好的盐卤汁，可以用于腌渍其他熟料。

❷ **酒腌**　也称醉腌或酒醉，是以酒（白酒或绍酒）和盐作为主要调料腌渍原料入味的一种方法。

具体方法有红醉（用酒和酱油）、白醉（用盐和酒）、生醉（生的原料）、熟醉（原料经熟处理后再腌渍）。

制品实例：酒醉毛蟹、醉虾等。

实例：酒醉毛蟹

原料准备：

（1）主料：活毛蟹 5 kg。

（2）调料：香葱 150 g、老姜 750 g（拍松）、清水 5 kg、精盐 500 g、绍兴花雕酒 250 g、高度白酒 100 g、花椒 10 g、冰糖渣 200 g、陈皮 5 块、八角 5 个、鲜红辣椒 3 个。

加工准备：将蟹洗净，先装入竹篓内扣紧，使蟹不能动弹，放在通风处半天，使蟹吐出腹中水分。再用干燥洁净的平底瓷坛一只，将蟹装入坛内，用竹器盖住，扣紧，使其不能动弹。

制作工艺：锅内放清水，将精盐、香葱、老姜、冰糖渣、花椒、陈皮、八角、鲜红辣椒等一起下锅，煮沸透即可。待凉透后，将酒加入调和，随即倒入坛内，把蟹全部浸没 2～3 h，将卤水都加入坛内，封口加盖，7 天即可醉好。

质量要求：必须选用活毛蟹，民间有"十雄九雌"之说，即农历十月雄蟹膏美，九月雌蟹黄肥。醉好后，酒香浓郁，咸鲜醇厚，为佐酒佳肴。

❸ **糟腌**　将初步加工整理好的原料先腌渍后，再浸渍在糟卤入味的方法，称为糟腌。

（1）糟卤的用料：香糟 400 g、料酒 400 g、鲜汤 1.5 kg、盐 70 g、白糖 50 g、味精 5 g、葱 100 g、姜 50 g。

（2）糟卤的制作方法：将鲜汤加入葱、姜煮沸透出香味，离火晾凉，加香糟浸泡，过滤取卤汁后加上料酒、味精、白糖，调拌均匀即成。

制品实例：红糟鸡、红糟鸡肫等。

实例：红糟鸡

原料准备：

（1）主料：净嫩母鸡一只约 1 kg。

（2）配料：白萝卜 300 g。

（3）调料：红糟 20 g、精盐 20 g、高粱酒 50 g、白糖 50 g、味精 3 g、五香粉 0.5 g、干红辣椒 1 个、白醋 50 g。

加工准备：将宰杀好的鸡洗净，剁去脚爪，再在腿膝部用刀拍一下，放入沸水锅中煮熟捞出。待冷却后，剁下鸡头、翅膀、腿，再把鸡身斩成四块，鸡头劈为两半，将鸡翅膀、腿剁成两段。另将白萝卜洗净去皮，每个切成四块，在萝卜两面上剞上十字花刀。

制作工艺：

（1）将剁好的鸡块放入钵内,用精盐、高粱酒、味精调和后倒入钵内拌匀,密封腌渍 2 h(中间需翻身一次)。然后将红糟、味精,冷开水适量,白糖少许调和倒入钵内,再腌 1 h,随即将鸡取出,轻轻抹去红糟,将鸡改刀成 2.5 cm 长、1 cm 宽的柳条小块,摆在盘中。

（2）将白萝卜块先用 3‰的盐水腌渍 20 min,取出洗净挤干,然后将干红辣椒切成丝,与白糖、白醋一起倒在白萝卜上浸约 20 min,制成糖醋白萝卜。食用时将白萝卜取出切成小块,同鸡块拼装在一起即成。

质量要求:色泽美观,质地鲜嫩,糟香味浓。

四、辣

将鲜嫩的脆性原料加工成形,用盐略腌出水或用沸水稍烫投凉,加上糖、醋等调料,再撒上姜丝、干红辣椒丝,浇上热辣椒油拌制均匀成菜,称为辣。

特点:成品甜、酸、辣、香、脆嫩爽口。

制品实例:辣白菜、辣黄瓜(皮)、珊瑚藕等。

实例:珊瑚藕

原料准备:

（1）主料:藕 500 g。

（2）配料:姜丝 25 g,干红辣椒 4 个。

（3）调料:白糖 100 g,醋 85 g,精盐 2 g,芝麻油 50 g。

加工准备:将藕洗净削皮,长切两半,再顶刀切成 0.6 cm 厚的片,凉水盆内加 10 g 醋,放入藕片浸泡,锅内烧水,沸腾后投入藕片,待水将开时取出,凉水过凉,控净水,放盆内,撒上姜丝和 2 个红辣椒丝。

珊瑚藕

制作工艺:

（1）将白糖、醋、精盐调成汁,倒入盛藕的盆内,拌匀。

（2）锅内加芝麻油烧热,加 2 个干红辣椒炸出辣味,去掉辣椒,浇在藕上用盘一扣,焖 5 min 即成。

质量要求:藕片厚薄均匀,红、白、黄三色相间合理,甜酸、香辣,脆爽可口。

实例:辣白菜

原料准备:

（1）主料:大白菜心约 1 kg。

（2）配料:姜丝 25 g,干红辣椒 4 个。

（3）调料:白糖 200 g,醋 100 g,酱油 25 g,芝麻油 50 g,精盐约 50 g。

加工准备:将大白菜心切成宽 0.9 cm、长 5 cm 的条,加精盐拌匀放入盆内腌渍,待出水时,加入清水洗去盐分挤干,放入盆内。

制作工艺:

（1）将白糖、醋、酱油放入碗内搅匀,倒入大白菜盆内,2 个干红辣椒切丝,和姜丝一起撒在大白菜上。

（2）锅内加芝麻油、干红辣椒 2 个,慢火炸出辣味时,捞去辣椒,将辣椒油浇入盆中,用盘将大白菜盖紧,焖 10 min 即成。

质量要求:色泽红白相间,大白菜条长短、宽窄均匀一致,口感酸、甜、香、辣,清爽脆嫩。

五、酱

将酱汤烧开透出香味,再把经过初步加工整理好的原料放入,急火烧开,慢火加热至原料断生或酥烂、味透的一种烹调方法,称为酱。

❶ **酱汤的用料** 鲜汤(鸡、鸭、蹄膀、骨头汤或清水皆可)10 kg,酱油 1.8 kg,葱、姜 150 g,精盐350 g,砂仁、花椒、八角、桂皮、小茴香、丁香、草果、豆蔻等香料各适量,料酒 150 g,糖 100 g。

❷ **酱汤的调制方法** 将所有香料用纱布包扎好(行业术语称为料包),连同所用一切原料放入锅内,用急火烧沸,待透出香味,即可酱制原料。

❸ **操作要求及特点**

(1)酱制的原料一般都是家禽、家畜及其内脏等动物性原料,并要进行预熟处理。

(2)操作时先将酱汤烧开透出香味,再投入原料,急火烧开,撇净浮沫及油分,再改用慢火加热至熟烂、味透。

(3)成品味浓、香透肌里,干香滋味突出。

(4)酱汤可连续使用,时间愈长,味愈浓,所酱制的原料成品率越高。

❹ **酱汤的使用与保管**

(1)在保存老汤时不要用手接触酱汤,也不要甩上冷水,以防污染变质。

(2)酱汤要间隔烧沸,过筛清底,以免长时间不加热或沉在锅底的渣质腐败变质。

(3)每次酱制原料时要撇净浮沫,取出原料后要撇净油分。

(4)要经常更换香料包及增加调味品、鲜汤或水,以保证酱制原料的质量和酱汤的味道适中。

实例:酱牛腱

原料准备:

(1)主料:新鲜牛腱 2.5 kg。

(2)调料:豆酱 220 g,砂仁 25 g,酱油 1 kg,精盐 200 g,清汤 5 kg,花椒 10 g,八角 10 g,丁香 10 g,小茴香 10 g,桂皮 20 g,大葱 100 g,姜 50 g。

加工准备:将清汤、酱油、精盐放入锅中,将砂仁、花椒、八角、丁香、小茴香、桂皮等用布袋装好扎好口,放入锅内,烧开锅后即为酱汤。

制作工艺:锅中加水放入牛腱烧开锅,焯去血污,捞出用清水洗净,捞出放入酱锅中,酱汤开锅慢火加热至牛腱熟烂时捞出放入净盆内,另一个盆盛出部分酱汤,晾凉酱汤后,再将凉的酱汤倒在放牛腱的盆内用凉酱汤泡着随用随取。

质量要求:酱汤的调制是酱制品的基本条件,它的风味特色与汤有关,也与调料投放品种多少有关,酱品要求均以熟烂为主。

六、卤

卤属于汤煮,主要用料是水、精盐、葱、姜、花椒、八角、桂皮等。

将所用一切原料同时放入锅内烧开透出香味,即可卤制原料(也称盐水)。有的地区调制卤汁同酱汤的用料和调制方法类似,因此酱卤不分,或有"南卤北酱"之说,有红卤、白卤、黄卤。

实例:卤豆腐

原料准备:

(1)主料:南豆腐 500 g。

(2)调料:骨头汤 500 g,食用油 750 g,老抽 30 g,精盐 20 g,料酒 30 g,白糖 20 g,葱段、姜片各20 g,花椒 10 g,八角 10 g,桂皮 10 g,芝麻油 5 g。

加工准备:

(1)将豆腐切成宽 6 cm、长 10 cm、厚 1 cm 的片,放入盘内待用。

（2）净锅内加入食用油烧至 170 ℃时，将豆腐逐片入油中炸至呈金黄色，倒入漏勺内控净油。

制作工艺：净锅加入骨头汤、老抽、精盐、白糖、料酒、葱段、姜片、花椒、八角、桂皮烧开后，撇去浮沫，将炸好的豆腐放入锅内慢火卤至入味，再取净盆一个；把锅中的卤汁及豆腐同时倒入盆内，随用随从卤汁中将豆腐捞出，在熟墩上切制成形，装入盘内淋上芝麻油即成。

质量要求：豆腐片的大小厚薄均匀，卤汁红润，味咸鲜、香醇。

酱与卤的区别：

❶ 选料方面　用于酱的原料一般仅限于生的动物性原料及内脏；而卤的原料多样，既可卤生料，也可卤熟料，还可卤禽蛋、豆制品、菌菇、海鲜等。

❷ 汤的颜色和味型　酱汤一般加豆酱、酱油、糖色为酱红色，以五香味为主；卤水分为白色、黄色和红色，味型复杂，还会添加一些香茅、南姜等。

❸ 加热时间　酱制的时间较卤稍长，酱后一般要收汁，汤汁浓稠。卤水多用老卤，反复使用。

七、酥

将初步加工整理成形的原料，放入锅内加上以醋为主的调味品和清汤或水，慢火长时间加热，使原料酥烂成菜的方法，称为酥。

调味品加醋较多，主要利用醋酸的作用，使带骨的原料骨酥肉烂，不带骨的原料非常软酥熟烂。

一般多用砂锅烹制，俗称酥锅，通常有硬酥与软酥两种，原料先经过油炸后再入汤烹制的叫硬酥；原料不经油炸直接入汤烹制的叫软酥。

制品实例：酥鲫鱼、酥白菜、酥海带、酥藕等。

实例：酥鲫鱼

原料准备：

（1）主料：鲫鱼 2.5 kg。

（2）配料：猪肋骨 500 g，白菜 1 kg，葱 150 g，姜 150 g，蒜 150 g。

（3）调料：白糖 250 g，酱油 500 g，醋 250 g，芝麻油 100 g，清汤 1.5 kg。

加工准备：将鲫鱼去鳞、鳃、内脏，洗净；葱切成 3 cm 长的段，姜切片，蒜用刀拍松。

制作工艺：在大砂锅（又名酥锅）底部放上肋骨，摆上一层葱，再摆上一层鱼；撒上一层蒜，再摆上一层鱼；撒上一层姜，加上白糖、醋、酱油、清汤，用白菜盖严。先用急火烧开，再改用慢火，炖至汤汁快干时，淋入芝麻油即可。食时另行分装。

酥鲫鱼

质量要求：骨酥肉香，口味咸鲜。

八、冻

将初步加工整理改刀成形的原料加热成熟，投入加胶质和调味品的汤汁中加热至沸，撇净浮沫及油分，待冷却后，原料与汤汁凝结在一起呈固体成菜的方法，称为冻。

❶ 操作要求及特点

（1）运用冻这种方法烹制菜肴，无论采用几种原料，其中必须有含胶质丰富的原料（常用的有琼脂、肉皮、蹄爪、鸡、鸭等）。

（2）夏季一般多选用油分少、清淡的原料，冬季则常选用浓厚的原料。

（3）加热煮沸必须除净浮沫及油分，否则冻不明亮，影响成品质量。

（4）成品菜肴食用时汤汁冻入口即化。

制品实例：冻鸡、冻羊羔、水晶肘子、水晶虾仁、杏仁豆腐、冻蹄爪等。

实例：冻鸡

原料准备：

（1）主料：净鸡 1 只（约 1.5 kg）。

（2）配料：猪肉皮 1 kg，葱 15 g，姜 10 g。

（3）调料：精盐 10 g，味精 3 g，料酒 10 g，花椒 10 g，清汤 2.5 kg。

加工准备：

将鸡焯水后煮透，取出拆去大小骨头，只取其腿肉、胸脯和翅膀一起放在盛器内。

制作工艺：

（1）猪肉皮开水煮 5 min，捞出洗净，刮去余毛和内脂，切成 6 cm 长、2 cm 宽的块，放入鸡肉盆内，加入葱、姜（拍松）、花椒（纱布包袋）、精盐、味精、料酒、清汤，上笼蒸烂（约 150 min）取出，去掉葱、姜、花椒、猪肉皮，加入味精，凉透凝结即成。

（2）食用时改刀分装。

质量要求：晶莹剔透，肉质酥烂，咸鲜爽口，适宜夏季食用。

实例：水晶虾仁

原料准备：

（1）主料：鲜虾仁 100 g。

（2）配料：猪肉皮 150 g，葱段 25 g，姜片 10 g，花椒 2 g，料酒 10 g。

（3）调料：精盐 3 g，味精 2 g。

加工准备：

将锅内加清水 300 g，加入葱段、姜片、花椒烧开，放入虾仁煮熟，捞出虾仁，摆入碗内。

制作工艺：

（1）将猪肉皮洗净，放入开水锅内煮 5 min，捞出刮洗干净切成条，另取锅刷净，加入清水 500 g，放入猪肉皮、葱、姜、料酒烧开，上笼蒸至猪肉皮酥烂，用纱布过滤取汁，将汁加入味精、精盐搅匀，倒入盛虾仁的碗中，凉透成冻。

（2）上席时将虾仁扣入盘内即可。

质量要求：虾仁鲜嫩，晶莹透亮，咸鲜爽滑，夏季最宜食用。

九、熏

将初步加工整理好的原料放入熏锅里的熏屉上，利用木屑、茶叶、柏枝、花生壳、糖、酒等熏料慢燃时发出的浓烟熏制，熏好后抹上芝麻油即成的方法，称为熏。

（一）分类

❶ 按照对原料加工处理的方法不同分类

（1）生熏：用调料渍加工好的原料，入味后再放入熏锅中的熏屉上，利用熏料起烟熏制。

（2）熟熏：一般是将原料经过蒸、煮、炸等方法预熟处理，再放入熏锅中的熏屉上利用熏料起烟熏制。

❷ 根据所使用炉具不同分类

（1）敞炉熏：采用普通火炉散上木屑、糖等熏料，冒出浓烟，将原料放在铁丝网等器具上，在烟上熏制。

（2）密封熏：把木屑和糖等所需要的熏料铺在铁锅里，上面放铁丝网等器具，将原料放在上面加盖，在慢火上加热，使木屑和糖等熏料慢燃冒烟熏制原料。

（二）操作要求及特点

（1）生熏应选用鲜嫩易熟的小（或加工成小形的）原料；熟熏选料较广泛。

（2）熏制的成品色泽深棕，光亮美观，具有特殊的清香味，并且有防腐作用。

（3）熏制的成品一般都要抹上芝麻油，以增加风味。

制品实例：熏鱼、熏蛋、熏肚、熏小鸡等。

实例：熏小鸡

原料准备：

（1）主料：净雏鸡一只（约 750 g）。

（2）配料：葱、姜各 15 g，花椒、八角、砂仁、桂皮、茴香各 5 g。

（3）调料：精盐 3 g，料酒 10 g，酱油 25 g，糖 150 g，芝麻油 15 g，熏料（种类和重量可灵活）。

加工准备：将雏鸡从肛门开刀去干净内脏，洗净，用精盐、料酒、酱油周身搓匀放入盆内，加上葱、姜、五香料腌渍 2 h，再把五香料放入鸡腹内，上笼蒸熟。

制作工艺：熏锅内放熏料和糖，再把鸡放在熏屉上盖上盖加热，待冒烟熏至鸡呈浅金黄色取出，去掉腹内五香料等，将鸡皮面抹上芝麻油即成。

质量要求：色泽深棕，光亮美观，清香味浓，并具有防腐作用。

实例：五香熏鱼

原料准备：

（1）主料：鳖鱼 1 kg。

（2）调料：葱、姜各 30 g，蒜 5 g，酱油 50 g，精盐 2 g，白糖 75 g，味精 2 g，芝麻油 50 g，料酒 10 g，五香粉 3 g。

加工准备：将葱切段，姜切大片，蒜切片，鳖鱼去内脏、鳞、腮，洗净，顶刀切成 2 cm 厚的片，放入盘内，加上精盐、酱油、料酒、白糖 50 g（另 25 g 加入熏锅内）、味精、葱、姜、五香粉腌渍。

五香熏鱼

制作工艺：将腌渍好的鱼上笼蒸熟，取出一片片摆在熏屉上，将熏锅盖好，以微火加热，见到锅内有烟冒出，立即停止加热，待不冒烟时，将鱼取出，摆入盘内抹上芝麻油即成。

质量要求：色泽红亮，味清香，具有防腐作用。

除以上所述几种方法外，琉璃、挂霜也较常用于凉菜。

任务评价表 5-6

知识拓展：分子烹饪学

▶ **任务评价**

对不同的冷菜烹调制作实例进行自我评价、小组评价、教师点评，总结成绩，查找不足，分析原因，制订改进措施。任务评价表详见二维码。

▶ **任务总结**

（1）吸取在任务实施过程中的成功经验。

（2）总结在菜品制作上存在的不足以及改进方法。对于在任务实施过程中出现的失误，学生先自己分析原因，再由同学分析，最后教师点评总结。

（3）讨论、分析提出的建议和意见。

在线答题

盘饰工艺

项目描述

　　菜肴盘饰工艺也叫菜肴装饰美化。由于许多烹饪作品的色泽、造型等受原料、烹制方法或盛器等因素的限制,装盘后并不能达到色、香、味、形的和谐统一,因而需要对其进行装饰美化。所谓盘饰就是利用烹饪作品以外的原料,装饰于作品四周、中间或其表面上,以提升烹饪作品的审美价值,同时可使作品更加充实、丰富、和谐,弥补了成品因数量不足或造型需要而导致的不协调、不丰满等情况。

项目目标

　　(1) 了解盘饰的发展历程。
　　(2) 掌握盘饰的原则。
　　(3) 了解盘饰的作用。
　　(4) 掌握盘饰的方法。
　　(5) 掌握具体盘饰的运用技巧和技术关键。
　　(6) 培养学生良好的职业素养,提高学生的独立操作能力、创造能力和审美能力。

项目内容

　　本项目包括盘饰理论知识和盘饰制作任务两个部分内容。

 任务实施

一、盘饰理论知识

(一) 盘饰的发展历程

　　(1) 1990 年前后,烹饪作品只是简单地采用削或折成的萝卜花,或者采用模具扣压出的花朵、小动物等来装饰。这是最简便、最节省原料的一种装饰。

　　(2) 1992 年以后,比较流行用雕刻的月季花、牡丹花等来装饰。

　　(3) 1996 年前后,流行用加工后的水果、黄瓜、菜心等沿盛器周围进行装饰。

　　(4) 2000 年前后,流行用组雕成的花鸟、鱼虫、龙凤等进行装饰。

　　(5) 2006 年前后,小型鲜花装饰流行了一段时间。

（6）最近几年,糖艺、果酱、奶油、巧克力等开始运用到盘饰中,使烹饪装饰更加多元化、更加丰富多彩。

（二）盘饰遵循的原则

❶ **安全卫生**　盘饰要遵循安全卫生的原则。盘饰所用到的原料一定要进行洗涤、消毒处理,尽量不用或少用食用色素,确保盘饰安全卫生。

❷ **食用为主**　盘饰要遵循食用为主的原则。虽然盘饰对整道菜肴起到促进作用,但它毕竟是一种外在的美化手段,决定其艺术感染力的还是烹饪作品本身,如色、香、味、形等。我们提倡的是那些既好看又好吃的盘饰。

❸ **方便快捷**　盘饰要遵循方便快捷的原则。盘饰要尽量方便快捷,不能耽搁客人进食的进程。不能过分地雕饰和投放太多的人力、财力。装饰物的成本不能大于菜肴主料的成本。

❹ **协调一致**　首先,盘饰原料与菜肴的色泽、内容、盛器必须协调一致,要使整道菜肴在色、香、味、形诸方面趋于一个完美统一的艺术体。其次,宴席菜肴的装饰美化还要结合宴席的主题、规格以及入宴者的喜好与忌讳等。

（三）盘饰的作用

（1）美化菜肴,增加食欲。

（2）强调重点原料,使之更加突出。

（3）渲染宴席气氛,增加情调。

（4）弥补菜肴色泽、形状等的不足。

（5）降低损耗,提升效益。

（四）盘饰的方法

经常用到的盘饰方法有围边装饰和点缀装饰。

❶ **围边装饰**　围边装饰是指用各种可食用的原料在盘子边缘进行的一种简易装饰。围边装饰常见的方式有几何形围边装饰和象形围边装饰。

（1）几何形围边装饰。利用某些固有形态或经加工而成的几何形状的物料,按一定顺序和方向,有规律地排列、组合在一起。其形状一般是多次重复,或连续,或间隔,排列整齐,环形摆布,有一种曲线美和节奏美。例如,"乌龙戏珠"是用鹌鹑蛋围在扒海参周围。还有一种半围花边装饰也属于此类方法。半围花边装饰时,关键是掌握好被装饰的菜肴与装饰物之间的分量比例、形态比例、色彩比例等,其制作没有固定的模式,可根据需要进行组配(图6-1)。

图6-1　几何形围边装饰

（2）象形围边装饰。以大自然物象为刻画对象,用简洁的艺术方法提炼出活泼的艺术形象,这种方式能把零碎、散乱而没有秩序的菜肴统一起来,使其整体变得统一美观。常用于丁、丝、末等小型原料制作的菜肴(图 6-2)。例如,"宫灯鱼米"用蛋皮丝、胡萝卜、黄瓜等几种原料制成宫灯外形,炒熟的鱼米盛放在其中。象形围边通常所用的物象有三类。

第一,动物类:如孔雀、蝴蝶等。

第二,植物类:如树叶、寿桃等。

第三,器物类:如花篮、宫灯、扇子等。

图 6-2　象形围边装饰

❷ 点缀装饰　点缀装饰是用少量的物料,如鲜花、雕刻作品、果酱、糖艺作品、巧克力作品等通过一定的加工,点缀在盛器的某个位置,形成对比与呼应,使烹饪作品更加突出。常用的点缀装饰方法主要有局部点缀装饰、对称点缀装饰、中心点缀装饰。

(1)局部点缀装饰:局部点缀装饰是指用装饰物点缀在盘子一边或一角,以渲染气氛、烘托菜肴。这种点缀装饰方法的特点是简洁、明快、易做(图 6-3)。

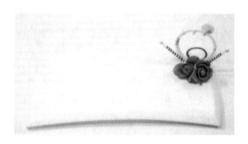

图 6-3　局部点缀装饰

(2)对称点缀装饰:对称点缀装饰是指在盘中做出相对称的点缀物。对称点缀装饰适用于椭圆腰盘盛装菜肴时,其特点是对称、协调,简单易掌握,一般在盘子两端做出同样大小、同样色泽的花形即可(图 6-4)。

图 6-4　对称点缀装饰

（3）中心点缀装饰：中心点缀装饰是在盘子中心用装饰料对菜肴进行装饰，它能把散乱的菜肴通过盘中有计划的堆放和盘中的装饰物统一起来，使其变得更加美观（图6-5）。

图6-5　中心点缀装饰

二、盘饰制作任务

（一）盘饰"庭院深深"

❶ **工具**　裱花袋、烤炉、不粘烤垫。

❷ **原料**　蛋黄、面粉、豌豆泥、青菜叶、小鲜花。

❸ **制法**

（1）将蛋黄和面粉调匀成糊，装入裱花袋内，在不粘烤垫上裱出网状，入烤炉内烤呈金黄色。

（2）盘边挤注豌豆泥，将烤好的面网固定好，适当点缀青菜叶和小鲜花即可（图6-6）。

图6-6　盘饰"庭院深深"

（二）盘饰"一往情深"

❶ **工具**　果酱笔。

❷ **原料**　果酱汁、青菜叶、小柿子。

❸ **制法**

（1）将果酱汁装入果酱笔中，甩出三条枝芽。

（2）在枝条上点缀绿色的青菜叶和红色的小柿子即可（图6-7）。

（三）盘饰"欣欣向荣"

❶ **工具**　搅拌器、软毛刷。

❷ **原料**　韭菜花、橄榄油、食盐、青菜叶、小柿子。

❸ **制法**

（1）韭菜花焯水，搅打成汁，加入橄榄油、食盐，搅匀成韭花酱汁。

（2）用软毛刷蘸汁刷盘，点缀上绿色的青菜叶和小柿子即可（图6-8）。

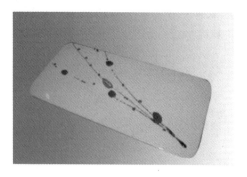

图 6-7　盘饰"一往情深"

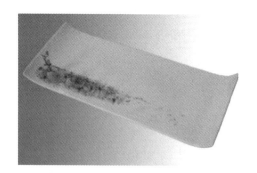

图 6-8　盘饰"欣欣向荣"

（四）盘饰"春意盎然"

❶ **工具**　剪刀。

❷ **原料**　芦笋、鲜花、澄粉。

❸ **制法**

（1）将澄粉用热水和成面团，粘贴于盘子一角。

（2）将修剪好的芦笋和鲜花插在面团上即可（图 6-9）。

图 6-9　盘饰"春意盎然"

（五）盘饰"花开四季"

❶ **工具**　雕刻刀、片刀、V 形尖槽刀。

❷ **原料**　胡萝卜、青萝卜等。

❸ **制法**

（1）用雕刻刀将胡萝卜雕刻成月季花造型。

（2）用刀片取青萝卜皮表皮，用雕刻刀雕刻出大小叶片。

（3）用 V 形尖槽刀戳出叶脉。

（4）依次将叶子、月季花摆放于盘内一角（图 6-10）。

图 6-10 盘饰"花开四季"

（六）盘饰"事事如意"

❶ **工具** 糖艺灯、不粘垫、气吹、剪刀、硅胶手套。

❷ **原料** 艾素糖、食用色素。

❸ **制法**（图 6-11）

图 6-11 盘饰"事事如意"

（1）吹出两个柿子。

（2）拉出绿叶、藤蔓。

（3）淋少许栅栏形的背景糖。

（4）组合在一起（图 6-11）。

（七）盘饰"国色天香"

❶ **工具** 糖艺灯、不粘垫、气吹、剪刀、硅胶手套。

❷ **原料** 艾素糖、食用色素。

❸ **制法**

（1）拉出牡丹花。

（2）拉出花茎、绿叶。

（3）淋出背景糖。

（4）组合在一起（图 6-12）。

图 6-12 盘饰"国色天香"

任务评价

一、理论评价

（1）盘饰应遵循的原则有哪些？

（2）盘饰有哪些作用？

（3）盘饰具体的操作方法有哪些？

二、技能评价

任务评价表
6-1

选择两款盘饰进行创作，并填写任务评价表，详见二维码。

任务总结

在线答题

盘饰在中餐烹调工艺中占有非常重要的地位，这也决定了打荷岗位的重要性，需要学生练就综合、扎实的基本功，不断练习，灵活掌握。

主要参考文献

[1] 杨铭铎.中国现代快餐[M].北京:高等教育出版社,2008.

[2] 朱海涛,吴敬涛,范涛,等.最新调味品及其应用[M].济南:山东科学技术出版社,2011.

[3] 季鸿崑.烹调工艺学[M].北京:高等教育出版社,2003.

[4] 周晓燕.烹调工艺学[M].北京:中国纺织出版社,2008.

[5] 郑昌江,卢亚萍.中式烹饪工艺与实训[M].北京:中国劳动社会保障出版社,2005.

[6] 李刚,王月智.中式烹调技艺[M].2版.北京:高等教育出版社,2009.

[7] 张文虎.烹饪工艺学[M].北京:对外经济贸易大学出版社,2007.

[8] 陈洪华.调味品的调色工艺研究[J].中国调味品,2011,36(12):13-15.

[9] 冯玉珠.烹调工艺学[M].4版.北京:中国轻工业出版社,2014.

[10] 孙国云.烹调工艺[M].北京:中国轻工业出版社,2000.

[11] 王作镛.曾永福.中餐制作技术[M].厦门:厦门大学出版社,2011.

[12] 吴子彪,谭炳强,罗桂文.粤菜烹调技术[M].广州:暨南大学出版社,2013.

[13] 张社昌.中式烹调工[M].成都:电子科技大学出版社,2004.

[14] 吕亚东,韩琳琳,罗英,等.分子烹饪中国化的探索研究[J].质量探索,2016,135(1):111-112
+104.

[15] 杨超.分子烹饪原理及常用方法分析[J].食品安全导刊,2015(24):67.

中式烹调菜品赏析

一、盛世花卉——四季篇

"国色天香"
的制作方法

"国色天香"
唯有牡丹真国色，花开时节动京城。

——唐·刘禹锡

"花开富贵"
的制作方法

"花开富贵"
开国艳，正春融。露香中。绮罗金殿，醉赏浓春，贵紫娇红。

——宋·曹勋

"春桃"的制
作方法

"春桃"
桃花细逐杨花落，黄鸟时兼白鸟飞。

——唐·杜甫

"夏荷"的制
作方法

"夏荷"
六月荷花香满湖，红衣绿扇映清波。

——清·陈璨

"秋菊"的制
作方法

"秋菊"
不是花中偏爱菊，此花开尽更无花。

——唐·元稹

"冬梅"的制
作方法

"冬梅"
墙角数枝梅，凌寒独自开。

——宋·王安石

二、匠心独运——组配篇

油爆双花

一红一白,交相辉映。完美体现刀工、火候、勾芡中式烹调三大基本功(制作方法详见正文)。

拔丝金枣的
制作方法及
要点

拔丝金枣
缕缕糖丝、绵绵甜蜜。

金麦红烧肉
的制作方法

金麦红烧肉
红肉金麦巧配美，火候精当浓郁味。

松鼠鱼的制
作方法

松鼠鱼
有色有香有味，有形有声有趣。

三、鱼跃龙门——技法篇

糖醋黄河鲤鱼
跃出鲤鱼长尺半。回首看。孤灯一点风吹散。

——宋·洪适

制作方法详见正文。

清蒸鲥鱼
江南鲜笋趁鲥鱼，烂煮春风三月初。

——清·郑板桥

制作方法详见正文。

双味鲈鱼的
制作方法

双味鲈鱼
江上往来人，但爱鲈鱼美。

——宋·范仲淹

干烧鲳鱼的
制作方法及
要点

干烧鲳鱼
河中鲤，海中鲳，咸甜微辣鲜中香。

珊瑚杏鲍菇
的制作方法

珊瑚杏鲍菇
锦丝步帐繁花里，闲弄珊瑚血色枝。

——明·唐寅

菊花豆腐的
制作方法

菊花豆腐
满园花菊郁金黄，中有孤丛色似霜。

——唐·白居易